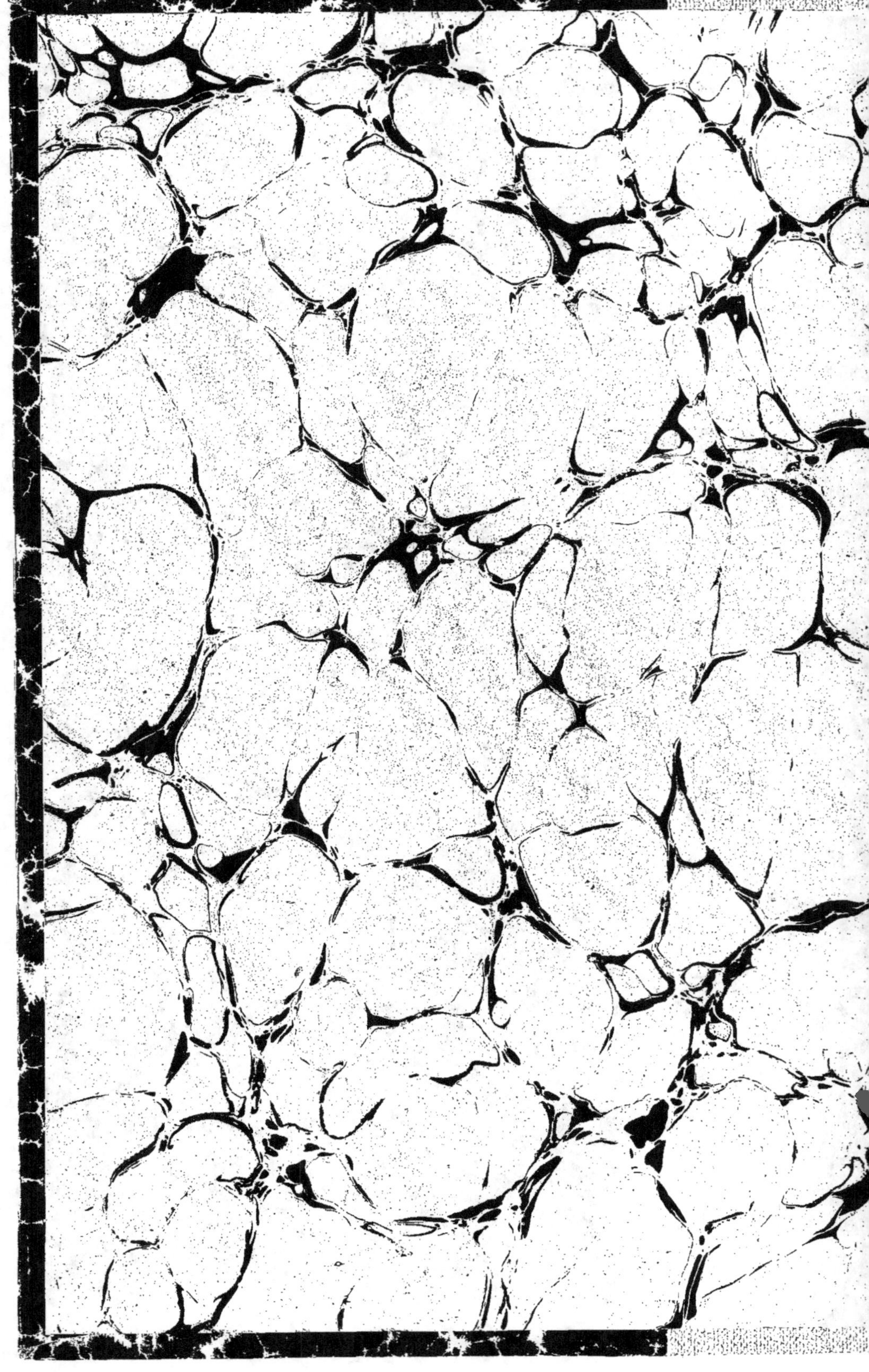

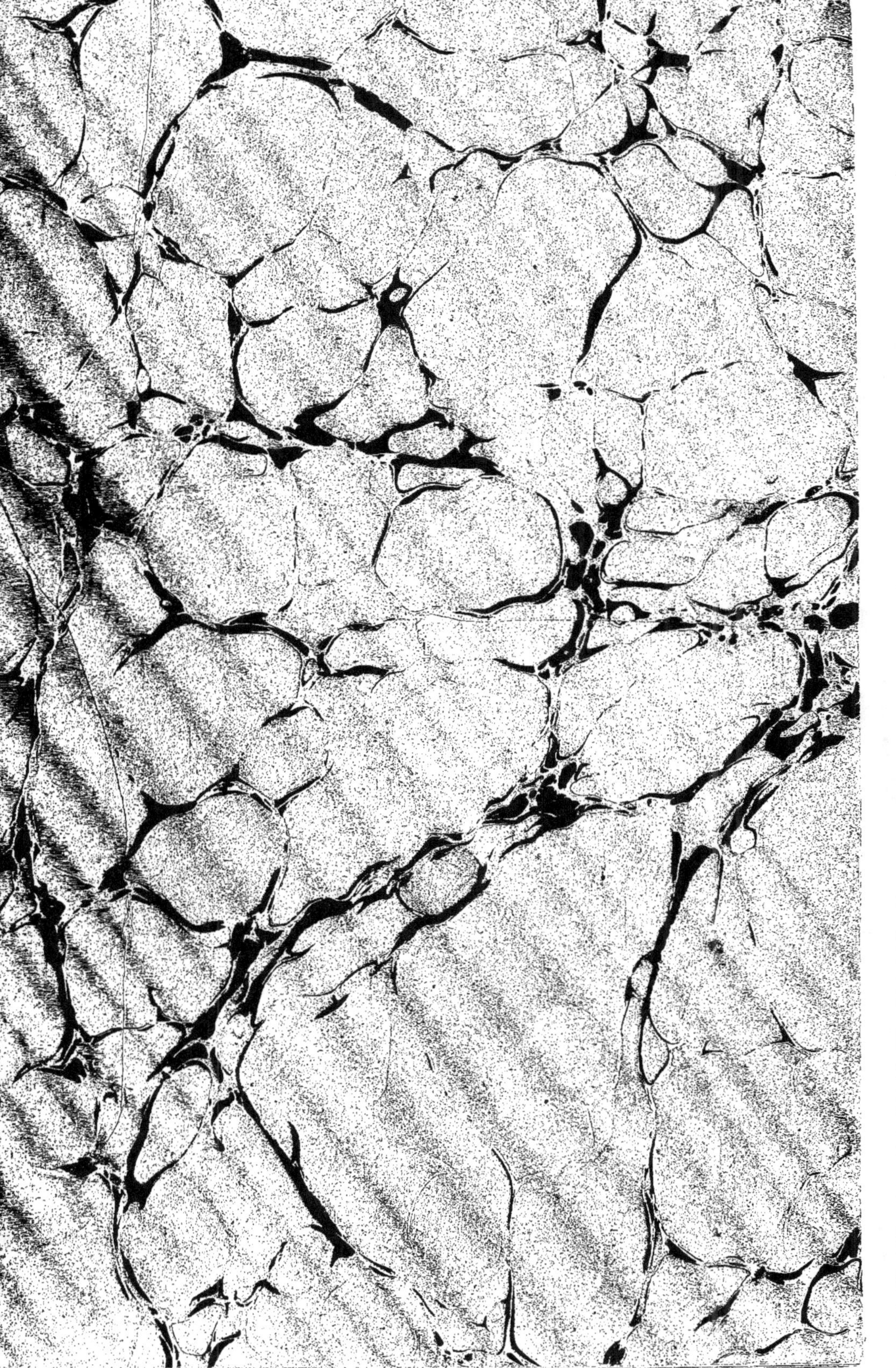

ARCHAEOLOGIA HISTORICA

L'Archéologie

EN 1897

TOME PREMIER

PARIS

C. KLINCKSIECK

11, RUE DE LILLE

1898

CHEMINS DE FER DE L'OUEST

PARIS (Saint-Lazare) à SAINT-GERMAIN

Départ	Arrivée
matin	matin
6 35	7 21
7 20	8 06
7 30	8 34
8 25	9 07
8 38	9 34
9 35	10 34
10 35	11 34
11 35	midi 34
midi 25	soir
midi 35	1 06
soir	1 34
1 13	1 52
*1 15	2 1
1 35	2 34
2 35	3 34
3 31	4 33
4 20	5 »
4 35	5 28
5 12	5 41
5 22	6 »
5 30	6 12
5 35	6 45
5 53	6 24
6 01	6 45
*6 01	6 47
6 20	7 1
6 33	7 15
6 38	7 39
7 20	8 2
7 30	8 36
8 30	9 36
9 50	10 36
11 »	11 46
11 35	min. 17
min. 15	min. 57
min. 45	1 25
	matin

SAINT-GERMAIN à PARIS (Saint-Lazare)

Départ	Arrivée	Départ	Arrivée
matin	matin	soir	soir
4 29	5 10	1 47	2 30
5 27	6 10	*1 43	2 30
6 12	6 55	2 23	3 5
6 44	7 27	2 47	3 30
7 12	7 55	*2 43	3 30
*7 8	7 55	3 52	4 35
7 27	8 5	*3 48	4 35
7 42	8 25	4 21	5 4
*7 38	8 27	*4 17	5 4
8 6	8 35	4 52	5 35
8 9	8 55	4 48	5 38
8 23	9 5	5 23	6 5
8 42	9 25	*5 19	6 9
*8 38	9 25	5 47	6 30
9 4	9 36	5 43	6 30
9 18	10 »	6 23	7 5
*9 14	10 »	*6 19	7 5
9 47	10 30	6 42	7 25
*9 43	10 30	*6 38	7 27
10 42	11 2	7 45	8 30
*10 48	11 35	*7 41	8 30
11 47	midi 30	8 50	9 35
*11 43	midi 30	*8 46	9 35
midi 23	1 5	*9 11	10 »
*mid. »	1 5	9 45	10 30
midi 47	1 30	*9 41	10 30
*mid.43	1 30	10 40	11 25
soir		*10 36	11 25
1 18	2 »	11 30	min. 15
*1 14	2 »	*11 26	min. 15
		*min.3	min. 53

AVIS. — Les départs précédés d'un (*) astérisque ont lieu les dimanches et fêtes.

PARIS (Montparnasse) à VERSAILLES (Rive gauche) et VERSAILLES (Chantiers)

Départ	Arrivée R. G.	Arrivée Chantiers
matin	matin	matin
5 55	6 33	»
6 15	»	6 52
7 5	7 43	»
7 30	8 8	»
7 58	8 36	»
8 45	9 16	»
9 5	9 43	»
10 5	10 43	»
10 50	11 28	»
11 25	midi 3	»
midi 5	midi 43	»
soir		soir
1 5	1 43	»
2 5	2 43	»
3 »	3 38	»
4 5	4 43	»
4 35	5 13	»
5 10	5 48	»
5 35	6 13	»
6 5	6 43	»
6 38	7 16	»
7 5	7 45	»
7 35	»	8 12
8 4	8 42	»
9 5	9 44	»
10 »	10 38	»
11 5	11 43	»
11 35	min. 13	»
min. 5	min. 43	»
min. 40	1 18	»
	matin	

VERSAILLES (Chantiers) et VERSAILLES (Rive gauche) à PARIS (Montparnasse)

Départ Chantiers	Départ R. G.	Arrivée
matin	matin	matin
»	5 2	5 40
»	6 2	6 40
»	6 42	7 20
»	7 37	8 15
8 4	»	8 41
»	8 32	9 10
»	9 7	9 45
»	9 37	10 15
»	10 7	10 45
»	10 37	11 15
»	11 37	midi 15
»	midi 37	soir
»	soir	1 15
»	1 37	2 15
»	2 37	3 15
»	3 42	4 20
»	4 37	5 15
»	5 7	5 45
»	5 47	6 25
»	6 17	6 55
»	6 42	7 20
»	7 12	7 50
»	7 38	8 16
»	7 57	8 33
»	8 37	9 15
9 3	»	9 40
»	10 7	10 45
»	10 37	11 15
»	11 42	min. 20

OBSERVATION. — Les dimanches et jours de fête, certains trains du service régulier pourront être retardés de 5 à 10 minutes par suite de la circulation de trains supplémentaires.

NOTA. — La correspondance à Ouest-Ceinture entre les trains de ceinture et les trains se dirigeant vers Paris-Montparnasse ou vers Versailles ne peut être considérée comme établie qu'autant qu'il existe réglementairement un intervalle d'au moins cinq minutes entre l'arrivée des trains de Ceinture et le départ des trains de la ligne de Versailles.

PARIS (Saint-Lazare) à VERSAILLES (Rive droite) et à VERSAILLES (Chantiers)

Départ	Arrivée R. D.	Arrivée Chantiers
matin	matin	matin
5 »	5 52	»
6 10	»	7 1
7 »	7 52	»
7 53	»	8 32
8 20	9 12	»
9 5	9 40	»
9 25	10 17	»
10 »	10 35	»
10 20	»	10 57
10 25	11 17	»
11 5	11 47	»
11 30	midi 22	»
midi 20	soir	»
soir	1 12	soir
1 5	1 41	»
1 25	2 17	»
2 »	2 35	»
2 20	3 12	»
3 20	4 12	»
4 20	5 12	»
4 50	5 31	»
5 15	5 51	»
5 20	»	5 57
5 25	6 17	»
5 55	6 25	»
5 58	6 46	»
5 55	6 45	»
6 25	6 55	»
6 30	7 13	»
6 45	7 37	»
7 20	8 6	»
7 35	8 27	»
8 20	9 12	»
8 40	»	9 18
9 20	10 12	»
10 20	11 12	»
11 25	min. 17	»
min. »	min. 52	»
	matin	
min. 35	1 18	»
min. 35	1 27	»

VERSAILLES (Chantiers) et VERSAILLES (Rive droite) à PARIS (Saint-Lazare)

Départ Chantiers	Départ R. D.	Arrivée
matin	matin	matin
»	4 35	5 25
»	6 »	6 50
»	6 30	7 20
»	7 »	7 50
»	7 25	8 5
7.49	»	8 30
»	8 5	8 35
»	8 10	9 »
»	8 27	9 5
»	9 »	9 30
9 5	»	9 40
»	9 10	10 »
»	9 30	10 10
»	10 10	11 »
»	10 37	11 10
»	11 10	midi »
»	11 35	midi 10
»	midi 10	soir
»	midi 37	1 »
»	soir	1 10
»	1 10	2 »
»	1 37	2 10
»	2 10	3 »
»	3 5	3 55
»	4 10	5 »
»	4 30	5 20
»	4 55	5 45
»	5 2	5 45
»	5 34	6 15
»	6 »	6 50
»	6 45	7 19
»	7 »	7 50
7 7	»	8 »
»	8 »	8 50
»	9 »	9 50
»	*9 10	10 »
9 53	»	10 45
»	10 10	10 49
»	10 40	11 30
»	11 5	11 55
»	*11 40	min. 30

L'Archéologie

Fascicules **1** à **8** (2ᶜ édition).

ARCHAEOLOGIA HISTORICA

L'Archéologie EN 1897

TOME PREMIER

PARIS

C. KLINCKSIECK

11, RUE DE LILLE

1898

STATUE DE MAUSOLE

British Museum.

LE TOMBEAU DE MAUSOLE

d'après les historiens anciens

et les découvertes de C.-T. NEWTON à Halicarnasse

Bien que découvert depuis un certain nombre d'années déjà, ce célèbre monument n'est que très peu connu. Nous croyons donc devoir en faire l'objet de notre première monographie mensuelle.

Dans les galeries de l'histoire de l'art du musée du Trocadéro, on voit un moulage de la statue colossale de Mausole, qui provient de cette découverte. Mais c'est au *British Museum* qu'il faut aller étudier les sculptures nombreuses rapportées d'Halicarnasse par M. Newton, et cette étude d'une des merveilles de l'art au IVe siècle avant J.-C. est des plus intéressantes.

I

Au Ve siècle, lorsque le génie d'Ictinus et de Phidias eut élevé le splendide Parthénon, on pouvait considérer l'art comme arrivé à son apogée. Phidias, en corrigeant ce que la sculpture avait encore d'âpre dans sa fermeté un peu rude, avait presque atteint au sublime. Mais Lysippe et Praxitèle, ses successeurs, en créant le beau style, arrondirent les contours. Déjà sous Alexandre on renchérit sur eux outre mesure. Bientôt, à force de rondeur et de mollesse, et les malheurs publics aidant, on devait tomber dans la décadence.

Au milieu du IVe siècle cependant, on était encore éloigné de prévoir le résultat de certaines innovations dans la manière de reproduire les personnages. Ces innovations avaient d'ailleurs leur raison d'être, et ce serait se montrer peut-être exclusif que de vouloir indiquer l'époque de Phidias comme la plus belle, comme la seule méritant l'admiration des amis de l'antiquité classique. Si le Thésée du Parthénon nous montre un magnifique type d'homme dans toute la beauté de sa force, l'Apollon du Belvédère et la Vénus de Milo passeront toujours aux yeux des observateurs pour des représentations où la grâce et la beauté sont si bien rendues qu'il serait difficile de chercher à les surpasser. Il est juste pourtant d'ajouter que le Thésée, avec son attitude moins favorable et ses mutilations regrettables, se montre à nous sous un jour beaucoup moins avantageux que les deux autres statues avec lesquelles nous les mettons en parallèle.

Quel que soit d'ailleurs le rang relatif que le jugement décernera à ces productions, il sera toujours intéressant de comparer entre elles les diverses écoles helléniques, et de les étudier dans les changements qu'ont pu nécessiter des différences de destinations ou des influences locales auxquelles l'architecture et la sculpture peuvent rarement se soustraire.

A ce point de vue, l'examen du Tombeau de Mausole est particulièrement intéressant.

Lorsque ce monument fut projeté, l'école ionienne avait atteint son apogée en Asie. Vers cette époque, le savant architecte Pithius construisait à Priène le temple de Minerve. Il en a laissé la description dans un ouvrage où il déclare qu'un architecte doit connaître tous les arts et toutes les sciences, en d'autres termes que l'architecture doit être le résumé fidèle et harmonique de toutes les connaissances de l'époque. L'Asie Mineure possédait une école nationale de sculpteurs qui s'écartaient des principes helléniques. On peut s'en convaincre en examinant le groupe des *Naïades dansant*, placé aujourd'hui au Musée Britannique et provenant du monument d'Harpagus à Xanthe. Un autre ouvrage de la même école, représentant une *Jeune fille dansant*, trouvé à Halicarnasse, dans les fouilles qui précédèrent celles du Mausolée, montre que cette influence s'étendait au delà de la Lycie, et pourtant le goût athénien était le plus recherché en Asie Mineure, puisque Cnide, Cos, Alexandrie, sur le mont Latmos, et Patara en Lycie, demandaient à Praxitèle des statues pour leurs temples.

La forme purement grecque ne devait cependant pas être destinée au monument du prince Carien. C'est ce que nous montre la description de Pline, dans laquelle nous retrouvons encore les noms des artistes qui prêtèrent leur concours à l'érection du Mausolée.

« Scopas, dit Pline (livre XXXVI) eut pour rivaux, parmi ses contemporains, Bryaxis, Timothée et Léocharès, dont on doit parler en même temps, puisque tous quatre travaillèrent au tombeau de Mausole, roi de Carie, mort l'an 2 de la centième olympiade. Ce fut grâce à eux surtout que ce monument devint une des sept merveilles du monde. Au Midi et au Nord, ses faces ont soixante-trois pieds ; les deux autres sont moins larges. Le pourtour entier est de quatre cent onze pieds, et la hauteur de vingt-cinq coudées ; trente-six colonnes forment un péristyle nommé *ptéron*. Le côté du Nord fut l'œuvre de Bryaxis ; celui de l'Est, l'œuvre de Scopas ; celui du Sud, l'œuvre de Timothée ; celui de l'Ouest, l'œuvre de Léocharès. La reine Artémise, qui avait commandé le monument pour honorer la mémoire de son frère et époux, mourut avant qu'il fût achevé. Mais les artistes crurent qu'il y allait de leur gloire et même de l'intérêt de l'art de le terminer. Ils ne le quittèrent donc que lorsque tout fut fini. Un cinquième artiste se joignit à eux pour construire au-dessus du ptéron une pyramide de la même hauteur que le reste de l'édifice, et composé de vingt-quatre degrés toujours décroissants jusqu'à la surface qui le termine. Sur ce sommet, est un quadrige de marbre, ouvrage de Pythius. Cet accessoire donne à la totalité de la construction cent quarante pieds de hauteur. »

Vitruve est moins explicite : Satyrus et Pythius, dit-il, virent la fortune les combler de ses faveurs, car leur plan fut réalisé par des artistes dont le talent méritera l'admiration des siècles à venir. Outre Timothée, nommé par quelques-uns, ajoute-t-il, quatre artistes, Léocharès, Bryaxis, Scopas et Praxitèle entre-prirent d'orner chacun un des frontons de l'édifice, et la perfection de leur travail a fait nommer ce monument une des sept merveilles du monde.

Satyrus nous est très peu connu. Quant à Pythius, on peut le prendre pour l'architecte du même nom qui construisit le temple de Priène. Non seulement ce temple offre des ressemblances frappantes avec le Mausolée, mais encore il est de la même époque. Car nous savons qu'Alexandre en fit la dédicace dix ans à peine après l'achèvement du Mausolée. Il est d'ailleurs permis de supposer que des tra-vaux aussi importants que ceux du monument d'Halicarnasse avaient été confiés au plus habile architecte de l'époque, et Pythius l'était incontestablement. Peut-être encore était-il lui-même le sculpteur du quadrige placé au-dessus de la pyra-mide, comme la similitude du nom pourrait permettre de le supposer.

Des dix sculpteurs mentionnés par Pline et Vitruve, quatre vinrent d'Athènes. Quant à Timothée on ignore le nom de sa ville natale. Léocharès était déjà célèbre avant le commencement du Mausolée. Son œuvre capitale « Ganymède enlevé par Jupiter sous la forme d'un aigle » était des plus admirées. On lui devait encore la statue colossale d'Hercule, qu'on voyait dans le temple de ce dieu sur l'acropole d'Halicarnasse, et après la mort d'Alexandre on le trouve encore cité comme s'occupant de nouveaux travaux.

Bryaxis, jeune comme Léocharès, participa à des ouvrages qui devaient illustrer la période macédonienne. Scopas, au contraire, devait être fort âgé au moment de la construction du Mausolée, si âgé même qu'on aurait le droit de se demander, comme Winckelmann se l'était déjà demandé, si les anciens ont toujours voulu parler du même Scopas ou s'il n'y aurait pas eu deux sculpteurs du même nom?

Quant à Praxitèle, — mentionné par Vitruve, et non par Pline, dont la des-cription est plus détaillée et a été reconnue pour très exacte — il est douteux qu'il ait travaillé avec les artistes que nous venons de nommer. Les ornements du Mausolée rappellent bien peu son genre de sculpture. Ses statues d'Apollon et de Vénus, ses Cupidons et ses Satyres présentent le plus gracieux et le plus admirable fini du type naturel. — En garde contre le colossal, Praxitèle renferme ses créa-tions dans la limite des proportions humaines, sans toujours même y atteindre. Loin de représenter les attitudes forcées du combat ou du théâtre, il ne songe qu'à reproduire la beauté dans une situation calme, souriante, heureuse ou rêvant au bonheur. Un talent de cette nature ne pouvait trouver son inspiration dans les sujets du monument d'Halicarnasse. La distance entre la sculpture et l'observateur aurait effrayé un artiste qui recherchait la perfection la plus délicate. Nous savons, en effet, que sa Vénus de Cnide était placée au milieu d'un petit temple où elle était éclairée de toutes parts au moyen de deux portes. Remarquons encore que la frise du Mausolée ne rend pas exactement les proportions humaines. Selon la tradition de l'art au temps d'Alexandre, les têtes y sont petites, les corps minces et les extrémités effilées. Pour les effets nécessaires dans un monument de grandes proportions, cette méthode a son prix. Mais elle ne pouvait convenir à Praxitèle qui, par l'étude des modèles les plus parfaits, s'était accoutumé à reproduire les proportions réelles et n'aurait jamais sacrifié ses principes au plaisir d'obtenir une illusion d'optique, si heureuse qu'elle pût être.

Nous dirons donc avec Pline que les quatre faces furent ornées par Léocharès, Bryaxis, Timothée et Scopas.

Il est assez curieux d'étudier comment les artistes grecs travaillant sous les ordres d'Artémise, et soumis, par conséquent, à l'influence carienne, arrivèrent à mener leur œuvre à bonne fin en se conformant au plan qui dut leur être tracé, tout en se réservant la part la plus large d'individualité possible.

Ce qui attire le plus d'attention dans la description de Pline, c'est la forme même du monument. On s'étonne à bon droit de voir un édifice grec entouré de colonnes et surmonté par une pyramide en étages. Il faut ici voir une influence locale dont on doit tenir compte. A l'époque romaine, nous voyons la même chose dans les monuments de la Tunisie. Et il est digne de remarque que, si bizarre que puisse paraître cette alliance de soubassement carré et de la pyramide, rien n'a été peut-être si fréquent dans les temps postérieurs à l'érection du Mausolée.

Le Tombeau d'Adrien rappelle la même pensée, avec cette modification que la pyramide est remplacée par la masse ronde qui surmonte encore le château Saint-Ange actuel. Mais au moyen âge ce fut un des plus beaux ornements de l'architecture religieuse. On sait, en effet, de quelle manière les architectes de l'Occident ont su tirer parti de la primitive pyramide, comment, en l'élevant peu à peu pour l'accommoder à l'harmonie de nos sites, ils sont parvenus à en tirer les effets les plus heureux, non seulement dans nos campagnes, mais encore au-dessus des masses tortueuses des maisons de nos anciennes villes. Et d'ailleurs nous voyons encore tous les jours dans nos cimetières reproduire, avec les deux mêmes éléments, des petits modèles que l'on serait peut-être bien étonné de reconnaître pour des reproductions plus ou moins éloignées du tombeau d'Halicarnasse.

Le nombre d'années que resta debout le Mausolée est digne de remarque. Vitruve et Pline le décrivent quatre siècles après sa construction. Lucien loue, cent cinquante ans après J.-C., ses groupes d'hommes et de chevaux pour leur exacte reproduction de la nature et de la beauté de leur pierre. Grégoire, évêque de Nazianze, au IVᵉ siècle de notre ère; Constantin Porphyrogénète, au Xᵉ; Eudoxie, au XIᵉ, en font aussi mention. Le dernier témoin byzantin qui nous en parle, Eustace, disait au XIIᵉ siècle : « le Mausolée a été et est encore une merveille. »

Mais, au XIIIᵉ ou au XIVᵉ siècle, le quadrige et la statue de Mausole furent renversés, probablement par la foudre ou par un tremblement de terre. C'est à cet accident que nous devons, sans doute, d'avoir retrouvé le groupe, car au commencement du xve siècle éclatèrent, entre les Turcs et les chevaliers de Saint-Jean, les guerres qui firent d'Halicarnasse une forteresse et du Mausolée un monceau de pierres.

A la chute de l'empire romain, dit Claude Guichard, après le pillage et la destruction de tant de villes riches et populeuses, la vieille et belle cité d'Halicarnasse, d'abord ensevelie sous ses ruines, devint un chétif village, nommé Mézy, livré à la merci des corsaires et des pirates. Lorsque les chevaliers de Saint-Jean-de-Jérusalem se furent retirés à Rhodes, ils jugèrent ce lieu excellent pour la défense et favorable à leur domination en Asie. Ils construisirent donc à la droite du port, où se trouvait autrefois le temple de Vénus et de Mercure, un château encore debout, qu'ils nommèrent la Tour Saint-Pierre, puis, séduits par le voisinage de la claire et belle fontaine de Salmacis, ils bâtirent une seconde citadelle sur le point opposé.

Jacques Fontanus nous a laissé des détails intéressants sur ces châteaux qu'il a visités. Les chevaliers de Saint-Jean occupèrent Rhodes en 1309, au moment où les biens des Templiers, dont ils venaient d'hériter, avaient accru considérablement leur puissance. Le grand bailli employa pour matériaux une certaine quantité de degrés de la pyramide et quelques autres portions de l'édifice.

Halicarnasse fut visité, en 1472, par une expédition sortie de Venise sous la conduite de l'amiral Pietro Mocenigo. Le Dalmate Coriolan Cepio, qui en faisait partie, raconte que les habitants de la ville, afin d'être plus sûrement gardés, lâchaient toutes les nuits hors de leurs murs plus de cinquante chiens si bien dressés qu'ils déchiraient les Turcs assez imprudents pour les approcher, tandis qu'ils accueillaient les chrétiens avec caresses et les conduisaient jusqu'aux portes. Cepio visita le Mausolée dont les restes lui parurent très distincts au milieu des ruines de l'ancienne ville.

Au xvie siècle, les luttes entre les chevaliers et les Turcs devaient encore hâter la destruction du Mausolée. Écoutons le naïf récit d'un vieil historien, Claude Guichard, dans ses *Funérailles des Romains, Grecs*, etc. (Lyon, 1581).

« L'an 1522, dit Claude Guichard, lorsque le sultan Solyman se préparoit pour venir assaillir les Rhodiens, le Grand Maistre sçachant l'importance de ceste place, et que le Turc ne faudroit point de l'empieter de première abordee, s'il pouuoit, y enuoya quelques cheualiers pour la remparer et mettre ordre à tout ce qui estoit nécessaire soustenir l'ennemi, du nombre desquels fut le commandeur de la Tourrette, Lyonnois, lequel se treuua depuis à la prise de Rhodes, et vint en France, où il fit de ce que ie vay dire maintenant, le récit à Monsieur d'Alechamps, personnage assez recongnu par ses doctes escrits, et que ie nomme seulement à fin qu'on sçache de qui ie tien vne histoire si remarcable. Ces chevaliers estans arriués à Mésy, se mirent incontinent en deuoir de faire fortifier le chasteau, pour auoir de la chaux, ne treuuant pierre aux enuirons plus propre ny qui leur vint plus aisee, que certaines marches de marbre blanc, qui s'esleuoyent en forme de perron emmy d'un champ près du port, là ou iadis estoit la grande place d'Haly-carnasse ils les firent abattre et prendre pour cest effet. La pierre s'estant rencontree bonne fut cause que ce peu de maçonnerie, qui paroissoit sur terre, ayant esté démoli, ils firent fouiller plus bas en espérance d'en treuuer davantage. Ce qui leur succeda fort heureusement, car ils recognurent en peu d'heures que de tant plus on creusoit profond d'autant plus s'eslargissoit par le bas la fabrique, qui leur fournit par après de pierres non-seulement à faire de la chaux mais aussi pour bastir. Au bout de quatre ou cinq iours, après auoir faict une grande descouuerte par vne après disnée ils virent une ouuerture comme pour entrer dans vne caue; ils prirent de la chandelle et deualèrent dedans, où ils treuuèrent vne belle grande salle carree, embellie tout autour de colonnes de marbre, auec leurs bases, chapi-teaux, architraues, frices et cornices grauees et taillees en demy bosse, l'entredeux des colonnes estoit reuestu de lastres, listeaux ou plattes bandes de marbre de diuerses couleurs ornees de moulures et sculptures conformes au reste de l'œuure et rapportés proprement sur le fond blanc de la muraille, où ne se uoyait qu'his-toires taillees et toutes batailles à demy relief. Ce qu'ayans admiré de prime face, et après auoir estimé en leur fantaisie la singularité de l'ouurage en fin ils défirent, brisèrent et rompirent pour s'en seruir comme ils auoyent faicte du demeurant. Outre ceste salle, ils treuuèrent après une porte basse qui conduisoit à une autre, comme autre chambre, où il y auoit *un sépulcre* avec son vase et son tymbre de marbre blanc beau et reluysant à merueilles, lequel pour n'auoir pas eu assez de temps, ils ne descouurirent la restraicte estant desia sonnee... »

Mais le lendemain nos explorateurs improvisés reconnurent qu'ils s'étaient arrê-tés en trop beau chemin, car ils trouvèrent le tombeau vidé. Le sol était jonché de petits morceaux *de drap* et de paillettes d'or. Ils présumèrent que des écumeurs de mer, qui parcouraient alors la côte, ayant eu vent de cette découverte, étaient venus nuitamment lever le couvercle du sarcophage et que, selon un bruit qui courait, ils avaient enlevé un trésor. Telle devait être la singulière destinée des cendres de Mausole. Après tant de solennités, après vingt siècles d'oubli dans les ruines de l'ancienne cité, une nuit quelques obscurs voleurs devaient venir les dis-perser dans l'espoir de trouver à côté quelque chose qui valût la peine d'être emporté.

Guichard est le dernier historien qui mentionne le Tombeau d'Halicarnasse. Après le pillage qu'il nous raconte, les ruines du superbe Mausolée furent si bien recouvertes par l'alluvion, et les traces si bien perdues que plusieurs savants qui, de nos jours, se vouèrent à l'investigation des lieux, ne surent pas en reconnaître l'ancien emplacement.

II

Par une étude approfondie des auteurs anciens, M. C. T. Newton, qui fut si longtemps conservateur des antiquités grecques et romaines au Musée Britannique, était arrivé à indiquer, dès 1848, de la manière la plus exacte l'ancienne position du Mausolée. En 1857, il put enfin, grâce au concours libéral de son gouvernement, entreprendre des fouilles qui devaient avoir le plus heureux résultat. Appuyé par le titre de vice-consul à Mytilène et ayant à sa disposition trois bâtiments de l'État, il mit les équipages de ceux-ci à l'œuvre pour commencer les travaux. — Les fragments de la frise, un bras colossal et un lion, retrouvés dès les premières recherches à l'emplacement indiqué, lui prouvèrent que ses appréciations topographiques étaient exactes. Des fûts brisés de colonnes montraient dans leur caractère d'ornementation une ressemblance évidente avec le temple de Priène, lequel paraît avoir été construit par le même architecte que le Mausolée. Bientôt surgit de terre une statue équestre de dimensions colossales. Puis le déplacement des débris conduisit les explorateurs jusqu'aux fondations du bâtiment.

Le roc avait été taillé par le maçon de Pythius de manière à former une surface plane pour servir d'assise aux murailles. Où le roc avait manqué on avait suppléé par d'énormes blocs longitudinaux. Cette surface se trouve aujourd'hui de deux à seize pieds au-dessous des campagnes environnantes. Dans les plans où le niveau n'avait pu être conservé, on s'était servi de pierres plates d'un pied d'épaisseur. Au-dessous de ces fondations gigantesques, le roc était sillonné par un grand nombre d'étroits passages circulant irrégulièrement autour de l'édifice et interrompus, de place en place, par des puits profonds servant à l'écoulement des eaux.

A l'ouest du monument, on découvrit douze degrés taillés dans le roc et descendant sur la déclivité de la montagne, du Théâtre au Mausolée. Entre le pied de ces degrés et les ruines se retrouvèrent plusieurs vases d'albâtre, comme ceux dont les anciens faisaient usage pour les cosmétiques de haut prix, et des figurines votives en terre cuite, ainsi que des ossements de bœuf, tous restes probablement de sacrifices funéraires. Les degrés du roc ont pu servir à descendre en cérémonie les restes mortels du roi depuis la montagne jusqu'au lieu du repos, car c'est au côté occidental du Mausolée qu'était située la grande entrée de ce qu'on doit appeler le tombeau proprement dit. Une pierre gigantesque d'un poids de vingt tonnes avait été soigneusement posée à la place à laquelle elle fut retrouvée. Les côtés de cette pierre sont entaillés comme s'ils avaient dû recevoir des pierres voisines en saillie. Après avoir été descendue d'en haut et placée, on l'avait fixée au moyen de verrous en bronze. Derrière cette pierre, et immédiatement sur les fondations, était la grande salle funéraire. La grosse pierre une fois baissée, le sarcophage royal était isolé à jamais. Mais cela n'excluait pas la possibilité d'une seconde entrée par l'intérieur du bâtiment, connue seulement de quelques parents du

défunt. C'est peut-être par quelque mystérieux passage de ce genre que les chevaliers de Rhodes pénétrèrent jusqu'au cercueil en 1522.

Derrière la grande pierre on recueillit un vase d'albâtre sur lequel on voit un
cartouche égyptien accompagné d'inscriptions en caractères cunéiformes. On a
ainsi interprété l'inscription :

Khsayârsâ Khsayathiya Yasarka
(*Xerxès le grand roi*)

formule déjà attribuée à Xerxès dans l'inscription inscrite sur les roches de
l'Elvend, mais alors suivie du titre de *roi des rois* et de quelques autres, que leur
longueur sans doute ne permettait pas de reproduire ici.

Ce vase, en tout semblable à celui qui existe à Paris à la Bibliothèque nationale
et qui a été décrit depuis longtemps par le comte de Caylus, appartient au règne
de Xerxès. On lit, en effet, dans le cartouche égyptien le nom de ce monarque :

kh   ch   i   a   r   ch   a

Cette lecture, qui a été proposée pour la première fois par Champollion le
jeune, est depuis longtemps acquise à la science.

Les inscriptions, en caractères cunéiformes, reproduisent, dans les trois langues
propres aux inscriptions de la Perse, le nom du vaincu de Salamine. L'inscription
perse nous donne ce nom dans sa forme originelle :

kh   a   y   â   r   s   â

Xerxès, qui vivait plus d'un siècle avant Mausole, n'a jamais pu avoir rien de
commun avec lui. Mais il est permis de supposer que ce vase avait été conservé
dans la famille du satrape carien comme un don de Xerxès à la première Artémise,
laquelle avait sauvé les enfants de celui-ci après la catastrophe de Salamine. La
veuve de Mausole aurait alors consenti à se séparer de ce précieux souvenir pour
en faire hommage aux mânes de son bien-aimé frère et époux.

Le lit rocheux du monument étant dégagé, on trouva tout le long de ses bords
des fragments de frises et de statues colossales. Parmi les frises, se remarquent
quatre plaques juxtaposées recueillies le long de la façade orientale et représentant
un sujet continu. Leur bon état de conservation permet de croire qu'elles sont
toujours restées à la même place depuis la chute du *Ptéron*. Comme Pline nous
dit que Scopas avait orné la façade orientale, nous avons là une œuvre originale de cet illustre maître qui ne peut être révoquée en doute. Le sujet est,
comme sur les autres frises, un combat d'Amazones, mais les personnages
sont incontestablement supérieurs à ceux des œuvres rivales.

En dirigeant ses travaux au delà du lit de rocher vers le nord, M. Newton arriva
à un mur en magnifique blocage de marbre blanc, entourant tout le bâtiment et

qu'Hyginus appelait le *péribole*. Cette muraille, qui devait avoir environ dix pieds de haut, présentait de nombreuses trouées.

Au delà du péribole, M. Newton devait recueillir le prix de son intelligente recherche. Il rencontra un monceau de décombres et de blocs plats de marbre blanc. Là le péribole décrivait une courbe comme s'il avait cédé sous un choc violent. Un examen attentif fit reconnaître les blocs de marbre pour des degrés de la pyramide, et les débris de statues pour des fragments du grand quadrige de Pythis. On trouva aussi deux moitiés de chevaux et plusieurs pieds; une tête de cheval fragmentée elle-même en deux pièces dont chacune était encore ornée d'une partie du mors et des harnais en bronze; des restes de chevilles des roues et du timon du char. La queue de l'un des chevaux fut recueillie peu après, non loin de là, dans le jardin d'une habitation turque.

Près du char et des chevaux brisés, on recueillit plusieurs lions entiers, ainsi que le tronc d'un léopard de même taille que les lions. Les taches de la peau du léopard, autrefois peintes probablement, sont bizarrement indiquées par des losanges remplis de lignes croisées profondément entaillées. Des traces de couleur rouge se voyaient encore sur les langues tant du cheval que d'un des lions.

Enfin, on rencontra les restes de deux images colossales : une femme debout, magnifiquement drapée, mais sans tête ni bras; une tête d'homme privée de l'occiput, mais la face presque entière et les coins des yeux laissant encore voir des traces de peinture. On pensa d'abord, et avec raison, que cette tête était celle de Mausole et avait appartenu à sa statue placée sur le quadrige.

Ainsi M. Newton put se féliciter de la bonne pensée qu'il avait eue de pousser ses recherches si loin du monument. Depuis la chute du quadrige, les débris étaient restés à terre; une riche alluvion s'était étendue sur les monceaux de marbre. Comme personne n'a jamais cherché ni trésors ni marbre en dehors du péribole, ils étaient restés tels quels jusqu'à nos jours. Pénétré de l'importance de ce fait, l'habile explorateur recueillit jusqu'aux plus petites parcelles de marbre et les expédia dans des caisses séparées. C'est à ce soin que nous sommes redevables de la restauration pour ainsi dire miraculeuse de la principale figure de tout le groupe. La statue colossale de Mausole a été restituée presque au complet par la réunion de soixante-cinq fragments.

D'autres morceaux de sculpture furent détachés des murs du château où les avaient placés les chevaliers de Rhodes.

L'examen des débris de la frise confirme ce que l'on sait de la méthode adoptée par les sculpteurs contemporains d'Artémise. Les personnages des sujets étant disposés de manière à être vus à une grande hauteur, les artistes leur avaient donné un extérieur grêle et des extrémités effilées. La position des corps ou des membres, plus ou moins projetés hors du plan, prêtait aux groupes une action plus marquée. Les scènes de combats sont très variées, les attitudes passionnées et presque théâtrales. L'effet était encore agrémenté par la couleur et quelques accessoires qui, sans rien ajouter au mérite de l'ouvrage, en augmentaient l'illusion. Les mors, les rênes des chevaux, les ceinturons des guerriers étaient en bronze. Les armes aussi, et celles-ci se projetaient en dehors des plaques de marbre auxquelles elles étaient fixées par des viroles, placées aux mains et aux poignées. — La dorure avait peut-être aussi prêté son éclat à quelques-unes de ces pièces métalliques.

Les sujets de la face orientale, attribuée à Scopas, sont bien supérieurs à ceux des autres côtés. Les guerriers et les Amazones qui y figurent sont de la même taille qu'aux autres faces, mais les chevaux sont un peu plus grands. L'exécution est plus belle quoique à peine un peu plus nourrie. Une des plaques laisse voir une Amazone sur un cheval qui se cabre. Près de là, un jeune soldat, blessé au genou et ayant perdu son casque, cherche à parer de son bouclier le coup mortel dont le menace une guerrière. Un grec barbu, au visage farouche, attaque une Amazone debout qui, se renversant en arrière, brandit sa hache pour lui porter un coup décisif. La figure de la femme est belle et animée d'une magnifique ardeur. Elle est vue par derrière ; sa courte tunique spartiate s'est échappée de la ceinture, et un effet d'adresse artistique permet d'apercevoir son sein, son cou et ses jambes, dont la droite pousse son genou jusqu'au dernier plan du groupe. Son talon ressort tellement en relief que la jambe d'un guerrier se trouve placée entre le sol et son pied, sans toucher la cheville. Car un caractère tout particulier, une beauté toute spéciale à cette frise entière, est que les parties du corps, tête, jambes, mains sont complètement détachées en bosse, ce qui a singulièrement facilité leur dégradation. Sur la même plaque, on voit un Grec cherchant à achever une Amazone renversée.

Une autre laisse voir un cheval à rond de train, les naseaux ouverts, la tête haute, et monté par une guerrière combattant en fuyant la face retournée. Vers le milieu de la plaque, un Grec coiffé d'un beau casque se penchant vivement en arrière au moment où une vaillante Amazone, à pied, s'élance sur lui, le manteau déployé, saisit son bouclier et essaie de le lui enlever, pour lui asséner un coup de hache sur la tempe droite. Cette scène est vive et animée, et tout y est naturel. La hache est fouillée dans le marbre, mais la douille percée indique que le manche devait être en bronze et détaché du plan.

Le peu qui reste de la frise inférieure est particulièrement bien traité. Cela est dû à ce que cette portion du monument, destinée à être vue de beaucoup plus près, devait être plus soignée. Une plaque représentant une femme penchée sur le bord de son char et lançant quatre chevaux est certainement le plus beau de tous les reliefs du Mausolée. La draperie, la tête, l'oreille ne sont pas sculptées, mais réellement burinées. Cette frise a une hauteur de trois pieds et quelques pouces, et les personnages sont en demi-nature. Les statues en ronde bosse n'ont rien des formes grêles qu'on peut reprocher aux personnages de la frise. Elles sont, au contraire, dans les proportions les plus belles de l'école athénienne. Parmi ces

morceaux, un des premiers découverts, le cavalier en caleçons perses, est des plus
remarquables. Malheureusement, il est bien incomplet : la tête du cheval et toute
la partie supérieure du corps du personnage ont disparu. Malgré ces mutilations
regrettables, le groupe est parfaitement vivant. Le cavalier tire fortement sur le cheval. Celui-ci essaie de conserver son point d'appui et se cabre avec effort. Les plis
de la peau et les reliefs des veines sont exécutés avec soin, les muscles largement
traités. La main du cavalier est rude, osseuse et dessinée de manière à laisser voir
tous les muscles. Ses vêtements sont d'une exécution excellente. Comme le poids
d'un bloc de marbre tel que celui-ci ne pouvait être supporté par le train de derrière de l'animal, on avait soutenu le groupe à l'aide d'un pilier semblable à ceux
qu'on a retrouvés sous d'autres statues équestres de l'antiquité.

Trois figures colossales, tirées du grand amas de marbres trouvés avec les degrés
supérieurs de la pyramide, ont été restaurées : le portrait-statue de Mausole, l'un
des chevaux du char du quadrige, et une femme ou une divinité féminine représentée debout.

Le cheval du char ne rappelle aucunement ceux du Parthénon. Les têtes de
ceux-ci sont idéales, la tête de celui du Mausolée copie la nature. Au lieu de ce
crâne large, uni et plat qui caractérise le cheval athénien, celui du cheval de Pythis
a toute la rondeur extérieure du vif. Les chevaux du *Monte Cavallo* sont un peu
plus modernes, leur mouvement vise évidemment à l'effet. Mais comme fidélité à
la nature, le cheval du Mausolée l'emporte. On y reconnaît la main d'un maître.
— Le mors de bronze, encore entre les dents et attaché à un fragment du même
métal, permet de supposer que les rênes étaient aussi en bronze.

Le bras et le pied droit de la statue de femme sont remarquablement beaux. Le
port est noble et du style le plus pur. Cette statue était près de celle de Mausole.
Aussi, comme elle était plus haute que celle-ci, on pourrait également supposer
qu'elle représentait soit la déesse qui protégeait celui qu'on voulait honorer, soit
Artémise elle-même. Car il faut remarquer que cette reine ne survécut que deux
ans à son époux et que, comme la pyramide et le quadrige ne pouvaient être ter-
minés quand elle mourut, on aurait bien pu la déifier, ou lui faire partager les
honneurs du monument.

Artémise devait, en effet, passer aux yeux des artistes comme digne d'y participer.
Les sculpteurs qui, selon l'expression de Pline, *crurent qu'il y allait de leur dignité
de terminer le Mausolée malgré la mort de la veuve du prince, et ne quittèrent leur
travail que lorsque tout fut fini*, étaient pénétrés de l'importance de leur œuvre et
certainement avaient une haute estime pour la mémoire d'une princesse qui leur
avait demandé un monument auquel l'art leur paraissait si intéressé qu'ils tenaient
à le mener à bonne fin par eux-mêmes. Artémise, d'ailleurs, méritait d'être honorée même sur le chariot de la guerre. Peu après la mort de son époux, elle avait
montré qu'elle savait l'art de gouverner par les armes. Les Rhodiens, ayant appris
que c'était à une femme qu'ils devaient obéir, se révoltèrent et préparèrent une

expédition contre Halicarnasse. La princesse arma sa flotte pour le combat et la fit cacher dans un coin du port d'où elle ne pouvait être aperçue. Par ses ordres, les Rhodiens étant débarqués, les citoyens les reçurent avec des marques d'amitié et firent semblant de vouloir livrer la ville aux insulaires trop crédules. Mais, ceux-ci étant entrés sans défiance, la flotte carienne apparut dans le grand port et captura les navires rhodiens sans coup férir. — Les Cariens allèrent ensuite à Rhodes sur les navires mêmes que ce port avait armés, et une nouvelle surprise châtia les rebelles, dont les plus marquants furent mis à mort.

M. Newton a remarqué pendant ses fouilles que toutes les parties du Mausolée avaient été enrichies de peintures, dans lesquelles l'outremer et le vermillon ou des matières colorantes similaires jouaient un grand rôle.

On peut se représenter l'illusion magique que devait éprouver l'observateur à la vue du monument si élégamment orné de sculptures et de peintures. Sur les énormes blocs du lit de fondation, s'élevait l'immense rectangle du soubassement portant un édifice massif, compact, construit de murs verticaux. Puis s'élançaient des colonnes ioniques à cannelures peintes; puis les chapiteaux, les corniches, les rubans plats de l'entablement couverts de légers ornements ressortant en couleur. Entre les colonnes, des statues enveloppées dans les plis de draperies riches et bien entendues, des cavaliers maîtrisant leurs chevaux et couverts du somptueux attirail des Perses, le tout chargé de couleurs brillantes. Au-dessus des colonnes, sur la couronne de la corniche, les lions à gueule ouverte, aux langues sanglantes, en diverses attitudes. Encore au-dessus, la pyramide surgissait avec ses degrés à peine perceptibles d'en bas et qu'un cheval à jambes sûres pouvait aisément gravir. Enfin, Mausole auprès de sa divinité protectrice, debout, ferme, calme, d'un galbe admirable, la tête découverte et légèrement relevée, maintenant ses chevaux d'une main vigoureuse ; les lions, le léopard, comme des molosses royaux près des roues du char de la guerre. Tel était le Mausolée éclairé par le ciel resplendissant de l'Ionie.

Il est pénible de comparer ce spectacle avec celui de tous les morceaux plus ou moins mutilés qu'on voit au Musée Britannique et qu'on a mis tant d'années à rassembler. Mais aujourd'hui on peut enfin les examiner convenablement. On les a réunis dans une salle spéciale : *the Mausoleum Room*, où nous les avons étudiés en novembre dernier.

Au milieu de la salle, on voit une grande roue restaurée et placée debout. Elle provient du groupe du char de Pythis comme le cheval colossal et la statue de Mausole qui se trouvent tout auprès.

Au bel ouvrage publié par M. Newton sur ses découvertes est ajouté un supplément dans lequel se trouvent les détails d'une restauration du Mausolée, laquelle s'accorde parfaitement avec les témoignages des anciens et ceux qui ont été révélés par les découvertes.

Les dimensions de Pline ont été reconnues exactes. On a calculé que le qua-

drige avait une hauteur de quatorze pieds trois pouces au-dessus du sommet de la
pyramide, et que la pyramide elle-même était haute de 37 pieds neuf pouces, ce
qui ne donne pour celle-ci qu'une différence de 3 pouces avec les 25 coudées
(37 pieds 6 pouces) indiquées par Pline. En somme le monument avait une hauteur totale de 140 pieds.

Malgré toutes les magnificences artistiques déployées à l'occasion de l'érection de
ce monument, le personnage en l'honneur de qui il était élevé ne paraîtra guère
sympathique aux yeux des historiens. Les exactions de Mausole, la conduite singulière et douteuse qu'on lui prête au moment des révoltes des satrapes contre
Artaxerxès, le présentent sous un jour peu avantageux. Son titre même de roi est
des plus contestables. D'abord il ne fut jamais, malgré ses velléités de révolte, que
le vassal de la Perse. Puis une inscription découverte à Mylasa montre qu'il n'était
revêtu que de la qualité de satrape. Jusqu'à la découverte de sa statue, nous
n'avions qu'un portrait douteux sur quelques monnaies, et il est intéressant de
chercher aujourd'hui à étudier les traits de sa physionomie.

Nous avons dit qu'on avait reconstitué le personnage avec les soixante-cinq
fragments retrouvés. Il ne lui manque que le derrière de la tête, un pied et le bras,
dont on peut cependant déterminer facilement la position.

Les longs plis qui entourent la statue sont si bien conçus qu'ils pourraient soutenir la comparaison avec les effets produits par de véritables vêtements. La tête
de Mausole est belle, intelligente et admirablement rendue. Son caractère individuel, vivement prononcé, comme on le voit sur notre planche, fait reconnaître
toute la fidélité d'un portrait. Le bras droit était élevé pour tenir les rênes, non sans
effort, car le corps s'appuie sur la jambe droite et le genou gauche fléchit légèrement.

Debout, sur le haut du quadrige, Mausole couronnait dignement, pendant longtemps, le chef-d'œuvre des sculpteurs du siècle d'Alexandre. Aujourd'hui, placé
au milieu d'une grande salle du Musée Britannique, il excite l'attention des visiteurs qui se demandent ce qu'ils doivent le plus admirer, ou la supériorité du travail de l'ancien sculpteur, ou l'esprit d'investigation qui a su acquérir de nos jours
à la science une si digne conquête.

CROYANCES DES GAULOIS

Les druidesses de l'île de Sein. — Saint-Ouen et les superstitions locales. — Vertus des eaux à Stonehenge.

Pomponius Mela nous dit que « l'île de Sein, sur la côte des Osismiens (Finistère), était l'oracle d'une divinité gauloise. Les prêtresses de ce dieu, continue-t-il, gardent une perpétuelle virginité ; elles sont au nombre de neuf. Les Gaulois les nomment Cennes ; ils croient que, animées d'un génie particulier, elles peuvent par leurs vers exciter des tempêtes, et dans les airs et dans les mers, prendre la forme de toutes espèces d'animaux, guérir les maladies les plus invétérées ; elles n'exercent leur art que pour les seuls navigateurs qui se mettent en mer dans le seul but de les consulter ».

On a demandé si les superstitions locales étaient vraiment très anciennes. En dehors des vertus révélées par l'expérience, les eaux ont depuis longtemps passé pour être fréquentées par des esprits familiers, dans tous les pays du Nord et du Nord-Ouest de l'Europe. Dans la Neustrie, même après saint Romain, saint Ouen (640) eut beaucoup à faire pour ramener les esprits. « Je vous conjure, disait-il aux habitants de son diocèse (*Vita sancti Eligii, Spicil.*, t. II., p. 76 et seq.) de ne point observer les coutumes des payens, de ne point croire aux magiciens, aux devins, aux sorciers, aux enchanteurs; de ne les consulter, ni dans vos maladies, ni pour aucun autre sujet. N'observez point les augures, les éternuements, le chant des oiseaux. Que nul chrétien ne remarque le jour qu'il sort de chez lui, ni le jour qu'il y rentre; que nul ne fasse attention au jour, ni à la lune pour entreprendre une besogne. Que personne à la fête de saint Jean ou de tout autre saint, n'organise des danses, des concerts, des caraules[1]. Que personne n'invoque le nom des démons, Neptune, Pluton, Diane, Minerve, ou ses génies. Qu'on n'aille point aux temples, aux pierres, aux fontaines, aux arbres, aux carrefours, y allumer des cierges ou y accomplir des vœux. Qu'on n'attache point de ligature au cou d'hommes ni de bêtes. Qu'on ne fasse point de lustrations ni d'enchantements sur les herbes, ni passer des animaux par le creux d'un arbre, ou par un trou fait

---

1. Depuis Du Cange, on traduit ce mot par *sortilèges* ; mais ce sens nous paraît forcé, car *caraules* est une expression très connue. On désigne, par là, des cercles, dans les fêtes, des rondes avec danses et chants.

dans la terre. Qu'aucune femme ne suspende d'ambre à son cou. Qu'aucune avant de faire de la toile, de la teinture, ou tout autre ouvrage, n'invoque Minerve, ni autres fausses divinités. Si la lune vient à s'obscurcir, ne poussez point de clameurs : c'est par la volonté de Dieu qu'elle subit de temps en temps des éclipses. Ne craignez pas d'entreprendre un ouvrage au moment de la nouvelle lune. Dieu a voulu que la lune marquât les temps, nous éclairât dans l'obscurité des nuits, et non qu'elle mît obstacle à nos travaux, ou frappât l'homme de folie, comme le croient les insensés qui attribuent à la lune les propriétés du démon. » (Concil. Roth. prov., ap. Bessin.)

Minerve et Pluton ne nous semblent plus depuis longtemps des *démons* semblables. Si l'on adopte l'interprétation, très probablement exacte, qui a été donnée de l'autel de Reims, où Pluton serait figuré par le dieu cornu, et si l'on examine les nombreux Dispater et les Hercules portant sur le dos des peaux d'animaux féroces, où la queue dépasse souvent, on comprend ces confusions, d'où l'iconographie du moyen âge a tiré des figures si terrifiantes pour représenter l'esprit du mal. A Paris même, n'a-t-on pas trouvé, sous les autels chrétiens, les anciens autels où l'on voit ce dieu cornu qui devait devenir l'objet de l'exécration des nouveaux convertis et, de dispensateur des richesses de la nature et des trésors cachés qu'il avait été si longtemps, devenir le représentant du démon en personne ?

Saint Ouen ne réussit pas à détourner ses fidèles du culte des eaux, et l'on finit par les consacrer à des saints patrons qui prirent la place des divinités topiques. Les druides eux-mêmes avaient sans doute déjà trouvé ce culte établi parmi les populations mégalithiques. Un auteur de Jersey, qui écrivait au XIIᵉ siècle, maître Wace (Roman de Brut), fait parler Merlin, interrogé par Ambrosius, qui veut élever un monument aux Bretons assassinés dans la plaine de Salisbury. Merlin répond dans les termes suivants :

Si tu veus faire œvre durable	La furent primes compassees :
Qui mult soit bele et convenable	..... Mult soelent estre salvables
Et dont à tos jors soit parole :	Et a malades porfitables
Fai ci aporter la carole [1]	Li gens les soloient laver
Que gaians firent en Irlande ;	Et de l'eue lor bains temprer
Une merveillose œvre grande	Cil qui estoient engrotez
De pierres en un cerne assises	Et d'aucun enfertez grevez
Les unes sor les altres mises	Des laveurs bains faisoient
..... D'Aufrique [2] furent aportees	Baignoient soi, garissoient :

Les pierres du monument mégalithique de Stonehenge avait donc servi à donner à l'eau des bains la vertu de guérir.

1. Voir la note page 14. Ici le sens est plus restreint ; *carole* signifie simplement cercle.
2. Le souvenir d'érections semblables en Afrique, à une époque relativement récente probablement, explique cette idée, émise ici, que le sud de la Méditerranée en était le véritable pays d'origine. A moins que le mot *Aufrique* ne désigne une autre région des îles quelconques ou l'une des péninsules, ibérique ou armoricaine.

Quant au séjour des morts, après avoir rappelé l'idée que les Gaulois croyaient à la continuation de la personnalité dans l'autre monde, que démontrent les emprunts qu'ils se faisaient à charge de remboursement après la mort, on doit se souvenir de ce que dit Procope des bateliers qui transportaient les âmes de ceux qui mouraient dans les Gaules :

Les bateaux transportaient chaque nuit les âmes sur les rivages de l'île sacrée « les bateliers ne voient personne mais au milieu de la nuit, une voix les appelle à leur mystérieux office ; ils trouvent au rivage des bateaux inconnus prêts à partir ; ils sentent le poids des âmes qui y entrent l'une après l'autre, et qui font descendre à fleur d'eau le bord du bateau. Cependant ils ne voient rien. Arrivés la même nuit au rivage de Bretagne, une autre voix appelle l'une après l'autre toutes les âmes, et elles descendent en silence. »

ANTIQUITÉS DE LILLEBONNE

Fondation. — On sait que la Gaule au temps de Jules César était divisée en une grande quantité de petits États, dont les peuples ne se réunissaient qu'au moment où un danger pressant les obligeait à faire cause commune. Ceux qui habitaient le territoire actuel de Lillebonne se trouvaient dans le pays des Calètes.

Au moyen âge, Lillebonne passait pour avoir été l'ancienne cité des Calètes. La chronique de Fontenelle (Saint-Wandrille) raconte que cette cité avait été bouleversée par les Romains, puis rebâtie sous le nom de Julio-Bona. Les Calètes ayant fourni, comme on le lit dans les *Commentaires* de César, plusieurs contingents aux ligues des nations gauloises contre le dictateur, même après la défaite de Vercingétorix, cette destruction est loin d'avoir été impossible. Les découvertes faites au mont *Calidu*, près Caudebec, peuvent faire supposer que là aussi avait existé un important centre de civilisation, peut-être plus ancien de quelques siècles.

Non loin du pays des Helvètes, il a été trouvé un vase rempli de monnaies qu'on a attribuées aux Calètes et qu'on a supposé, avec une certaine vraisemblance, avoir été la contribution guerrière de nos belliqueux ancêtres. Mais ici il y a bien des incertitudes. Les monnaies gauloises sont encore à peine connues et sans chronologie certaine, sauf pour celles des chefs contemporains de la conquête. La facture de celles-ci n'offre plus les anciens types armoricains à la tête casquée et au cheval androcéphale si caractéristique, ni le grand type d'or, au cheval disloqué semblant courir à travers les constellations célestes, retrouvé tout près d'ici, à Oudalles et à Montivilliers ; chez les Bellovaques, et dans le sud-est de la Grande-Bretagne.

En 1828, on trouva à Lillebonne, dans une tourbière, à 3 mètres de profondeur, une boîte contenant 510 médailles romaines et gauloises en argent. Cinq de ces dernières ont été publiées par Édouard Lambert : « La plupart de ces pièces, dit cet auteur, étaient anépigraphiques et du plus petit module. Il s'y trouvait un certain nombre d'exemplaires de la jolie médaille d'Epasnactus. »

A ceux qui désirent se faire une idée des chefs gaulois de cette époque, nous ne saurions trop recommander l'étude de leurs monnaies. Les effigies, les détails du costume et de l'armement, de Viirotal et de Dubnoreix, par exemple, méritent la plus grande attention. Quant aux anciens envahisseurs de l'Italie et à leurs prédécesseurs, on commence à mieux les connaître depuis les recherches qui ont permis de former les collections du musée de Saint-Germain. Pour nous, nous devons nous contenter de quelques découvertes d'armes et d'instruments de bronze, à Orcher, à la Hève, à Caudebec et dans le lit de la Seine. Tout cela est encore bien moins ancien que les monuments mégalithiques, auxquels on peut encore rattacher les traditions relatives aux rochers de forme bizarre, et peut-être les primitifs retranchements de nos promontoires élevés. En disant que ces armes et ces instruments en bronze remontent à plusieurs siècles avant l'ère chrétienne, nous ne hasarderons pas des conjectures inacceptables aujourd'hui. Mais s'il s'agit de citer quelque grande pièce remarquable, quelque magnifique sépulture comme celle des chefs retrouvées dans la Marne, nous ne le pouvons pas encore. Ce n'est qu'à Denestanville qu'une petite lampe en bronze nous fait voir les formes étrusques qui ont fait tant réfléchir les antiquaires ces dernières années.

A Caudebec-les-Elbeuf on a parlé d'un vase étrusque trouvé dans un milieu galloromain ; mais nous n'avons encore que d'incomplets renseignements à ce sujet. Nous savons d'ailleurs que, faute d'être reconnus, plusieurs objets semblables ont été perdus ou mal classés dans des collections locales.

Mais à Lillebonne, c'est l'élément romain qui l'emporte et, malgré les transformations de plus de quinze siècles, on y étudie la ville romaine la mieux caractérisée de tout le nord de la France et de l'Europe.

Saint-Albans, l'antique Verulam, Silchester, le vieux Calleva, ne peuvent lui être comparés. Ici, nous avons des monuments dont on ne rencontre des analogues que dans le Midi ; et, pour les antiquités, on est forcé de reconnaître que Lillebonne ne le cède en richesses qu'aux villes de l'Italie et de la Grèce.

Voies romaines. — La carte de Peutinger et l'Itinéraire d'Antonin nous indiquent deux grandes routes qui traversaient Lillebonne. La première venait de Gravinum et passait de l'autre côté de la Seine, la seconde partait de Caracotinum et se dirigeait vers Rouen.

Ces deux routes, se croisant à Lillebonne, en formaient quatre par rapport à cette ville.

Une cinquième, allant de Lillebonne à Étretat, a été indiquée par l'abbé Belley jusqu'à Beuzeville, et suivie jusqu'à la mer par l'abbé Cochet.

Plusieurs portions de ces voies romaines sont encore très reconnaissables. Derrière le château d'Harcourt on suit encore parfaitement l'antique chemin gravissant la côte de La Fresnaye.

Villas romaines. — Temples. — Balnéaires et statues. — Les villas comprenaient des vastes suites de constructions plus ou moins régulières, et formaient généralement des enceintes à peu près carrées.

La longueur extraordinaire de leurs bâtiments était compensée par leur peu d'élé-

vation. Rarement elles avaient plus d'un étage. Leur toiture était converte par de belles tuiles, ordinairement rouges et de deux formes principales : les tuiles plates à rebords et les tuiles convexes. Combinées de telle sorte que les tuiles convexes recouvraient les rebords rapprochés de deux tuiles plates, elles formaient des couvertures très solides et d'un effet des plus agréables.

La plus grande villa romaine reconnue à Lillebonne a été dégagée en 1864, à *la Vallée*, derrière le château. Plus de 200 mètres de murailles ont été mis à nu. Quelques murs avaient 1 m. 50 d'épaisseur ; leur hauteur allait parfois jusqu'à 3 mètres. Souvent l'appareil était en silex ou en pierre du pays ; mais parfois il était en tuf ou en moellon de petit appareil, chaîné de briques rouges.

Près d'un chauffoir devait se trouver un temple ou un oratoire, car « dans ce quartier voisin de la côte et profondément enseveli, dit l'explorateur, nous avons rencontré des tronçons de colonnes, des fragments de statue de grande dimension, une tête, des jambes, des pieds, des bras d'une proportion moindre, des morceaux de bas-reliefs et d'inscriptions. L'objet le mieux conservé était une stèle représentant Mithra ou le dieu Soleil. Sa vue a rappelé à Adrien de Longpérier la légende des monnaies d'Eliagabale : *Sacerdos solis*, tandis que le nimbe radié le rapproche involontairement d'un buste de Claude publié par Visconti. Près de là se trouvaient également beaucoup de lampes en terre cuite, et plusieurs coupes en terre rougeâtre. On est tenté de voir dans ces épaves les restes d'offrandes faites au dieu qui habitait ces lieux, et dont le prêtre occupait peut-être cette demeure écroulée (l'abbé Cochet) ».

Le Balnéaire de Lillebonne, dont l'emplacement est à peu près indiqué par la mairie actuelle, était composé d'une suite irrégulière de petits bâtiments construits avec un moellon de petit appareil, et divisés en deux séries : les bains des hommes et les bains des femmes. Ces derniers ont été reconnus presque en entier, et on y a trouvé une statue de femme, en marbre blanc, qui est une des plus belles pièces du musée de Rouen. La tête, qu'on a cru devoir y rajouter, n'en faisait pas partie, bien qu'elle ait été découverte dans le même édifice et à peu de distance, et provenait d'un autre sujet.

La longueur extraordinaire des vêtements de cette statue et la largeur de leurs plis, ont fait penser à Emmanuel Gaillard qu'ils étaient en laine. Se basant sur quelques indices particuliers, et sur le culte que les habitants de Lillebonne paraissent avoir voué à la famille des Antonins, cet archéologue a avancé que la statue devait représenter Faustine mère. Ce culte des Antonins avait pour cause la juste reconnaissance d'une prospérité due à l'honnêteté et à la justice.

« La meilleure manière de se venger, c'est de ne pas se rendre semblable aux méchants », dit Marc-Aurèle, et dans son brillant portrait d'Antonin, il fait encore son propre éloge en écrivant si bien celui de son père adoptif. Heureuses cités que celles de cette époque ! Pour trop longtemps, l'avenir devait leur réserver des magistrats qui comprenaient la justice d'une manière bien différente !

Une autre statue recueillie à Lillebonne figure avec avantage dans un autre musée : la galerie des bronzes antiques du Louvre. Cette statue a près de six pieds de haut ; elle est en bronze, composée d'un grand nombre de morceaux rapprochés au moyen de la soudure, et dorée à la surface. L'abbé Rever admettait volontiers que cette statue était un Bacchus ayant décoré un temple élevé à ce dieu, et que le Christianisme aurait fait tomber, avec ses idoles, ses décorations et ses ornements, dans le vallon où les fouilles l'avaient fait retrouver.

Hyacinthe Langlois ne partageait pas cette opinion. Il lui semblait difficile de supposer que cette statue pût être autre chose qu'un Apollon. « La dignité froide, la gravité méditative, le geste oratoire, disait-il, paraissent peu propres à caractériser le fils de Jupiter et de Sémélé. »

Dans la même fosse on ramassa une statuette représentant un personnage revêtu d'une peau d'animal, un Dispater, selon le catalogue du musée de Saint-Germain, et une autre représentant une danseuse. D'autres statuettes ont été recueillies à diverses reprises : un Hercule, Mercure, des Vénus, des Junon-Lucine, présentant cette variété d'attitudes qui rend l'Antique si intéressant à étudier.

Au musée de Rouen, on examine avec intérêt une petite statuette de Lillebonne, représentant un gladiateur dont la tête est couverte et cachée par un casque volumineux ; il a le buste et le bras gauche nus ; autour de son bras se trouve enroulé ce que A. Deville a pris pour un ceste. Mais, parmi les figurines du musée, le bijou est une pièce d'ambre recueillie au Câtillon avec divers objets disposés par la piété maternelle dans un petit cercueil de pierre. Il représente un petit enfant nu, assis et pleurant.

Sépultures. — A l'époque de la découverte de la petite statuette en ambre (1852), presque tout ce qui se trouvait à Lillebonne prenait le chemin du musée de Rouen. Mais les propriétaires du Câtillon tiennent maintenant à conserver sur place le produit des fouilles, assez fréquentes sur l'emplacement de ce vaste champ funéraire. Aussi voit-on aujourd'hui au manoir du Mesnil-sous-Lillebonne une riche collection de céramique et de verrerie antique, qui enrichirait dignement plus d'un musée de grande ville. Il faut en excepter le fragment de coupe en verre représentant, avec leurs noms en relief, Petrahes et Prudes, gladiateurs célèbres du temps de Néron, offert au musée départemental en 1867.

Entre les riches spécimens de verre antique conservés au Mesnil, on reconnaît avec intérêt un petit miroir globulaire en verre fin doublé intérieurement de plomb. Nulle part ailleurs peut-être on n'a jamais recueilli d'aussi jolies verreries romaines, et les sépultures du Mesnil réservent encore bien d'agréables surprises aux antiquaires. Témoin le joli petit vase bronzé à épis en relief qui a pris le chemin du musée du Havre en 1873.

Une très petite lampe en terre jaune vernissée, représente un pied chaussé de la sandale antique munie de ses attaches.

Une cuillère de la collection Montier montre que, contrairement à l'opinion récemment répandue, les Romains ne se servaient pas que de leurs doigts pour manger. La tige est terminée par une pointe avec laquelle, suivant Martial, on retirait les *vignots* de leur coquille, pendant que la spatule servait pour les œufs. Et puis, n'avait-on pas des couteaux ?

Près de la grande villa de 1864, une magnifique sépulture creusée dans une sorte de catacombe a été rencontrée lorsqu'on préparait l'assiette du pavillon Le Maistre. Elle se composait d'un carré taillé dans la craie, à 2 m. 50 du sol, et formé avec quatre pierres à peine dégrossies que recouvrait une lourde dalle de 1 mètre en carré. La profondeur de la caisse était de 60 centimètres.

Dans cette caisse antique se trouvaient réunis près de trente objets de toute nature. Il y en avait en fer, en ivoire, en coquillage ; mais les substances dominantes étaient la terre cuite, le verre, le bronze et l'argent. L'argent comprenait quatre pièces : deux cuillères, une coupe en forme de hanap et un plateau de forme ovale dont le bord aplati est recouvert de sujets allégoriques en creux et en relief. L'abbé Cochet a attribué cette sépulture à celle d'un prêtre ou d'un pontife. Tout cela est conservé par le propriétaire.

Du côté de Saint-Jean-de-Folleville, parmi les bijoux de toilette d'une autre sépulture, on reconnaît une monnaie de Néron taillée en deux, de manière à former une boite à miroir. Non loin de là, l'ouverture d'une route a fait retrouver un édifice précédé de tambours de colonne et de chapiteaux corinthiens, qui semblent annoncer une chapelle du paganisme.

Mosaïque. — Ce magnifique pavage, aujourd'hui restauré, se trouve au musée de Rouen. Autour du grand médaillon central, quatre cadres représentent les diverses péripéties de la chasse antique : invocation à Diane, départ, rencontre des cerfs et poursuite à cheval.

Les couleurs n'étaient celles que des tessons de marbres employés. L'auteur du sujet principal a signé son œuvre :

T. Sen (nius) Filix C (ivis) PV[TEOLANVS FEC
Titius Sennius Filix, citoyen de Pouzzoles, fecit.

Un peu plus bas, on a ajouté modestement :

ETAMORCK DISCIPVLVS
Et Amor C(aii) F(ilius) disciple.

Le sujet est assez important pour avoir nécessité la présence d'un maitre et d'un disciple.

Au centre, on reconnaît, en grandes proportions, Apollon atteignant la nymphe au moment où elle va lui échapper en se trans-

formant en rivière. Les quatre tableaux du cadre sont de style romain ; mais le médaillon du centre appartient à l'école grecque. Pouzzoles avait été, en effet, une ville grecque avant de devenir une colonie romaine.   (LONGPERIER.)

Théâtre. — Le monument principal de Lillebonne est assurément le théâtre, lequel a été creusé sur le versant d'une colline, dans des conditions particulières d'acoustique, et de manière que les gradins ont été obtenus aux dépens de la pente naturelle du terrain.

L'emplacement de la scène est de forme rectangulaire ; mais au milieu on a ménagé une bordure rentrante qui donne à l'orchestre une forme presque circulaire.

Devant la scène, deux entrées se succédaient de chaque côté, et conduisaient, la première à l'orchestre, et la seconde à l'*Ima cavea*, où l'on accédait au moyen de quelques degrés. La largeur totale du théâtre, couloirs compris, était de cent mètres.

Dans la partie circulaire, les gradins s'échelonnaient d'étage en étage et formaient l'amphithéâtre. Un corridor en faisait le tour ; des petits piliers carrés ornent toute sa longueur de chaque côté. Ce corridor, gravissant une pente rapide, était rendu accessible au moyen de belles marches, dont on retrouve une certaine quantité, surtout au côté occidental.

Sept entrées partaient du corridor et se prolongeaient à travers les gradins, qu'elles coupaient en forme de coins. C'est par ces entrées, ou vomitoires, que l'on parvenait aux gradins supérieurs, et que l'on pouvait descendre aux gradins inférieurs. Ce qui, en comptant les quatre entrées de l'orchestre et de l'*Ima cavea*, nous donne onze entrées pour ce théâtre.

Si l'on remarque la forme presque circulaire donnée par le vide du milieu de la scène, on reconnaîtra que le théâtre de Lillebonne pouvait servir à différents genres de représentations. Avec un milieu de la scène en charpente, on pouvait réciter des pièces ou représenter des scènes mimiques. Cette charpente enlevée, dans l'espèce d'arène ainsi obtenue, on pouvait donner des spectacles de luttes, de gladiateurs ou de combats d'animaux.

Lorsque la ville fut attaquée, on transforma ce théâtre en une véritable forteresse et on y bâtit, aux dépens même des pierres d'appareil de l'édifice, un petit balnéaire dont la situation au milieu de l'orchestre intrigue le visiteur. L'étude soigneuse des ruines environnantes montre que, pour établir une défense du côté de la Seine, on ferma à cette époque les issues par un mur de trois mètres d'épaisseur, où l'on jeta pêle-mêle une grande quantité de pierres tumulaires avec des inscriptions.

Tombeaux. — Quelques-uns des tombeaux devaient avoir été dessinés sur une grande échelle ; plusieurs figures avaient jusqu'à six pieds de proportion. Un des fragments les plus importants offre le buste et la tête de deux femmes. La plus âgée, qui semble être la mère de la seconde, a son bras gauche passé autour du cou de celle-ci. Une expression de mélancolie règne sur les traits de la mère, et indique suffisamment que c'est la jeune femme qui est morte la première, et que nous possédons ici un monument dû à la piété maternelle.

Au Mesnil, on voit encore une statue d'Hygiée tenant un vase d'où sort le serpent. La santé, à l'entrée d'un cimetière, a surpris beaucoup de personnes peu au fait des idées des anciens.

La hardiesse du trait n'est pas tout ce qu'il y a à admirer dans les monuments funéraires de Lillebonne. Le cachet antique est bien marqué dans le style des inscriptions :

Dis manibus sacrum
Telesa Horatillavi filia Pudori
filio suo Viva Posuit.

Ce petit monument avait donc été élevé par Télésa, fille d'Horatillavus, à son fils Pudor.
Pater posuit, Uxor posuit terminent d'autres inscriptions dédiées par des pères et par des veuves.
L'inscription de Lucia Paula a été en partie restituée par Deville :
Dis manibus et memoriae Luciae Paulae uxoris Julii Rufi, militis legionis tertiae defunctae XXX annorum.
(Aux dieux mânes et à la mémoire de Lucia Paula, épouse de Julius Rufus, soldat de la troisième légion, morte à trente ans).

Combien de fois Lillebonne a-t-elle été saccagée par les invasions ? C'est une question que nous ne chercherons pas à établir. Il semble pourtant que cette merveilleuse civilisation païenne a dû périr presque d'un coup, car autrement les ruines ne sembleraient pas, comme c'est le cas pour la plupart, dater d'hier ; ou bien ne les retrouve-t-on que couvertes de cendres qui indiquent presque toujours quelque terrible lutte terminée par un incendie.

Remontons maintenant jusqu'à Mélamare. C'est là, dit la tradition, que fut mise à mort pour la foi en 303 la pieuse Honorine, vierge et martyre. On ajoute que son corps fut porté jusqu'à la Seine, où il fut jeté, et qu'ensuite il vint échouer sur le rivage de Graville. Recueilli par de pieux chrétiens, ce corps fut caché dans un lourd sarcophage de pierre, à couvercle tectiforme, qui fut bientôt vénéré par les fidèles, et pour lequel on ne manqua pas d'élever une chapelle. Plus tard, ce fut une église et une petite communauté religieuse. Mais, au moment des invasions normandes, les clercs attachés à la garde du tombeau de sainte Honorine brisèrent le sarcophage et en tirèrent le corps de la sainte qu'ils transportèrent jusqu'à Conflans « pour éviter la profanation des Danois », comme le relatait l'ancienne inscription. Ce sarcophage a été reconnu à Graville en 1867 et dégagé du mur où il avait été renfermé au XIIe siècle.

Mais les païens de Lillebonne virent à leur tour leurs monuments détruits et profanés, et, toujours d'après la légende, il leur fallut se cacher pour enfouir les trésors des édifices, le *chariot d'or* entre autres, qu'on eut soin de bien enterrer *juste au point central entre les trois clochers qui existaient autrefois.*

On connaît l'église Notre-Dame et celle du Mesnil. Peut-être la troisième était-elle celle de Saint-Denis, dont quelques restes se trouvent encore avec des tombeaux francs chez les propriétaires de l'ancien presbytère de ce nom. Il y a aussi, dans un acte du VIIe siècle, la mention d'un Bettus, évêque de Lillebonne, qui semble indiquer pour les habitants d'alors quelques prétentions à réveiller les souvenirs du passé glorieux de cette contrée. Mais ce fut pour peu de temps. De nouvelles guerres ruinèrent encore le pays.

Le château d'Harcourt. — Le château d'Harcourt, situé en face du théâtre romain, a été soigneusement préservé de la ruine, malgré les travaux importants entrepris autour, pour la construction d'une magnifique résidence moderne.

Une belle tour entourée d'un fossé forme un donjon, c'est-à-dire la partie la plus forte du château. « C'est là que la garnison se retirait lorsque les ouvrages extérieurs étaient emportés. Le donjon comprend la grande salle et les principales pièces pour les occasions de représentation importante, de même que la prison de la forteresse; c'est de cette dernière circonstance que dérive l'usage moderne et restreint du mot *Donjon* (Walter Scott, Marmion).

Les auteurs du *Voyage dans l'ancienne France* ont publié de très belles planches représentant en détail les ruines de l'ancien château d'Harcourt. Il faut surtout y remarquer le bâtiment qui était orné de fenêtres cintrées et qui remontait à l'époque des ducs.

Une tour ruinée du xve siècle continue à dominer le paysage.

Plusieurs assemblées importantes furent tenues au château de Lillebonne par les ducs. Guillaume y reçut les ambassadeurs du pape Nicolas II, qui venaient intervenir vainement en faveur de Robert de Grandmesnil. Mais en 1066, il y fit appel à toutes les bonnes volontés pour être aidé à sa grande expédition d'Angleterre. Après la conquête, il revint plusieurs fois à Lillebonne.

Henri II y réunit en 1162 un concile d'évêques, d'abbés, de barons et de vicomtes, pour redresser les griefs qu'on élevait au sujet de leurs prétentions. Il leur fit des reproches, « mais le clergé et les barons se sont gardés de mettre ces reproches par écrit; nous ne savons pas ce qui se passa dans l'espèce de parlement que le roi tint à Lillebonne (Depping) ».

A Falaise, Henri avait fait ordonner « qu'à l'avenir, les juges des diverses provinces tiendraient au moins une assise par mois; qu'ils ne prononceraient aucune sentence sans en avoir appelé au témoignage des voisins notables pour leur bonne conduite; qu'ils feraient exécuter sans délai les condamnations prononcées contre les brigands (Rob. du Mont) ».

Le roi avait encore le droit de s'ériger en défenseur attitré de la justice. Son dernier fils, Jean sans Terre, devait être beaucoup moins heureux. La procédure et les écritures de toute espèce allaient prendre une telle importance sous le règne de ce dernier, que toute justice royale, tout gouvernement même, devait devenir impossible. Il faut descendre jusqu'au quinzième siècle pour retrouver pareil fatras de chicanes et de procédures.

Cinq ans après, mourait la mère de ce même Henri II, Mathilde *l'empresse*, veuve du jeune empereur d'Allemagne et de Geoffroy Plantagenet, et en même temps descendante des anciens rois saxons et petite-fille du Conquérant. Les cruelles guerres contre Étienne et contre Louis le Jeune étaient terminées depuis longtemps. Mathilde avait fondé dans la vallée de Lillebonne la magnifique abbaye du Valasse, dont on voit encore des restes assez importants, sans parler d'une magnifique croix ornée de pierres précieuses qui en provient aussi et qui se trouve au musée de Rouen. On étudiera aussi avec intérêt les coutumes locales que l'on doit à cette princesse et qui favorisaient surtout les habitants du littoral, et dont quelques-unes ont été maintenues jusqu'à la fin du siècle dernier, telle que celle qui ordonnait le partage des biens entre les frères, à charge, pour ceux-ci, de pourvoir au mariage de leurs sœurs.

Étienne, le compétiteur de Mathilde, était venu à Lillebonne en ennemi et avait renversé le château. Le chevaleresque Rabel de Tancarville ne lui céda point. Mais son fils Guillaume se rangea ensuite au parti de Henri le jeune. Encore quelques années et ces discussions devaient se terminer par la séparation de la Normandie d'avec la couronne anglaise. En attendant, Guillaume de Tancarville se fit pardonner par le roi qu'il avait combattu, et rentra dans le repos jusqu'au moment où Cœur-de-Lion appela les chevaliers anglo-normands à la croisade.

Le sire de Tancarville alla à Saint-Georges de Bocherville ceindre l'épée bénite, prit la croix et partit. Au moment où son cheval allait franchir le pont-levis du château, un de ses hommes-liges se précipite au devant de lui et implore une dernière faveur. « Soit, dit le chevalier, tu l'auras si je reviens de Jérusalem. »

Il ne revint pas : il mourut dans les champs de la Palestine sans avoir même contemplé les murs de la ville sainte. Son fils Raoul reparut seul dans le manoir de ses pères.

Le soleil de Syrie avait brûlé son front, son corps était couvert de glorieuses cicatrices. Toujours à côté du roi pendant cette chevaleresque expédition, il mérita qu'à son retour la reine Bérengère lui donnât le glorieux nom de *compagnon du roi Richard*.

Il y avait de la richesse à Lillebonne et à Montivilliers au temps de Richard Cœur-de-Lion, si nous en jugeons par les fortes sommes d'argent que les banquiers juifs Abraham et Affaite, de ces deux villes, avançaient aux seigneurs cauchois. Au moment même de la mort du jeune Arthur, son neveu, Jean sans Terre, étant à Moulineaux intervint pour ordonner des réductions sur les remboursements (*Rôles du Record Office*). Il voulait donc s'attacher les nobles normands. Mais il ne semble pas y avoir réussi et perdit bientôt toute la province. Un grand nombre de seigneurs offrirent même la couronne de roi d'Angleterre au fils du roi de France.

En 1256, saint Louis vient à Lillebonne, comme le mentionne une de ses chartes rédigée en faveur des pauvres et des infirmes de Montivilliers, auxquels il accorde la terre et le bois des Ardennes, près Rouelles.

Un peu plus tard, en 1300, nous assistons à des querelles de voisins entre les seigneurs de Tancarville et ceux de Lillebonne. L'une de ces querelles, relatée tout au long dans les chroniques du temps, fut terminée en champ clos, en présence des rois de France et de Navarre, qui arrêtèrent le combat « de crainte qu'il n'arrivât dommage à de si vaillants hommes ».

Un comte d'Harcourt figure dans les conspirations de Charles le Mauvais, et fut arrêté par le roi Jean lui-même, qui le fit décapiter presque sur le champ avec d'autres nobles qu'il accusait de trahison.

Charles le Sage fit cependant réhabiliter la mémoire des victimes. Au lieu de s'aliéner, comme son père, l'esprit des barons, il

sut reconquérir le prestige de la couronne et enrayer l'invasion anglaise.

Église. — L'église paroissiale, dont le clocher domine si heureusement le paysage de la vallée, est moins ancienne que le château ; et il est facile de la reporter, et comme plan et comme exécution, au style flamboyant.

Ce clocher, haut de plus de cinquante mètres, est élégamment orné de couronnes fleuronnées, comme les clochers de Norville et d'Harfleur. Le sommet a été refait en 1742 à la suite d'un coup de foudre.

Le portail avait aussi souffert de la foudre, et ne fut terminé qu'en 1543.

« Ce portail, dit M. l'abbé Cochet, — et nous ne saurions mieux terminer cette notice qu'en citant encore une fois le nom de cet ami des antiquités de Lillebonne, — se compose d'une voussure ogivale ornée de tores, deux anses de paniers, séparées par une niche, séparent le tympan ; de chaque côté sont des espèces de contreforts tapissés de colonnettes et de niches destinées à recevoir des statues de la Sainte Vierge, Marie étant représentée avec tous les attributs que l'Église accorde à sa virginité pure et à sa maternité glorieuse. C'est véritablement un tabernacle dédié à la Vierge-Mère, un *ex-voto* consacré à la patronne de la ville, c'est une hymne ou une litanie de pierre en l'honneur de la reine du Ciel. Qu'on en juge par les inscriptions qui sont encore restées sur le socle des statues renversées :

Virgo dulcissima Maria, Virgo pia, Virgo pulchra, Virgo speciosa, Virgo venerabilis, Virgo post partum, Virgo in partu, Virgo ante partum.

« Au milieu est cette légende des Saints Livres, qu'on lit aussi en lettres de pierres sur la jolie église de Caudebec :

Tota pulchra es Maria. »

Sur une dalle funéraire du milieu du XVIe siècle, on retrouve une inscription avec le nom de *Juliabona*.

MUSÉES, CHRONIQUE, BIBLIOGRAPHIE

Musée du Trocadéro. — *Mission Lucien Magne.* — *Peintures murales.* — Une fort jolie collection d'aquarelles et d'élévations est exposée dans les galeries du Trocadéro. La direction des Beaux-Arts a eu la bonne pensée de convier le public à l'examen des détails du Parthénon et de plusieurs monuments et fragments de l'Acropole, dessinés par M. A. Marcel Magne.

En même temps on voit avec plaisir, dans la même galerie ouest, les aquarelles de M. H. Laffilée, montrant les détails des peintures murales de l'église de Poncé (Sarthe) et le plan primitif reconstitué. Ces peintures du XIIe siècle sont réduites à l'échelle de 0,15 pour mètre. On y reconnaît : le massacre des Innocents, l'adoration des Mages, l'adoration des Bergers, la Fuite en Égypte, la parabole du Mauvais Riche, l'Apparition de Jésus aux Apôtres, où Thomas touche les plaies du Sauveur. Le même artiste a exposé une peinture murale de la crypte de Bayeux, réduction au quart pour l'ensemble, et à la moitié pour les détails. Cette dernière proportion a été aussi adoptée par M. L. Yperman pour les figures de l'église d'Ebreuil (Allier).

Les peintures de Tournus (Saône-et-Loire) font l'objet de cinq beaux cadres réduits au dixième. Le Musée du Trocadéro est appelé à rendre de grands services aux études archéologiques. Malgré le développement des deux grandes galeries, la place paraît déjà limitée. Tous les jours de la semaine, on peut consulter des recueils spéciaux et de nombreuses collections de photographies dans la bibliothèque située à l'extrémité Est. Chaque jeudi, à deux heures et demie, M. A. de Baudot fait un cours sur l'Architecture française du Moyen Age et de la Renaissance. Des projections viennent donner plus de clarté aux explications du professeur.

Musée Galliéra. — Ce joli palais gréco romain est enfin ouvert au public. Les visiteurs qui persistent à vouloir repousser les immenses portes métalliques défendant l'accès des salles, y trouvent des sculptures modernes et des tapisseries anciennes.

On y remarque les *Filets du Mariage*, tapisserie des ateliers du faubourg Saint-Marcel, d'après l'une des huit pièces exécutées vers l'an 1600 par L. Guyot, ayant pour titre : les Nopces de Gombault et de Marie. Le *Mois de Mars*, suite des chasses de Maximilien, provient des mêmes ateliers. Il y a aussi des belles pièces de Beauvais et des Gobelins, d'après Mignard, Boucher, Casanova, et de Bruxelles, par Jacques II Van der Borght. La tenture dite des convois militaires et celle des Bohémiens font voir de jolis groupes.

École du Louvre. — Cet hiver, M. Alexandre Bertrand, dont les conférences sur la religion des Gaulois ont été si intéressantes pendant la dernière session, cède la parole à son collègue du Musée de Saint-Germain.

Tous les archéologues liront avec le plus grand intérêt le mémoire de M. Bertrand, résumant ses longues études sur la Mythologie gauloise, et dont l'Académie des Inscriptions et Belles-Lettres vient d'avoir communication.

M. Salomon Reinach présente un tableau d'ensemble de l'archéologie nationale depuis les temps les plus reculés jusqu'à la fin des temps mérovingiens.

Après avoir montré que l'Orient avait beaucoup emprunté à l'Occident dans l'antiquité, M. Reinach a commencé l'étude des auteurs qui ont créé la science de l'archéologie. Les ouvrages trop peu connus de Peiresc ont fait l'objet de mentions spéciales.

Montfaucon nous paraît aujourd'hui trop semblable aux compilateurs, aux savants de cabinet dont la forme lourde et les notes multipliées déguisent mal la méthode défectueuse. Caylus plaît mieux, mais il faut se mettre en garde contre une interprétation trop facile, une assimilation trop prompte, qui feraient de la science une affaire de mode à changer presque continuellement.

Il y a eu quelques rares auteurs qui, n'ayant avancé des assertions qu'avec des faits bien solides pour base, semblent toujours nouveaux, toujours originaux. Mais leurs livres sont insuffisants pour nous initier à leur méthode souvent très personnelle. Le mot barbare de méthodologie peindrait l'exagération de ceux qui se servent, à leur propre insu, d'instruments de contrôle façonnés d'après leurs systèmes. Quant au pédant, grincheux et impitoyable, à l'affût de tout ce qui n'est pas dans ses idées étroites et pourtant versatiles, il tend de plus en plus à disparaître ; et ce n'est certes pas sous les lambris dorés du Palais du Louvre qu'on ira le chercher. Nous ne pouvons assez nous féliciter d'entendre professer des idées aussi larges et aussi justes que celles de nos savants conservateurs, hommes de science et d'expérience à la fois.

Le comte de Caylus était vraiment un initiateur. Après avoir visité la Turquie et l'Asie-Mineure, il revint en 1717 avec des riches matériaux. Il aida les artistes de ses conseils et de sa fortune, et s'occupa, avec succès, soit comme amateur, soit comme artiste, de peinture et de gravure. Il fut en même temps un écrivain spirituel et savant et, malgré ses *Œuvres badines*, contes, féeries, etc., qu'il préparait, il publia le grand *Recueil d'Antiquités égyptiennes, étrusques, grecques, gauloises*, 7 vol. in-4°, que l'on consulte encore aujourd'hui.

L'*observation*, importante à notre point de vue actuel, est celle qui concerne les monuments mégalithiques. Loin de propager les fausses idées que de nombreux ouvrages récents ont répandues sur ces prétendus autels de sacrifices druidiques, où l'on représente des pseudo-druides, dont les processions révolutionnaires, et les figurants de *la Norma*, de Bellini, sont peut-être responsables, Caylus démontrait que les Gaulois ne pouvaient y avoir aucune part.

« Ces pierres, ajoute-t-il (*Recueil d'Antiquités*, t. VI), donnent l'idée d'un culte bien établi, et nous savons assez quelles étaient les mœurs des Gaulois pour ne point leur attribuer cette espèce de superstition. Il faut donc convenir que cet usage est étranger aux deux pays qui nous en ont conservé la mémoire ; et l'on ne peut guère douter qu'il ait été apporté par des hommes venus par mer, et qui se sont établis sur les côtes, sans pénétrer que médiocrement dans les terres, comme il arrive toujours, et comme toutes les nations de l'Europe ont fait dans les pays qu'ils ont découverts dans les derniers siècles.

« La quantité de ces pierres, placées sur la côte de Bretagne, constate la longueur du séjour fait dans cette partie de la Gaule par des peuples dont la façon de penser était uniforme, au moins sur cet article ; mais il est plus simple et plus dans l'ordre de vraisemblances, de convenir que ce genre de monument est l'œuvre du même peuple. Ces réflexions augmentent la singularité du silence absolu que la tradition même a gardé sur un usage si répété ; on peut en inférer une antiquité d'autant plus reculée que du temps des Romains la trace en était perdue ; César aurait parlé de ces monuments singuliers, ils le méritent par eux-mêmes ; ils faisaient preuve de l'ancienne habitation du pays. On peut appuyer sur cette probabilité, car personne ne voudra soutenir que ces monuments et ceux de l'Angleterre aient été élevés depuis la destruction de l'empire romain. »

La découverte de Cocherel était venue faire époque ; l'explorateur y avait reconnu les diverses espèces de sépultures qui se remarquaient déjà dans les nécropoles échelonnées sur la route du Danube, et où, de nos jours, la sagacité remarquable d'un savant spécialiste a su faire la différence entre les *Proto-Celtes* et les envahisseurs Galates, si souvent désignés dans l'antiquité sous le nom de Gaulois.

Historiquement, la découverte du tombeau de Childéric, à Tournai, est plus curieuse ; mais Chifflet, qui en rendit compte, commit de si nombreuses erreurs qu'on la tint souvent pour suspecte. Ne critiquons pas trop sévèrement les savants d'alors, car de nos jours n'a-t-on pas nié la véracité de Botta, de Layard, de Schliemann ? Il est impossible au plus habile, en présence d'un ordre d'idées tout nouveau, de pouvoir tout expliquer, tout analyser, sans aucune fausse interprétation. Des nouveaux témoignages doivent, au contraire, venir appuyer les premiers, et souvent compléter ce qui semblait d'abord obscur. Même après le volume si remarquable de l'abbé Cochet, sur le tombeau de Childéric, ne trouvons-nous pas, dans l'avant-dernier volume de la Société des Antiquaires de France, d'importants corollaires, à propos des bijoux en forme d'abeille ? Ce volume même de l'abbé Cochet, et plusieurs autres, ne furent-ils pas injustement critiqués par des hommes éminemment instruits, mais qui n'avaient encore qu'une connaissance insuffisante de l'archéologie franque ?

Dans Montfaucon et dans Caylus, il y a des erreurs de détail. Des ceinturons francs passent pour des garnitures de coiffures gauloises ; des châteaux du moyen âge sont représentés comme des forts romains. Le judicieux Cochet lui-même n'a-t-il pas pris une anse de seau ou l'armature d'un bouclier pour la couronne d'un chef franc ? Cela prouve qu'on ne devrait publier que ce qu'on a étudié soi-même en place. Cette dernière erreur n'était que la conséquence d'une erreur antérieure, commise pendant le classement des vitrines d'un musée. Aussi que de soins ne faut-il pas aujourd'hui dans la conservation des antiquités recueillies, dans la préservation intacte de chaque objet, de chaque fragment presque, qu'il faut noter sans préoccupation extérieure et sans souci de se mettre à la mode ? Un voyage dans beaucoup de collections ferait faire bien des réflexions, à la vue de tant de confusions, de tant de documents rendus inutiles, faute de bons certificats d'origine.

M. G. Lafenestre développe son intéressante Histoire de la Peinture. Plusieurs sessions ont été consacrées aux Primitifs de l'Allemagne. Tous les ans, la librairie May résume en un volume rempli de typogravures, un groupe spécial de ses vastes études ou le détail d'un des grands centres. C'est ainsi qu'ont été publiés les catalogues illustrés du Musée du Louvre et des musées de Florence.

Cette année, M. Lafenestre s'occupe spécialement de l'École vénitienne.

Le coloris, la variété reflètent les impressions extérieures de la cité des doges.

Comme introduction au cours de l'année, M. Lafenestre a fait un parallèle très animé des deux villes de Florence et de Venise, de la cité des sculpteurs et des politiciens et de celles des coloristes, des paysagistes et des admirateurs de la nature et des voyages. Il a signalé aussi des influences étrangères qui ne peuvent être méconnues. Ainsi, sous Charlemagne, on voit arriver des architectes français. Dans l'Extrême-Orient on retrouve des emprunts faits à l'Europe et recueillis dans la ville cosmopolite par excellence.

Jusqu'à la prise de Constantinople par les Turcs, les colonies d'Orient suffisaient aux besoins des Vénitiens pour la fourniture des images saintes que réclamait la piété publique. C'est un peintre padouan, Guariento, qui est chargé par la Seigneurie de décorer la grande salle du palais ducal, dans le quatorzième siècle ; c'est un Véronais, Vittore Pisano, et un Ombrien, Gentile da Fabiano, tous deux d'éducation florentine, qui viennent, au commencement du siècle suivant, achever son œuvre. L'exemple de ces deux maîtres, surtout celui de Gentile, ne fut pas perdu ; mais il fallut un certain nombre d'années encore avant qu'apparussent les symptômes d'une école vraiment nationale.

Venise doit peut-être à ce long isolement, à cette activité tardive, l'esprit remarquable d'indépendance qu'elle montra de bonne heure et qu'elle devait conserver longtemps. Ses peintres, formés en dehors des traditions classiques, au milieu d'une population plus active que lettrée, par la vue d'un paysage maritime et montagneux aux colorations changeantes, manifestent, en général, pour les harmonies éclatantes et pour la représentation familière de la vie réelle un goût décidé qui les rapproche, en fait, bien plus des Flamands que des Florentins.

Il est, en outre, deux influences persistantes dont il faut tenir compte, si l'on veut bien s'expliquer leur caractère : celle de l'Orient, où Venise entretenait toujours des rapports commerciaux ; celle de l'Allemagne, avec laquelle s'établirent de bonne heure des relations de voisinage.

Et de notre temps, l'influence vénitienne est grande. Citer Gros, Delacroix, Baudry, n'est-ce pas montrer les avantages que notre peinture a retirés de l'étude des anciens coloristes ?

M. E. Pottier continue l'histoire du dessin chez les Grecs, d'après les vases antiques. Le professeur étudie la quatrième période des guerres médiques à la prise d'Athènes.

M. André Michel s'occupe du développement de la sculpture monumentale dans les églises romanes de la France, du XIIe siècle.

M. Émile Molinier continue l'histoire de l'art appliqué à l'industrie, par l'étude du Bronze et de ses applications au XVIe et au XVIIe siècle. Le lundi, à deux heures et demie, il mènera les élèves dans les salles du Louvre.

M. Ledrain s'occupe toujours d'épigraphie assyrienne et phénicienne. Le jeudi, il étudie les inscriptions de la collection Sarzec, et le vendredi, les inscriptions puniques du Musée du Louvre.

M. Pierret continue à professer le cours d'archéologie égyptienne, en étudiant les grands monuments égyptiens du Musée du Louvre. M. Révillout a inauguré les leçons de la session. La langue ancienne et les inscriptions démotiques font sans doute l'objet des premières leçons. Les autres jours, M. Révillout étudiera le copte et le droit égyptien. On se souvient de l'intérêt que ses belles découvertes ont excité dans les sciences morales et politiques. On aime à reconnaître comme si ancienne la notion du beau et du juste. Et que de découvertes sur notre propre Europe les manuscrits égyptiens ne tiennent-ils pas encore en réserve pour nous et pour nos neveux?

Bulletin de la Société des amis des monuments parisiens (Nos 33 et 34, Cercle de la Librairie, 117, boulevard Saint-Germain). — Nous y trouvons des notices de M. Paul Marmottan, de M. André Laugier, sur l'arbre de Jessé de la rue de Saint-Denis, et une très importante série de notes, de M. Charles Normand, et de planches sur les Arènes de Lutèce. La comparaison avec l'amphithéâtre de Pergame montre que celui de Paris était le plus grand, les dimensions de celui-ci étant de 56 mètres et de 48 mètres entre les murs intérieurs du podium.

Bibliothèque des Écoles françaises d'Athènes et de Rome (Fasc. 72, Paris, Albert Fontemoing, 4, rue Le Goff.) — Dans un volume bien étudié, M. J. Toutain, pro-

fesseur à la Faculté de Caen, nous donne un essai sur l'histoire de la colonisation romaine dans le Nord de l'Afrique. A quelle époque la Tunisie romaine fut-elle le plus florissante? C'est ce que recherche M. Toutain. Sous Hadrien, Antonin le Pieux, Marc-Aurèle, Septime-Sévère et Caracalla, conclut-il, après une revue des plus intéressantes, les édifices sortent alors de terre, les cités s'embellissent à l'envi. On sait que sous les Antonins il en fut de même dans le Nord de la Gaule, et surtout à Juliobona.

Mémoires publiés par les membres de la mission archéologique française du Caire (Tome 17, premier fascicule, Paris, Ernest Leroux, rue Bonaparte). — Ce fascicule représente un grand volume in-folio, et comprend la description topographique et historique de l'Égypte, par Maqrizi, traduite par M. V. Bouriant. Dans le chapitre consacré aux merveilles qui avaient existé en Égypte, nous remarquons ce qu'on dit d'un cirque colossal. « Ce cirque, dit l'auteur, contenant un million de personnes, dont chacune pouvait voir aisément le visage des autres. Si l'on faisait une lecture, tout le monde l'entendait, et si l'on jouait à quelque jeu, chacun pouvait le suivre des yeux sans avoir besoin de se hausser sur son gradin, qu'il fût en haut ou en bas. »

Travaux de l'Académie des Arts et Sciences du Connecticut, à New-Haven (Vol. IX, première partie). — Dans ce volume américain, nous avons rencontré avec plaisir un long mémoire de M. Charles Davidson sur les représentations d'anciens *Mystères* religieux. L'auteur cite les textes des manuscrits de Freising (Xe siècle), d'Einsiedeln (XIIIe siècle) et de Rouen (XIVe siècle).

Société des Antiquaires d'Écosse (Vol. XXXIX, in-4°). — Cette Société publie de nombreuses et intéressantes notices. Nous remarquons d'abord celle de M. Robert Brydall sur les *Effigies monumentales d'Écosse*, du XIIIe au XVe siècle. Parmi les plus anciennes, on remarque celle du roi Guillaume le Lion; celle d'un Longueville de la fin du XIIIe siècle; l'effigie dans une voûte murale avec les armes parlantes du sanglier enchaîné et l'inscription : HIC IACET ALANVS SVINTONOS MILES DE EODEM, montre une statue très ancienne. Sur les très nombreuses planches de cet important mémoire, on reconnaît plusieurs statues des Douglas, celle de James Douglas qui fut élevé en France et qui prit part à soixante-dix batailles, celle de Marjory Aberneathy, qui fut mariée à Hugh Douglas, oncle du bon sire James.

Un compagnon de saint Louis en Terre-Sainte, le comte Walter Stewart, qui repoussa plus tard le roi norwégien Haco à Largs en 1263, est représenté avec sa femme, la comtesse de Menteith. Celle-ci est placée un peu plus haut que son mari et lui passe son bras autour du cou avec une expression de mouvement qu'on irait à peine chercher dans un monument du XIIIᵉ siècle.

Nous ne citons que quelques-unes des planches. Celles qui représentent sir John Ross, de Hawkhead, le fameux James, septième comte de Douglas, et Guillaume de la Hay, dans la cathédrale d'Elgin, méritent une mention spéciale.

La description des monuments préhistoriques tient beaucoup de place, comme on doit s'y attendre, dans ce volume. Sir William Turner décrit trois cavernes à ossements de Oban, Argyllshire. M. Lockhart Bogle décrit les constructions de Glenelg et de Kintail. Les découvertes de Cuninghar et de Tillicoulbry sont décrites en détail par M. D. Roberston et M. G. F. Black, et M. John Winthert vient y ajouter le résultat de ses observations microscopiques. Le Rév. James Morrisson étudie le ciste de Easterton de Roseisle. Les inscriptions en totem et les sculptures concentriques n'y sont pas rares. Les incisions annulaires, avec une sorte de coupe, du Braes de Balloch, près le château de Taymouth, sont figurées avec soin par M. J.-B. Mackenzie, et celles de Kirkenbright, par M. Frédérick R. Coles.

M. W. M'Combre Smith donne de nombreux plans dans son étude sur les restes préhistoriques de Selkirk.

Une amulette en cristal de roche de Inverling donne à M. G. Black l'occasion d'étudier les anciennes superstitions relatives à ces amulettes en général. On les croyait propres à guérir certaines maladies, et même à prémunir ceux qui les portaient contre les dangers de la guerre ou des voyages. On les trempait dans de l'eau dont on arrosait ceux qui partaient pour une expédition hasardeuse. On sait qu'en d'autres régions, de semblables coutumes ont persisté très longtemps.

La découverte de l'inscription ogamique d'Aberneathy n'a pas justifié ce que l'on en attendait. Du moins c'est ce que nous déduisons de l'intéressante dissertation du comte de Southesk. On peut y voir une sorte de survivance de quelque formule gnostique des Pictes. Peut-être nos collaborateurs pourront-ils ajouter quelque chose aux très faibles données que nous possédons sur ces caractères, si primitifs qu'ils rappellent souvent les *tailles* de nos anciens boulangers.

M. James Lang est allé jusque dans le Sud de l'Angleterre étudier une crypte dont on a fait honneur au culte de Mithra, à Wouldham, Kent. L'orientation est de cinq degrés à l'ouest-sud-ouest, et la lumière du soleil vient frapper et illuminer la caverne au solstice d'hiver.

Association archéologique de la Grande-Bretagne. — Le vol. II, nouvelle série, journal numéros 1, 2 et 3, continue le récit des recherches faites en Angleterre. Lady Paget étudie les anciennes forteresses en pierre du pays de Galles. L'auteur en compte trente-six entre la Conway et l'Eifl, à l'ouest des monts Snowdon. Les plans du Pen-y-Paer seront consultés avec intérêt par les antiquaires qui voudront les comparer aux enceintes retranchées de l'ancienne Gaule. Mais le mieux conservé des forts gallois est celui de Tre'r-ceiri Llyen, dont les murs formés de blocs épais, sans jointures de ciment, ont encore cinq mètres de hauteur.

M. W. S. Brough dans ses *Notes sur le Staffordshire* estime avec raison que, plusieurs siècles avant César, les habitants de cette région avaient atteint un degré de culture déjà avancé. « Un noyau se forma, dit-il, qui devint le centre d'une grande et généreuse nation. Les Celtes, ajoute-t-il un peu plus loin, restèrent en possession du pays jusqu'en 350 avant J.-C., environ, lorsqu'ils furent en partie repoussés par les Belges qui avaient graduellement étendu leur influence sur le continent européen. » Ceci mérite d'être rapproché de ce que nos meilleurs auteurs ont dit des invasions galatiques et de la ceinture d'oppida du type d'Avaricum dans le centre et dans une grande partie de la Gaule.

Les coutumes et légendes populaires du Staffordshire ont été étudiées par Miss C. S. Burne. Le docteur Phené rapproche les enceintes circulaires de la Bretagne des enceintes semblables, de la très ancienne Norwège et de l'Islande et reconnaît une très antique route commerciale entre l'Étrurie et le pays de l'étain.

Les *Sculptures sur les rocs du Cumberland* ont été analysées par Miss Russell. Celles de Dod Law en cercles concentriques avec un plus petit cercle en tangente méritent d'être rapprochées des sculptures du pays voisin, l'Écosse. L'explorateur n'y voit pas une incantation contre le *mauvais œil* comme dans certaines autres figures semblables, mais contre les *éclipses*. D'autres figures donnent le plan rectangulaire d'un village avec la représentation du disque sur la limite. D'autres fois, on reconnaît un vase au bord d'un cercle. Malheureusement, l'absence d'inscriptions divisera longtemps les antiquaires qui se vouent à ces questions si difficiles.

Mosaïque de Sousse. — On signale la découverte, en Tunisie, d'un portrait de Virgile composant l'Énéide, représenté sur une mosaïque trouvée à Sousse.

Virgile y figure de face, vêtu d'une ample toge blanche à liseré bleu. Il est assis sur un siège à dossier, les pieds chaussés de brodequins et reposant sur un degré. Sur ses genoux, on voit un rouleau ouvert et replié, où est écrit, en lettres cursives, l'un des premiers vers de l'Énéide.

Jeanne d'Arc dessinée le surlendemain de la victoire d'Orléans. — Le surlendemain de la défaite des Anglais devant Orléans, le greffier du Parlement de Paris, qui inscrivait quelquefois des notes historiques sur le Registre du Conseil, y rédigeait la mention suivante :

« Mardi dixième jour de mai fut rapporté et dit à Paris publiquement que, dimanche dernier passé, les gens du Dauphin en grand nombre, après plusieurs assauts continuellement entretenus par force d'armes, étaient entrés dans la bastide que tenaient Guillaume Glasdal et autres capitaines et gens d'armes anglais de par le roi, avec la tour de l'Issue du pont d'Orléans par de la Loyre, et que ce jour les autres capitaines et gens d'armes tenant le siège et les bastides par deçà Loyre s'étaient partis d'icelles bastides, et avaient levé leur siège pour aller conforter ledit Glasdal et ses compagnons, et pour combattre les ennemis qui avaient en leur compagnie une pucelle seule ayant bannière entre lesdits ennemis si comme on disait ».

JEANNE D'ARC
Dessin du registre du Parlement de Paris.
(Musée des Archives Nationales.)

Cette longue phrase est accompagnée d'un dessin représentant la Pucelle d'Orléans, telle sans doute que les messagers venus d'Orléans la représentaient. Ce curieux passage du registre du Parlement est exposé au musée des archives nationales.

Monnaie de Dumnorix. — On attribue à Dumnorix une curieuse monnaie, qui date certainement de l'époque de César.

Le chef est représenté debout, tenant à la main gauche une tête coupée. Son épée pend le long de la cuisse droite.

L'épreuve que nous avons sous les yeux montre à la main droite du guerrier un carnyx, ou trompette guerrière relevée. La

DUMNORIX

Argent, grandeur originelle.

tête est nue et recouverte de longs et épais cheveux. On lit : (Du)bnoreix, inscription que l'on peut compléter par d'autres pièces semblables conservées au Cabinet des Médailles.

Figurines égyptiennes recueillies dans les dépôts gallo-romains. — On signale des statuettes à physionomie égyptienne que l'on conserve à Montivilliers (Seine-Inférieure) et qui proviennent du Fontenay, petite localité voisine. Cela étonne plusieurs personnes, qui se demandent si le fait est possible.

Ce n'est pas la première fois qu'on constate chose semblable dans cette région. Il serait intéressant de comparer les statuettes du Fontenay à celles que F. Rever a décrites et représentées Pl. 13 de son Mémoire sur les ruines du Vieil Évreux, Évreux 1827, et qui proviennent également de découvertes gallo-romaines.

UN COSTUME LOUIS XII

PEINT SUR VERRE

« Parmi les arts dont les résultats offrent le plus de charmes et obtiennent la plus grande durée, on doit particulièrement distinguer la peinture sur verre. L'immuabilité, l'intime adhérence, l'indélébilité des substances colorantes employées dans ses procédés, bravent les impressions les plus contractées de l'atmosphère, l'intempérie des saisons et la lime des ans. Inaltérable lui-même, le verre brille de l'éclat diaphane de ses vives couleurs et leur communique réciproquement le sien ; mais délicat et fragile, au moindre choc, hélas ! le tableau vole par éclats....., en un clin d'œil le prestige est détruit.

« De combien de vitres précieuses n'avons-nous pas, depuis longtemps, à regretter la perte, combien n'en périt-il pas encore chaque jour ! et quels souvenirs nous en reste-t-il ? Rien, ou fort peu de chose.

« Une foule de mauvais tableaux, de sculptures médiocres, de compositions sans intérêt ont mille et mille fois exercé le crayon et le burin de nos devanciers et de nos contemporains, insipide moisson dont regorgent les cabinets et les porte-feuilles, quand le champ le plus fertile, le recueil des plus curieux vitraux peints reste encore inculte et dédaigné. »

Ainsi s'exprimait Langlois en commençant sa description illustrée des principales peintures sur verre des églises de Rouen. En lui empruntant aujourd'hui un de ses objets principaux, la Sibylle de Samos, nous tenons à rappeler son excellent ouvrage et ses dessins, qui occupent toujours dignement le premier rang.

Nous avons, en effet, si peu de bons tableaux à présenter pour les dernières années du quinzième siècle, qu'il faut reconnaître que la peinture sur verre était alors la véritable forme française de l'art par excellence. Cette jolie figure se trouvait à la deuxième travée du collatéral gauche de la nef en regardant le chœur, dans l'église abbatiale de Saint-Ouen. A l'époque de Louis XII se rattache la fabrication de ces vitres où l'on voyait briller, à travers les vestiges de la vieille manière, un caractère de bon goût et d'élégance très prononcé.

Les vitres des fenêtres inférieures de Saint-Ouen représentent, pour la plupart, des scènes de martyres, des saints, des miracles aujourd'hui peu connus, des sybilles, etc., peintures d'autant plus précieuses pour les artistes et les antiquaires, qu'elles offrent dans les brillants motifs d'architecture dont elles sont enrichies, ce que l'imagination la plus féconde peut produire de plus varié dans ce genre. « Nous entendons parler surtout des magnifiques dais gothiques et demi-gothiques qui couronnent les personnages, décoration du plus heureux effet, qui, dès le xive siècle, naquit de l'idée d'isoler de grandes figures dans les compartiments des fenêtres. »

Les antiques devineresses, comme notre sybille, occupèrent jadis, quoique païennes, en faveur des prédictions, qui leur furent attribuées, sur le Christ, la Vierge et l'avènement de nos mystères, un rang fort distingué parmi les croyances religieuses de nos pères qui, dans la décoration de leurs temples, introduisirent leurs effigies parmi celles des prophètes et les images les plus révérées.

La peinture sur verre se prête difficilement à la reproduction en planches. C'est sans doute la cause de notre infériorité notoire dans cette branche de l'archéologie. Mais nous avons vu avec plaisir les essais que l'on n'a pas craint de tenter, malgré les obstacles presque insurmontables qu'il faut surmonter et que, tôt ou tard, on arrivera à vaincre.

Une idée assez inexacte, qui a généralement cours, est que l'étude des miniatures des manuscrits contemporains des tableaux sur verre, donne des indications suffisantes. Cela n'est pas plus vrai que pour les peintures à fresque. Si nous parcourons les trop rares sujets qu'on a pu retrouver et copier sur les fresques de nos anciennes églises, presque toujours dans des localités fort éloignées, nous voyons qu'il y a là les vestiges d'un grand art disparu. Il nous faudra donc en reprendre patiemment l'étude, en nous rappelant au contraire que la peinture des miniatures était circonscrite dans des bornes fort étroites. D'ailleurs ces sujets calligraphiques furent souvent le fruit des loisirs des moines et de beaucoup de femmes dont la somme des talents était, pour leur temps, ce qu'est pour le nôtre la commune habileté de nos amateurs. C'est donc surtout dans ce qui subsiste aujourd'hui de nos anciens vitraux qu'il est possible de retrouver nos vieux peintres d'histoire. Et, nous le demandons, ne se fait-on pas une idée bien plus exacte et bien plus favorable des costumes de la fin du xve siècle, en examinant un sujet comme celui de notre peinture sur verre de Saint-Ouen, qu'en étudiant les dessins des miniaturistes les plus habiles de la même époque ?

COSTUME LOUIS XII

Peinture sur verre

Autrefois à l'abbaye de Saint-Ouen, de Rouen.

VALA

La prophétesse du Nord. — Mythologie scandinave. — Anciennes
littératures. — La Voluspa. — Hyperboréens et survivances.

———

Une des études qui offrent actuellement le plus d'intérêt, est certainement celle
des monuments d'origine hyperboréenne. Sans vouloir contester le grand mérite
des auteurs qui ont fait de la philologie la base de leurs connaissances, et tout en
leur rendant hommage pour la perfection qu'ils ont atteinte dans plusieurs branches
de leurs travaux — sans les rendre responsables des exagérations du pseudo-boud-
dhisme et de quelques autres qui dérivent de compilations trop superficielles, et,
partant, d'une autorité contestable — nous devons reconnaître qu'on a fait en
comparaison bien peu de progrès dans la connaissance des antiquités épigraphiques
et littéraires du Nord ; qu'on a renversé beaucoup de théories, mais en somme qu'il
a été édifié très peu de chose.

Les monuments sont rares dans la Gaule occidentale ; cependant il y a eu d'intéressants mémoires écrits à leur sujet. D'autres sont restés inexpliqués, ou par-
tiellement expliqués seulement. Nous serons heureux de reproduire tous ceux
qu'on voudra bien nous signaler ; et, de leur rapprochement viendra certainement
quelque chose. Et nous sommes persuadés que, en cherchant un peu, on rassem-
blerait un nombre assez important de sujets curieux et intéressants : traditions,
inscriptions ou sculptures.

Un de nos collaborateurs a pris la peine de traduire un des anciens poèmes les
plus célèbres des Scandinaves. En le parcourant, on voit que la date des visions de
Vala la prophétesse doit être fort reculée. Le paganisme était encore à son apogée,
et la mythologie avait déjà rassemblé nombre d'éléments différents, quelquefois
inconciliables en apparence. En voulant les résumer, l'auteur montrait qu'ils
étaient connus de tout le monde, et que le paganisme scandinave était encore en
pleine vigueur.

« Notre Père à tous » est une touchante expression encore très répandue dans
nos campagnes ; c'est la même que le Allvadur de l'Asgaard. Et avant que le
monde et les autres dieux existassent, il régnait un chaos, un abîme. On ne

voyait, disent les *Visions*, point de terre, point de ciel ; il n'y avait ni sable ni mer : l'espace était vide.

Le Nifl avait existé longtemps avant la création de la terre. D'un puits sortaient douze fleuves. Ces fleuves se gelèrent et les brouillards régnèrent.

Un monde brûlant fut créé au sud, le Muspel ; son éclat fut reflété par le vaporeux espace brumeux, et les gouttes tombèrent pour former un géant, qui fut père d'une race méchante. En même temps les brouillards réduits en gouttes faisaient naître une vache qui devait nourrir le géant. En léchant les rocs, elle en fit sortir la chevelure d'un homme. Bientôt apparurent les autres parties du corps ; c'était Bur, qui n'avait pas de père ; son fils Bör n'eut pas de mère, ou plutôt leur mère commune était la Terre.

Bör prit pour femme la fille d'un géant, Belsta, et de ce mariage naquirent Odin, Vile et Ve, qui se liguèrent pour tuer Ymir, dont ils précipitèrent le corps dans le chaos où il forma une terre ferme. Son sang se transforma en mer et en fleuves, ses dents et ses ossements formèrent les montagnes et les rochers. Le crâne forma la voûte céleste ; le cerveau servit à former les nuages.

Odin, Vile et Ve se rendirent ensuite au bord de la mer, et prirent deux morceaux de bois qu'ils animèrent. L'un d'eux devint l'homme, Askur, et l'autre la femme, Embla. Leurs descendants bâtirent un fort où ils demeurèrent avec les dieux. C'est l'Asgaard où réside Odin avec Frygga, sa femme, et avec leurs enfants les Ases. L'arc-en-ciel est la partie visible du pont qui relie l'Asgaard à la terre.

Les enfants d'Odin ou Ases le reconnaissent comme Allvadur, ou père de tous ; mais il a beaucoup d'autres noms, qui montrent assez les emprunts que cette mythologie scandinave a faits à d'autres systèmes plus anciens. Odin reçoit dans son palais les héros qui succombent dans les combats et leur prépare une vie heureuse. On immole pour eux, tous les jours, un sanglier merveilleux qui renaît chaque soir, quoique sa chair ait déjà nourri tout le Valhalla.

Thor, son fils, est, après Odin, le principal Ase, et le plus fort des dieux et des hommes. Il porte des gantelets et une ceinture d'une forme particulière, et est armé d'un marteau. Baldur, son frère, surpasse les autres Ases en sagesse, en éloquence et en bonté ; son visage est resplendissant, et rien d'impur n'approche de lui.

Brag excelle aussi en poésie et a donné son nom à l'art poétique. Iduna, sa femme, garde les pommes qui doivent rajeunir les dieux, quand ils seront vieux.

Tyr est le plus intrépide des Ases ; aussi préside-t-il à la guerre et protège-t-il les héros. Il n'a qu'une main, l'autre lui ayant été arrachée par le loup Fenrir, que les Ases avaient saisi et qu'ils ne voulaient pas relâcher. (Depping.)

Niord, le dieu des vents, de la mer, du feu, de la pêche et de la chasse, n'est pas de la race des Ases, mais il a été reçu parmi eux, et il est père de Freyer et de Freya, frère et sœur qui sont comptés au nombre des Ases. Freyer dirige la pluie et le soleil, et favorise la croissance des végétaux : c'est un dieu de paix, digne des hommages des hommes. Fraya, sa sœur, quoique ayant pour attribution la bonté, fréquente néanmoins les combats. Du reste, elle aime le chant et favorise les amours. Après Frygga, femme d'Odin, elle est la plus grande des déesses. Elle est la femme d'Odur, dont elle pleura le départ par des larmes d'or.

Au nombre des Ases figure aussi le plus rusé des dieux, Loki, fils d'un géant et auteur de toutes les fourberies. Beau de visage, il est méchant et variable de caractère ; les dieux mêmes ne sont pas à l'abri de ses ruses. C'est lui qui, avec une femme du pays des géants, a donné naissance au loup Fenrir, au serpent Jornmagardur, qui, dans ses replis, embrasse toute la terre, et à Hal, qui préside au Nifleim, ou pays de la misère, où résident la misère, la faim, la paresse, le souci. Les dieux ont enchaîné Fenrir ; mais un jour il sera détaché.

« Actuellement, ce sont les géants qui menacent les dieux d'escalader l'Asgaard, de tuer les dieux, et de transférer le Valhalla dans leur propre pays, le Jaetunheim. Ils remplissent l'air de poison, et ils l'empesteraient, si Thor ne le purifiait par ses foudres, et n'éloignait les géants. »

Avant la mort de Baldur, les dieux jouissaient de plus de bonheur et de sécurité. Tous aimaient cet Ase, distingué par sa sagesse, son amabilité, sa douceur. Baldur eut des rêves sinistres, et les raconta aux dieux. Frygga sa mère, effrayée de ces présages, se fit promettre par tous les êtres de la création, tels que les métaux, les plantes, les éléments, les maladies, qu'aucun d'eux ne ferait du mal à son fils bien-aimé. Rassurés par ces serments, les dieux se livrèrent à leurs jeux accoutumés, et lancèrent des flèches et d'autres projectiles sur Boldur, étant persuadés qu'ils ne lui feraient pas de mal.

Cependant Loki, toujours porté à la méchanceté, chercha le moyen de troubler l'amusement des dieux. Changé en vieille femme, il surprit un secret à Frygga : c'est qu'elle avait négligé de se faire promettre par une seule plante, qui croissait à l'est du Vahalla et qui était encore toute jeune, de ne pas nuire à Baldur. Dès que Loki eut appris ce secret, il alla cueillir cette plante, et engagea Hodur, qui était aveugle, d'en lancer la tige avec force sur son frère. L'aveugle fit comme Loki lui avait enseigné ; le coup frappa mortellement Baldur, et celui-ci expira sur-le-champ.

Les dieux firent retentir l'Asgaard de leurs lamentations. Frygga aurait voulu délivrer son fils de l'empire infernal d'Héla. Hermode, un autre de ses fils, monté sur le cheval d'Odin, le Sleipner, descendit à l'enfer d'Héla, en passant le fleuve et le pont de Gialar, et supplia Héla de rendre son frère, tant aimé des dieux. Héla promit de le rendre, si tous les êtres, sans exception, pleuraient le dieu bien-aimé. Hermode rapporta cette réponse aux Ases. Ceux-ci envoyèrent de tous côtés des messagers, pour engager tous les êtres du monde, vivants et inanimés, à pleurer Baldur. Les hommes, les arbres, les pierres, la terre, tout pleura ; mais la femme d'un géant, enfermée dans une caverne profonde, refusa de contribuer au rachat de Baldur. Ses yeux restèrent secs. On suppose que le méchant Loki avait pris cette forme, pour empêcher les dieux de réussir.

La condition du rachat n'ayant pas été remplie, Baldur resta en effet dans le sombre empire d'Héla. Tous les dieux furent irrités contre Loki. Il fut obligé de se renfermer dans un fort bâti sur une montagne, et qui avait une issue vers chacune des quatre régions. Encore n'y fut-il pas en sûreté. A l'approche des dieux, il se transforma en saumon, et se cacha dans un fleuve. On tendit les filets pour le prendre ; il échappa plusieurs fois ; mais, à la fin, les dieux le saisirent et l'enchaînèrent dans une grotte, en suspendant au-dessus de sa tête un serpent dont la salive venimeuse tombe sur son visage. Sa femme Signi, assise auprès de lui, tend sans cesse un bassin pour recueillir les gouttes venimeuses, et pour empêcher qu'elles ne corrodent le visage de son mari ; mais, toutes les fois qu'elle vide ce bassin, les gouttes, en tombant sur le visage de Loki, lui causent des agitations qui ébranlent la terre. Loki restera enchaîné jusqu'à la fin du monde, quand le loup Fenrir sera déchaîné aussi, et quand le serpent du Midgaard, au lieu de demeurer roulé autour de la terre, se jettera avec les eaux sur les continents.

Alors, la voûte du ciel crèvera ; Loki, suivi de tous les enfans de l'enfer et aidé des géants, du loup Fenrir et du serpent du Midgaard, attaquera les dieux qui engageront le combat contre ces ennemis conjurés à leur perte. Le loup, ouvrant sa gueule immense, de manière à toucher la terre avec sa mâchoire inférieure, et le ciel avec sa mâchoire supérieure, lancera le feu par ses narines et par ses yeux ; le serpent remplira l'air et les eaux de son venin. Surtur, muni d'une épée flamboyante, combattra avec eux ; Odin attaquera le loup, mais il en sera dévoré ; cependant, le loup, à son tour, sera déchiré par Widar.

Thor portera un coup mortel au serpent ; en même temps, il éprouvera l'effet mortel du venin que le monstre aura lancé contre lui. Loki, à son tour, périra avec Heimdall, qu'il aura combattu.

Surtur incendiera toute la terre ; les dieux, les Einheries, ou héros reçus dans le Valhalla, et les hommes auront péri ; mais il restera une demeure pour les hommes vertueux, et une autre pour les pervers, dans le Nastrond, bâti par les serpents et rempli de pointes déchirantes. Une nouvelle terre sortira du sein de la mer. Les champs y produiront des fruits, sans qu'il soit nécessaire de les cultiver. Les fils de Thor y viendront, ainsi que Baldur, qui aura été délivré de l'empire d'Héla. Un couple de la race humaine qui aura échappé au feu dévorant de Surtur, se propagera sur cette nouvelle terre.

Pour résumer maintenant les idées des Scandinaves sur la cosmologie, nous dirons qu'ils comprenaient le séjour des dieux, des hommes et des esprits, sous trois grandes divisions : l'Asgaard, le Midgaard et l'Utgaard, ou le ciel, la terre et le séjour des géants et des esprits ténébreux, tous ennemis des dieux. L'Asgaard, la demeure des dieux, renfermait le Valhalla, où se réunissent les âmes des braves, ou plutôt les braves qui succombent dans le combat. On n'avait pas d'idées très claires, à ce qu'il paraît, sur la position relative de ces trois grandes divisions du monde. Le peuple se figurait la terre comme ronde et plate, entourée d'eau, assise sur la mer, et ayant au milieu une montagne élevée jusqu'aux nues. D'après cette idée grossière la terre était le Midgaard, le sommet de la montagne l'Asgaard, et la sombre mer au-dessous du disque de la terre, comprenait l'Utgaard.

Le poème de Volupsa, dont il sera question plus bas, parle de neuf régions, que l'on peut, jusqu'à un certain point, concilier avec les trois grandes divisions ci-dessus indiquées. La plus élevée de ces régions, qui est le monde de la lumière ou des esprits lumineux, le Muspellheim, ou le monde de feu, et le Godheim, ou le séjour des dieux, répondent à l'Asgaard, ou à la première des trois grandes divisions ; tandis que la deuxième division, qui était le Midgaard, répond à trois autres régions, savoir : celle des vents et des nuages, ou le Vanaheim ; la région des hommes et des géants. L'Utgaard, enfin, comprenait la région des esprits noirs, l'enfer ou le séjour d'Héla, lieu ténébreux pour les pervers. Cependant on regardait aussi le séjour des géants ou des Jaettes comme appartenant déjà à l'Utgaard, ou aux régions sombres ; car les géants étaient les ennemis des dieux, qui les considéraient comme des esprits du monde infernal.

Quoi qu'il en soit de ces diverses idées, toujours paraît-il certain que l'on supposait deux mondes impérissables : le séjour des dieux et celui des régions infernales ; et qu'entre ces deux mondes on se figurait le séjour périssable des hommes. Ceux qui ont succombé dans le combat passent dans le séjour d'Odin. Ce n'est pas précisément l'immortalité de l'âme qu'enseigne la mythologie scandinave. Les guerriers reprennent leur vie matérielle dans le Valhalla. Ils y combattent pour leur amusement ; ils mangent et ils boivent ; enfin ils ne diffèrent en rien de ce qu'ils étaient dans le monde sublunaire, si ce n'est qu'ils ne meurent plus, ou plutôt, mourant sans cesse dans les combats qu'ils se livrent pour leur amusement, ils ressuscitent toujours ; de même que le sanglier qu'ils tuent chaque jour pour leur festin renaît chaque soir.

Quant aux hommes morts naturellement, on les reléguait dans l'empire d'Héla, où l'on supposait également qu'ils continuaient leur vie d'ici-bas.

Aussi, l'empire infernal ne différait du séjour terrestre que par le froid et l'obscurité ; et, chez les dieux, on vivait comme sur la terre, si ce n'est qu'on n'y éprouvait pas de privations. Les dieux et tous les êtres surnaturels, dont est peuplée la mythologie scandinave, n'avaient rien d'idéal, quant au caractère et à leur manière de vivre. On se les figurait comme des hommes doués des qualités surnaturelles. Les personnages de la mythologie grecque du temps d'Homère ne s'élevaient pas, non plus, comme on sait, au-dessus de la moralité des hommes. Ils ne leur étaient supérieurs que par la force.

Nous avons vu, au reste, que les anciens Scandinaves séparaient à peine le séjour des dieux et celui des hommes, car leur Asgaard était placé au milieu de la terre.

On peut encore remarquer qu'on attribuait aux Jaettes, ou à la race des géants, un pouvoir quelquefois supérieur à celui des dieux. Ceux-ci consultaient les géants pour connaître l'avenir ; ils admettaient des hommes de la race des géants parmi les Ases, et ils étaient fréquemment en guerre contre cette race puissante. C'est ce qui a fait penser à quelques mythologues modernes que, plus anciennement, le culte des géants dominait dans le Nord.

Une autre remarque qui n'a pu échapper à personne, c'est que l'on ne voit pas bien lequel des dieux occupe le premier rang. Tantôt les mythes parlent d'un All-vadur, ou père de tous, auquel on ne donne pas d'autre nom, en sorte qu'il semblerait que le Nord a admis, très anciennement, un dieu unique et supérieur à la création et aux mondes. Tantôt c'est Odin qui est cet Allvadur, ou qui, sous cette épithète, est représenté comme le premier des dieux, comme celui qui régit l'univers, et à qui tous les êtres sont subordonnés. Tantôt, enfin le dieu Thor remplit, dans la mythologie scandinave, le même office que Jupiter dans celle des Grecs. Probablement, dans une contrée, Odin recevait les premiers hommages, tandis que, dans une autre, le peuple mettait toute sa confiance en Thor, et le croyait le roi des dieux.

Pour ne pas trop compliquer les idées mythologiques des anciens Scandinaves, nous n'avons pas parlé jusqu'à présent de l'Yggdrasill, ou de l'arbre du monde, qui joue un rôle important dans la cosmologie de ce peuple, et dont il est souvent question dans les chants mystiques de l'Edda. Cet arbre étend ses rameaux à travers tout l'univers ; aussi atteignent-ils au ciel. Il s'appuie sur trois racines énormes, dont l'une se prolonge dans le séjour des Ases, une autre chez les Hrymthussar, tandis que la dernière domine le Niflheim ; au-dessous de chacune de ces racines, s'enfonce un puits sacré. Celui de la première racine est le puits Urdar, auprès duquel les dieux viennent tous les jours siéger pour rendre leurs jugements. On l'appelle le puits des Ases. Les Nornes y puisent chaque jour de l'eau pour arroser l'arbre, et empêcher que ses rameaux ne dessèchent. Tous les objets trempés dans cette eau deviennent blancs comme la neige. C'est aussi dans ce puits que les cygnes ont pris naissance.

Au-dessous de la deuxième racine du hêtre, on trouve le puits de Mimir, où l'on puise l'esprit de la sagesse. La dernière racine, enfin, cache le puits d'Huelgemeer, rempli de serpents. Un gros reptile, Nidhoggur, ronge cette racine. Un aigle blanc est perché sur les rameaux de l'Yggdrasill. Entre cet oiseau et le serpent, au-dessous de la racine, un écureuil monte et descend, semant la zizanie parmi les deux animaux. Quatre cerfs rongent les branches de ce hêtre.

Le bois de cet arbre paraît avoir été un symbole mystique, puisque le premier homme, qui n'était, comme nous l'avons vu, que du bois métamorphosé, s'appelait aussi Askur, ou hêtre, tandis que la femme reçut le nom d'Embla, ou aune. Cela ne serait qu'une idée bizarre, si l'on ne trouvait aussi dans les mythologies orientales des contes semblables.

Par ce qui précède, on a pu voir déjà que la mythologie scandinave admet non-seulement une race divine, une race de géants, des nains, mais aussi d'autres êtres doués de plus de facultés ou de puissance que la race humaine. Telles sont les trois Nornes, ou filles célestes : Urd, le passé; Véronde, le présent; et Skuld, l'avenir. Elles fixent le temps que doit vivre tout individu humain. On admettait diverses espèces de Nornes. Les trois principales qu'on vient de nommer étaient de la race des Ases; il y en avait de la race des Alfes, dont il va être parlé; enfin, on croyait à des Nornes méchantes qui ne pouvaient être issues que des races ennemies des dieux. La destinée favorable des hommes était attribuée aux bonnes Nornes; tous les malheurs et contre-temps aux mauvaises.

Nous avons déjà vu les Walkyries, autres filles qui déterminent le sort des guerriers, et que Odin envoie dans les combats pour choisir ceux qui doivent périr et passer dans le Valhalla. On apprend, par l'Edda, que l'on ne se figurait pas toujours, sous le nom de Walkyries, des vierges célestes capables de traverser les airs pour diriger les combats, mais qu'il y avait aussi des Walkyries humaines, ou, du moins, des filles des hommes douées de la puissance des Walkyries, et pouvant, à volonté, habiter la terre ou traverser les airs sous la forme de cygne. La qualité de vierge même ne leur était pas nécessaire. L'Edda parle de Walkyries qui cohabitaient avec des hommes.

Une contrée des régions célestes, l'Altheim, était habitée par des esprits, ou Alfes, qui avaient des relations à la fois avec les dieux et les hommes; on les appelait les Alfes de la lumière, et on se les figurait comme des êtres resplendissants, ou, du moins, extrêmement blancs, par opposition aux Alfes de la nuit, dont la demeure était sous terre et la couleur noire comme celle des corbeaux. Les premiers avaient aussi la faculté de traverser les airs, sous la forme d'oiseaux d'un blanc éclatant.

Les Vanes étaient une autre espèce d'esprits aériens ou d'êtres surnaturels, mais sur lesquels la mythologie ne s'explique pas beaucoup. Niord, dieu des vents, est le fondement de leur race.

Si l'on veut maintenant considérer l'origine de la cosmogonie et de la mythologie scandinave, on se trouve embarrassé de choisir entre plusieurs opinions discordantes. Il y a des savants qui entrevoient, dans le système cosmogonique et mythologique des Scandinaves, des symboles des révolutions de la nature, une allégorie de la combinaison des éléments et des agents physiques. Ces étincelles du Muspellheim, qui dissolvent les glaces du Niflheim, et commencent à organiser le monde, ce sont, disent-ils, la chaleur et la lumière qui animent le monde, séparent les éléments, et donnent lieu à la production des êtres qui, sans eux, n'auraient jamais existé dans le chaos. Odin est le symbole du soleil. On appelle la terre, ou Jorden, son épouse. La mort de son fils Baldur et sa résurrection future expriment d'une manière ingénieuse la mort et la renaissance annuelle de la végétation, l'hiver, et le printemps qui lui succède. Loki, principe méchant, est le symbole du feu destructeur ; aussi lui attribue-t-on les tremblements de terre. Les douze demeures célestes représentent les douze signes du zodiaque que le soleil parcourt successivement. Thor, né du mariage du soleil et de la terre, dispose des foudres qui purifient l'air et font mûrir les moissons. Le mythe d'Odur qui quitte son épouse, et dont l'absence est pleurée par les larmes d'or de Freya, est peut-être un autre symbole de l'hiver et du retour du printemps, déjà représenté par l'aventure de Baldur. Odur n'est, d'ailleurs, qu'une autre terminaison du mot Odin, le dieu du soleil. La fête de Iuul ou de Juhle, qu'on célébrait dans les derniers jours de l'année, était-ce autre chose qu'une de ces fêtes de solstice qu'on trouve chez tous les peuples de l'antiquité ?

On a pensé aussi, à cause des analogies qui existent entre la mythologie scandinave et celle des habitants de l'Asie, que la première a été importée de l'Orient par le peuple qui, selon des traditions historiques, est venu, des bords de la mer Noire, s'établir dans le Nord. Cet arbre du monde, dont les racines s'étendent à travers l'univers, ce serpent qui entoure la terre, ce combat des géants contre les dieux, le mauvais principe Loki opposé à celui de la divinité, cette vache Aud'humbla qui nourrit un géant : tous ces divers genres d'esprits aériens ou souterrains, etc., trahissent une origine orientale, ou du moins, une imagination qui a la bizarrerie et la fécondité de celle des peuples orientaux. Si l'on voulait comparer la mythologie scandinave à celle des Grecs et Romains, on trouverait, en partie, l'une calquée sur l'autre. Toutes deux commencent par le chaos. Odin est Jupiter, Frigga est Junon, Freya est Vénus, etc. Quand le christianisme eut été introduit dans le Nord, et quand l'instruction classique se fut répandue, on chercha à expliquer la mythologie scandinave par la voie historique. On supposa, peut-être avec quelque raison, que les dieux, adorés par les anciens habitants du Nord, avaient été des hommes comme eux qui, étant d'abord leurs chefs, leurs instituteurs ou leurs prêtres, avaient fini par recevoir des hommages divins. Il est curieux de voir comment la mythologie scandinave est traitée dans les premiers ouvrages historiques de ce pays.

Voici le récit singulier que fait l'Ynglingasaga, ou l'histoire des rois de la race des Ynglings. Odin, selon ce récit islandais, régnait dans l'Asaland en Asie ; sa capitale était Asgaard. Il avait soumis plusieurs états, il avait donné une haute idée de sa puissance à ses sujets. Aussi, quand ils étaient en péril sur terre ou sur mer, ils invoquaient son nom. Il s'absentait souvent pour visiter des pays étrangers. Une de ses absences fut si longue, que ses deux frères Vile et Vé partagèrent ses états, et prirent sa femme Frigga. Mais Odin revint, et rentra dans la possession de ses biens. Il eut de longues guerres à soutenir contre un peuple voisin, celui des Vanes. Après une lutte qui ne décida rien, et après de grands ravages réciproques, il fut convenu, entre les deux peuples, qu'ils vivaient en paix, et qu'ils se donneraient mutuellement des otages. Les Vanes envoyèrent Niord le riche, et son fils, appelé Frey. Odin en fit des prêtres pour les sacrifices. Freya, fille de Niord, fut prêtresse; elle enseigna aux Ases la magie usitée dans sa nation.

De leur côté, les Ases donnèrent aux Vanes Hœner, homme grand et beau, et Mimir le sage. Dans la suite, les Vanes, mécontents de ces deux hommes, coupèrent la tête à Mimir, et l'envoyèrent à Odin. Celui-ci l'embauma, prononça sur elle des chants magiques, et la consulta depuis lors comme un oracle.

Il institua ses deux frères, Vile et Vé, comme chefs de l'Asgaard, et alla, avec tous ses diars ou prêtres de sacrifice et avec une foule de monde, occuper beaucoup de terres dans le pays des Saxons. Puis, ayant traversé la mer Baltique, il se transporta dans l'île de Fionie, à Odensée, qui, naturellement, a dû recevoir son nom de lui. Mais, ayant appris qu'il y avait des terres plus fertiles sur le lac Mælar en Suède, il alla s'y établir, y fonda un grand temple, et plaça ses prêtres dans les lieux d'alentour : Niord à Noatun, Freyr à Upsal, Heimdalr à Himinbiorg, Thor à Thrudvang, et Baldur à Breidablick. Il enseigna aux habitants du pays les sciences et les arts, dans lesquels il excellait lui-même. Il savait changer de forme, et se métamorphoser en oiseau, en poisson ou en serpent; il apaisait la mer, et dirigeait les vents à son gré. Dans les combats, il aveuglait ses ennemis, et ôtait tout danger à leurs armes. Il ne parlait qu'en vers, et, à son exemple, les prêtres enseignèrent l'art métrique aux habitants. Il évoquait les morts. Deux corbeaux qu'il envoyait dans tous les pays, l'instruisaient de ce qui se passait ailleurs. Il consultait fréquemment aussi la tête de Mimir sur les événements d'autres pays. Il savait, lui-même, prédire les événements, ôter et donner l'esprit; par des chants magiques, il ouvrait la terre, en tirait les trésors cachés, et enlevait la puissance aux êtres souterrains. Ce fut à ses prêtres qu'il enseigna, d'abord, la plupart de ces arts magiques; aussi approchèrent-ils de lui en sagesse. On le révéra comme un dieu, ainsi que ses prêtres, et on leur offrit des sacrifices.

Ce fut Odin qui ordonna aux hommes du Nord de brûler les morts et de déposer leurs cendres dans la terre ou de les jeter dans la mer. Il voulut qu'on élevât des monuments en grosses pierres aux hommes distingués. Il enseigna que tout ce qui serait déposé avec les morts, sur les bûchers ou dans la terre, leur servirait dans le Valhalla. Il ordonna des sacrifices annuels, savoir : au commencement de l'hiver, pour obtenir une année heureuse; au milieu de l'hiver, pour une bonne récolte, et vers l'été, pour avoir la victoire dans la guerre. Voyant la mort approcher, Odin se fit ouvrir la chair à l'aide d'une pointe de lance, et s'appropria, par cette cérémonie magique, tous les hommes qui périraient par les armes. Il mourut en disant qu'il allait au Godheim et qu'il y recevrait ses amis. Les Suédois, ajoute l'Ynglingasaga, crurent dès lors qu'il était retourné à l'ancien Asgaard, et qu'il y vivrait éternellement. Ils se persuadèrent de la qualité divine d'Odin, et l'invoquèrent comme un dieu. Souvent il leur sembla qu'il se révélait à eux, surtout quand ils étaient menacés de guerres violentes. On estimait heureux ceux qui triomphaient et ceux qui périssaient dans le combat; les uns, parce qu'Odin les favorisait; les autres, parce qu'il les appelait auprès de lui.

Voilà les idées qui étaient accréditées en Islande, au sujet des dieux du paganisme, à l'époque où le christianisme s'y était introduit. En Danemark, on envisageait d'une manière semblable ce qui avait été l'objet du culte des Scandinaves. Nous en avons la preuve dans l'histoire de ce royaume, par Saxo le grammairien. Cet historien, chrétien et prêtre, parle d'un *certain Odin*, qui demeurait à Upsal, et qui avait, dans toute l'Europe, le faux nom d'un dieu. Thor était son fils, et, à cause de ses artifices magiques, il était vénéré aussi comme un dieu par les hommes simples. On adorait encore Frey, qui avait introduit les sacrifices humains. Odin perd son fils Baldur; des devins finnois lui prédisent que, s'il peut épouser Kinda, princesse de Grækaland ou Russie, et avoir un fils d'elle, ce fils vengera la mort de Baldur. En conséquence, Odin demande et obtient la main de la princesse, et a d'elle un fils, nommé Boë. Saxo transplante à Byzance le siège des dieux, que l'Ynglingasaga recule dans l'Asie.

Ainsi, à cette époque, on cherchait un terrain historique pour y asseoir les mythes et les personnages qui avaient été des objets de vénération pour les Scandinaves. On humanisait alors, pour ainsi dire, les dieux, afin de leur ôter un ancien crédit. Cependant, on n'osait encore les présenter comme de simples humains. On leur laissait la qualité de magiciens; on les supposait instruits dans des sciences occultes, et on les douait de qualités surnaturelles. Sans cela, peut-être, leurs suppositions eussent été rejetées par le peuple. Devenu chrétien, on n'osait plus croire en Odin le dieu, puisque le christianisme n'admettait qu'un seul Dieu: mais on ne manquait pas aux principes religieux en croyant en Odin le magicien, puisque la magie était un œuvre du démon; ainsi, on discréditait tout l'Asgaard comme un enchantement diabolique. (Depping.)

Ce fut vers la fin du onzième siècle qu'un savant Islandais, Sæmund, entreprit de recueillir et de mettre par écrit les poésies qui, jusque-là, ne s'étaient conservées probablement que par la tradition orale, et n'existaient guère, par conséquent, que dans la mémoire des gens du pays. Alors, la religion chrétienne venait de pénétrer dans cette partie du nord de l'Europe. Le clergé craignit que les doctrines de l'ancienne religion, contenues dans ces chants nationaux et rendues faciles à méditer, ne devinssent un obstacle à la propagation du christianisme, en réveillant, chez les Scandinaves, l'amour d'un culte à peine oublié. Les manuscrits du nouveau recueil furent donc recherchés avec soin, cachés avec précaution, avidement soustraits à tous les regards, et plusieurs siècles s'écoulèrent avant qu'ils sortissent des armoires ténébreuses qui leur avaient servi de tombeau. Plus éclairé que ses prédécesseurs, n'ayant pas, non plus, d'impressions récentes à combattre, l'évêque Brynjold Suendson exhuma la précieuse collection en Islande et l'envoya au Danemark ; l'Edda parut. Mais, oubliée depuis le onzième siècle, méconnaissable pour la génération du dix-septième, la noble aïeule n'inspira d'abord qu'éloignement et dégoût. La bizarrerie de ses formes, l'obscurité de son langage, tout concourait, dans les premiers temps, à faire considérer ce recueil comme un amas d'inepties ridicules, sorties pêle-mêle d'une imagination en délire. Bientôt, cependant, quelques hommes, moins préoccupés ou plus habiles, comprirent que l'Edda pouvait être considérée comme la sybille antique, dépositaire des secrets de la philosophie du Nord. Ils aperçurent, à travers l'épais brouillard qui l'environnait, les éléments de la mythologie des Scandinaves, des matériaux pour leur histoire, des documents pour celle de leur législation et de leur morale. Ils firent assez facilement partager à leurs compatriotes la conviction qu'ils avaient acquise. De savants commentaires mirent les étrangers à portée d'étudier et de comprendre ces poésies mystérieuses ; et l'Edda est aujourd'hui l'objet de recherches d'autant plus empressées, qu'elle fut plus longtemps méconnue, plus longtemps condamnée à l'oubli.

Il ne faut pas croire, toutefois, que nous possédions la collection entière de ces poèmes, et l'absence de ceux qui n'ont pu être sauvés contribue probablement à l'impénétrable obscurité qui enveloppe encore certains passages de ceux qui nous restent. Des trente-huit poèmes dont se compose l'Edda de Sæmund, le plus ancien, peut-être, est la *Voluspa de la prophétesse*. Chez les Scandinaves, comme dans toute la Germanie, il y avait des femmes qui prédisaient le sort des nouveaunés, qui le réglaient même au besoin. Elles répondaient aussi aux questions qu'on leur adressait sur les destinées d'un peuple ou d'une contrée ; et les chefs du pays les consultaient avec respect, certains, ou du moins persuadés du succès, en obéissant à leurs oracles. Ces prophétesses ressemblent beaucoup aux fées, qui jouent un si grand rôle dans nos romans de chevalerie. Une relation, tirée de la Saga d'Eirik-le-Roux « *Eeirik-Raudas-Saga* », donnera une idée du cérémonial usité en pareille circonstance. Je ne suis, ici, que traducteur.

Une femme, en Norwège, nommée Thorbierge, avait neuf sœurs ; elle leur survécut à toutes. Cette femme était prophétesse ; on l'appelait la petite Vala. Tous les hivers, Thorbierge était invitée à des festins par ceux qui voulaient connaître leur sort à venir. Or, le prince Thorkill, désirant connaître quand finirait la disette qui affligeait la contrée, fit prier Thorbierge de se présenter chez lui. Un grand appareil avait été déployé pour la recevoir, selon la coutume à l'égard d'un hôte de cette importance. Sur une estrade élevée était disposé le siège de la prophétesse, garnie d'un coussin rempli de duvet de coq. Vers le soir, elle arriva accompagnée du messager d'honneur envoyé à sa rencontre.

Elle était vêtue d'une tunique bleue, ornée de petites pierres sur toute la hauteur. Un collier de globules de verre entourait son cou ; un bandeau de peau de brebis noire, doublé de peau de chat blanc, contenait ses cheveux. A l'extrémité de sa baguette, entourée d'oripeaux, brillait un globule enrichi de pierres précieuses. Sa ceinture soutenait une vaste gibecière, où elle conservait ses instruments de magie. Sa chaussure, de peau de veau non tannée, était attachée par d'épaisses et longues courroies, fixées elles-mêmes par des boutons d'acier. Elle portait des gants noirs en dehors, blancs au-dedans, faits avec de la peau de chat non tannée.

A son entrée, elle fut respectueusement saluée par les assistants, qui croyaient, en cela, remplir un devoir sacré. Selon que chacun lui plaisait, elle rendait le salut. Après avoir baisé la main droite de la sibylle, Thorkill la conduisit au siège préparé pour elle, la priant de favoriser d'un regard sa demeure et ceux qu'il y avait rassemblés ; mais elle se montra fort avare de paroles à l'égard des assistants. La table étant dressée, on plaça devant la prophétesse un potage au lait de chèvre, et un ragoût composé du cœur des animaux qui figuraient en grand nombre au service. Sa cuiller était de métal brillant, et son couteau, à manche de dent de baleine, ornée de deux anneaux d'acier, affectait par la lame, la forme d'un poisson.

Après le repas, Thorkill s'approche de Thorbierge, et lui demande ce qu'elle pense de cette demeure et des hommes qui y sont rassemblés, et si bientôt elle pourra répondre aux diverses questions qui lui ont été adressées, soit par lui, soit par d'autres.

Elle refusa de le dire avant le lendemain. Quand le jour suivant eut paru, elle prépara tout ce qu'il fallait pour l'enchantement. Elle demanda qu'on lui amenât des femmes sachant le chant destiné à ce sortilège, et appelé *Vardlokur*. On n'en connaissait pas ; mais on alla chercher dans le village. Quand on fut venu chez une femme nommée Gudride, elle dit : « Je ne suis ni une Vala, ni une prophétesse ; cependant ma nourrice Halldisa, en Islande, m'a appris le chant de Vardlokur. — Eh bien, répondit Thorkill, vous savez donc plus que nous n'avions cru. — Mais, répliqua Gudride, ce chant et ces cérémonies sont telles, que moi, chrétienne, je dois avoir horreur de les pratiquer. » Thorbierge lui répondit : « Vous pouvez nous secourir, en cette affaire, sans préjudice pour votre religion : c'est Thorkill qui est obligé de fournir tout ce qu'il faut pour cette cérémonie. » Celui-ci supplia Gudride de se prêter à leur demande. Elle répondit, enfin, qu'elle satisferait à ce vœu. Alors, les femmes se rangèrent autour de Thorbierge, qui était assise sur une estrade élevée, et Gudride chanta le chant magique d'une voix haute et sonore ; aussi les assistants avouèrent n'avoir jamais entendu un chant plus agréable. La Vala en fut charmée aussi, la remercia, et lui dit : « J'avais appris beaucoup de choses concernant les maladies et la disette ; mais, actuellement, bien des renseignements qui m'étaient restés cachés, ainsi qu'à d'autres, me sont révélés : je sais que cette famine ne durera pas longtemps. Au printemps, l'abondance renaîtra; les maladies qui ont affligé ce pays depuis quelque temps, disparaîtront également. Quant à toi, Gudride, je récompenserai le service que tu nous as rendu; tes destinées me sont bien connues; elles sont plus importantes qu'on ne l'aurait présumé. Tu épouseras un homme d'un grand renom, ici, en Groenland; mais tu ne jouiras pas longtemps de ce mariage, car tes destinées te ramèneront en Islande, où tu seras mère d'une postérité heureuse et honorable, que couvrira un grand éclat. Adieu, ma fille, sois heureuse! »

Ainsi parla Thorbierge; chacun l'appela à son tour, pour qu'elle lui révélât ce qu'il désirait apprendre; elle satisfit à ces demandes, et révéla à chacun ce qu'il voulait savoir. Appelée ensuite à une autre habitation, elle partit.

A l'approche du printemps, les temps s'améliorèrent, comme la Vala l'avait prédit.

On croit que les anciens Scandinaves appelaient les Valas, du moins les plus renommées, aux assemblées publiques et aux fêtes nationales, surtout à celles que l'on célébrait au solstice d'été, et que l'on appelait *Midsumarsblot*. On donnait de grands repas, on allumait des feux de joie, on faisait des sacrifices, et probablement les Valas étaient invitées alors à prédire si l'année serait heureuse. On pense que la *Voluspa* est une des improvisations ou prédictions demandées, dans la solennité du solstice d'été, par les Scandinaves assemblés. Le début par lequel la Vala sollicite un silence général, semblerait faire croire, en effet, que ses vers s'adressent à une assemblée nombreuse. Les éditeurs de l'Edda croient reconnaître, dans la Voluspa, des allusions aux révolutions solaires, ce qui adapterait encore mieux ce chant à une solennité où l'on célébrait Baldur, symbole, à ce que l'on croit, de la révolution de l'année, ou de la succession de l'été et de l'hiver.

On peut dire, au reste, qu'aucun chant des Islandais ne nous donne autant de notions sur leur cosmogonie et leur théogonie. (Licquet.)

II

Que l'on ne s'étonne pas si nous venons ici citer Walter Scott, à propos de littérature et d'antiquités du Nord! Il y a quarante ans, cela aurait été difficile; mais, après les nombreux systèmes qu'on a parcourus depuis cette époque, on est forcé de convenir que le barde d'Abbotsford n'a pas encore été égalé dans la connaissance des sources de sa propre histoire nationale et populaire. Il y a rencontré souvent des souvenirs non équivoques de l'ancienne époque alors vaguement désignée comme celtique, et il a fait remarquer, à propos des Iles Orcades surtout, que les antiquités mégalithiques paraissaient bien hyperboréennes. Dans son forgeron Wayland, et quelques autres trop peu connus de la clientèle de nos cabinets de lecture actuels, on retrouve encore plusieurs personnages qui font l'objet de nombreuses dissertations, et qui reviennent à la mode dans des cercles plus érudits. De plus le littérateur écossais a mis en lumière de charmants morceaux de poésie scandinave, la petite ballade de Chyld Diring entre autres.

On y voit arriver le fantôme d'une mère défunte, qui entend ses enfants pleurer, même au sein du tombeau où elle est couchée et qui revient faire des reproches à son mari et à la nouvelle femme.

On y remarque les répétitions constantes qui donnent un singulier caractère à cette petite poésie. Alors le poète ne craignait pas de renouveler à l'excès les mêmes expressions. Dans l'Hâvâmal, on voit toute une strophe interrogative, dans laquelle les verbes actifs seuls diffèrent :

Veiztu hvê rista skal ?	(Sais-tu qui écrira ?
Veiztu hvê rathâ skal ?	Sais-tu qui comprendra ?
Veiztu hvê fâ skal ?	Sais-tu qui apprendra ?
Veiztu hvê freista skal ?	Sais-tu qui approfondira ?
Veiztu hvê bithja skal ?	Sais-tu qui offrira ?
Veiztu hvê blôta skal ?	Sais-tu qui sacrifiera ?
Veiztu hvê senda skal ?	Sais-tu qui devinera ?
Veiztu hvê sôa skal ?	Sais-tu qui pourra repartir ?)

L'alitération était une de grandes ressources de ces compositions.

Dans Ungen Svendal, le jeune Svendal, on voit un fils faire appel à un fantôme semblable et en recevoir un coursier et une épée qui le font triompher de tous les obstacles.

Qui est-ce qui me réveille ?
Qui me réveille, moi si fatigué ?
Ne puis-je reposer en paix
Même sous la terre sombre ?

C'est le jeune Svendal
C'est ainsi qu'on m'appelle.
Il voudrait avoir un bon conseil
De sa chère mère.

Je t'ai donné d'argent et d'or
Plus que tu ne veux en avoir.
Ne puis-je reposer en paix
Même dans mon propre tombeau ?

Mes sœurs et ma belle-mère
Ont rempli mon cœur de désirs
Elles disaient que je ne pourrais dormir
Ni obtenir aucun repos.

Elles disaient que je ne pourrais dormir
Ni obtenir aucun repos,
Avant que j'aie délivré la fière jeune fille
Qui dort depuis si longtemps.

Je te donnerai le coursier
Qui te portera si bien
Que tu le monteras nuit et jour
Il ne se fatigue jamais.

Je te donnerai le sabre
Que l'on nomme Adelring.
Avec lui tu pourras toujours combattre,
Et la victoire t'est assurée.

C'était le jeune Svendal.
Il ceignit l'épée au côté,
Il monta le bon coursier
Et ne voulut pas attendre.

C'était le jeune Svendal.
Il éperonna le coursier.
Il chevaucha ainsi à travers les larges
mers, et les forêts verdoyantes
Jusqu'à ce qu'il atteignit le château.
où devait être enfermée la fiancée.

« Écoute, bon gardien, ce que je vais dire :
Il y a une jeune fille dans ce château.
Ainsi ne cherche pas à me le cacher. »

« Il y a une jeune fille dans ce château.
Ainsi ne cherche pas à me le cacher.
    Si je deviens le roi de ce pays,
    Je ferai de toi un grand seigneur. »

    Les planches sont de fer solide,
    La porte est d'acier.
Il y a déjà dix-huit ans que la jeune fille
a vu le soleil.
Le lion et l'ours sauvage se tiennent là
auprès.
Jamais on n'y a vu venir que le jeune
Svendal.

    C'était le jeune Svendal.
    Il monta son coursier.
Et le dirigea contre les murs
    Qu'il savait traverser.

    C'était le jeune Svendal
    Il éperonna son coursier.
Il le dirigea si rapidement qu'il entra
dans la cour.

Le lion et l'ours sauvage tombent aux pieds
de leur maître.
Les tilleuls s'inclinent jusqu'à terre avec
leurs feuilles dorées ;
Et voici la fière jeune fille qui a dormi
si longtemps.

C'était la fière jeune fille ; elle entend
sonner les éperons :
    Aide-moi Dieu mon père, au royaume
du ciel, je ne devais pas être délivrée ;
    Et honte à ma belle-mère, qui m'a rendu
le temps si long.

    C'était le jeune Svendal, il s'avança à tra-
vers la porte.
    C'était la fière jeune fille qui se tenait
devant lui.
    Le jeune Svendal entre. Il était aussi beau
que jeune ;
    Là était la fière jeune fille, elle se réjouit
de son arrivée.

    Bienvenu, jeune Svendal, mon noble
seigneur,
    J'ai remercié Dieu le père du royaume
du ciel
    De nous avoir tous deux délivrés de la
peine.

    Le jeune Svendal, non plus inquiet et af-
fligé
    Dort heureux et tranquille dans les bras
de son épouse.

    Alors la fière jeune fille heureuse et dé-
livrée
    Dort tranquille auprès du jeune Svendal.

Cette ballade dont la forme est modernisée par les Danois en rappelle une autre beaucoup plus ancienne dont le fond est le même. Dans *Grôgaldr* on voit la sage devineresse Groa évoquée de sa tombe par son fils, à qui elle enseigne divers enchantements qui lui servent dans le cours de ses aventures.

La première strophe contient l'évocation du fils conçue en termes d'une grande énergie :

    Vaki thû, Groa !
    Vaki thû, gôth Kona !
    Vek ek thik d'authra dura

    Ef thû that mant,
    At thû thinn môg baethir
    Til kumbldys jar koma !

Dans Voluspa ou les Visions de Vala, un des plus beaux et plus anciens poèmes de l'Edda, on voit le poète emprunter le caractère d'une prophétesse et raconter l'origine et la fin de toutes choses.

Comme ce fragment de poésie islandaise se recommande par des qualités incontestables, nous n'hésiterons pas à en reproduire une traduction aussi littérale que possible.

La Voluspa

A l'attention j'invite toutes les générations,
  Les fils de Heimdall, grands et petits.
Je voudrais du père des Élus proclamer
les mystères,
  Les traditions antiques des héros que j'ai
apprises.

Je me souviens des Iotes nés au commencement
  Eux, jadis, ils m'ont enseignée.
Je me souviens des neuf mondes, des
neuf forêts,
  Du grand Arbre du milieu sur la terre ici
bas.

Ce fut le commencement des siècles
quand Ymir s'établit.
  Il n'y avait ni rivages, ni mer, ni ondes
fraîches;
  On ne trouvait ni terre, ni ciel élevé;
  Il y avait le gouffre béant, mais de l'herbe
nulle part.

Alors les fils de Bur élevèrent les firma-
ments
  Ils formèrent la grande enceinte du milieu;
  Sôl éclaira, du sud, les roches de la Demeure,
  La terre aussitôt se revêtit d'une herbe
touffue.

Sôl répand du sud ses faveurs sur Mâni,
A la droite de la porte du coursier céleste.
Sôl ne savait pas où elle avait ses de-
meures;
  Les étoiles ne savaient pas où elle avaient
leurs places;
  Mâni ne savait pas quel était son pouvoir.

Alors les grandeurs allèrent toutes aux
sièges élevés.
  Les Dieux très saints sur cela délibérèrent.
  A la nuit, à la nouvelle lune, ils donnè-
rent des noms;
  Ils désignèrent l'aube et le milieu du jour,
  Le crépuscule et le soir pour indiquer le
temps.

Les Ases se rencontrèrent dans la plaine
d'Idi,
  Ils bâtirent bien haut un sanctuaire et une
tour.

Ils posèrent des fourneaux, façonnèrent
des joyaux,
  Forgèrent des tenailles, fabriquèrent des
ustensiles.

Ils jouaient aux tables dans l'enceinte, ils
étaient joyeux.
  Rien ne leur manquait et tout était en or.

Alors trois de ces Ases pleins de puissance
et de bonté descendirent vers la mer.
  Ils trouvèrent des êtres chétifs, Ask et
Embla manquant de destinée.
  Ils n'avaient point d'âme, ils n'avaient
point d'intelligence
  Ni sang, ni langage, ni don extérieur;
  Odin donna l'âme, Hœnir donna l'intelli-
gence,
  Lodur donna le sang et les dons extérieurs.

Alors arrivent trois Vierges Thurses très
puissantes des Iotes.
Je connais un frêne, on le nomme Ygg-
drail :
  Arbre chevelu humecté par un nuage
brillant,
  D'où naît la rosée qui tombe dans les
vallons.
  Il s'élève, toujours vert, au-dessus de la
fontaine d'Urd.

De là sortirent les trois vierges de beaucoup de science,
  De ce lac qui est au-dessous de l'arbre.
  Urd se nommait l'une, Verdandi une
autre,
  Skul était la troisième; Elles gravèrent
sur les planchettes,
  Elles consultèrent les lois; elles interro-
gèrent le sort,
  Et proclamèrent la destinée aux enfants
des hommes.

Alors les grandeurs allèrent toutes aux
sièges élevés.
  Les Dieux très sacrés sur cela délibérèrent.
  Qui formerait le chef des Dvergues
  Du sang de Brimir, des cuisses du géant
livide.

Alors Modsognir est devenu le premier
De tous les Dvergues, et Durinn le second.

Eux, ils formèrent de terre la foule des Dvergues
A la figure humaine, comme Durinn le proposa.

Nyi et Nidi, Nordri et Sudri,
Austri et Vestri, Althiop, Dvalinn;
Nar et Nâin, Nipin, Dâinn,
Difur et Dafuri, Dumburi, Nori;

Anar et Onan, Aï, Miodvituir,
Veigr, Gandolfer, Vindalf, Thorinn;
Jili et Kili, Frundinu, Nali,
Hepti, Vili, Hnarr, Sviorr;

Frar, Forubji, Frœgr, Honi,
Jhav et Jhramn, Thôor, Viti, Liti;
Nyr et Nyradr. — Voilà que j'ai énuméré au juste
Les Dvergues puissants et intelligents.

Il est temps d'énumérer au genre humain
Les Dvergues de la bande de Dvalinn, jusqu'à Lofar,
Ceux-ci ont cherché loin du rocher de la demeure,
Des habitations à Aurvangar, jusque Joruvellir.

Là était Draupnir et Dolgthrasir
Har, Hangspori, Hlaevanger, Gloînn,
Skiroir et Virvir, Skafidr,
Alfr et Yngoi, Eikinrialdi

Vialarr et Froste, Finur et Ginnarr
Heri, Hugstari, Hliodolfr, Moinn. —
On exaltera toujours, tant qu'il y aura des hommes
Le grand nombre des descendants de Lofar.

Elle sait que le cor de Heimdall est caché
Sous l'arbre majestueux et sacré.
Elle sait qu'on boit à traits précipités
Dans le gage du père des Élus. — Le savez-vous? Mais quoi?

Elle était assise dehors, solitaire, lorsqu'il vint, le vieux,
Le plus circonspect des Ases, et lui regarda dans les yeux.
Pourquoi me sonder? Pourquoi me mettre à l'épreuve?

Je sais tout, Odin, je sais où tu as caché ton œil :
Dans cette grande fontaine,

Chaque matin Mimir boit le doux breuvage
Dans le gage du père des élus. — Le savez-vous? Mais quoi?

Le père des combattants choisit pour elle des bagues et des joyaux.
Le riche don de la sagesse, et les charmes de la vision.
Alors elle vit loin, bien loin, dans tous les mondes.

Elle vit les Valkyries accourir de loin
Empressées à se rendre auprès de la race des Dieux.
Skuld tenait le bouclier, Skogul la suivait,
Ainsi que Gunur, Hildur, Gondul, Geirskogul,
Voilà énumérées les servantes du combattant,
Les Valkyries pressées de voler dans la campagne.

Elle se rappelle cette première guerre dans le monde
Lorsqu'ils avaient placés Gullveig sur des piques,
Et l'avaient brûlée dans la demeure du très haut.
Trois fois ils l'avaient brûlée, elle renaquit trois fois
Brûlée, brûlée souvent, elle vit pourtant encore.

On l'appelait Heidur dans les maisons où elle entrait,
Elle méprisait le charme des visions de Vala;
Elle saviat la magie, elle abusait de la magie;
Elle était toujours les délices de la race méchante.

Alors les grandeurs allèrent toutes aux sièges élevés,
Les Dieux très saints sur cela délibérèrent.
Les Ases devront-ils expier leur imprudence.
Ou bien tous les dieux auront-ils de l'autorité?

Le mur extérieur de la forteresse des Ases fut renversé,
Les Vanes ont su, par ruse de guerre, fouler les remparts.
Mais Odin lança son trait.

Telle fut la première guerre dans le monde.

Alors les grandeurs allèrent toutes aux sièges élevés.
Les Dieux très saints sur ceci délibérèrent.
Qui avait rempli de désastres les plaines de l'espace
Et livré la fiancée d'Odin à la race des Iotes?

Thor se leva seul, enflé de colère.
Rarement il reste assis quand il apprend chose pareille.
Les serments furent violés, les promesses et les assurances,
Tous les traités valides qu'on avait passés de part et d'autre.

Je prévis pour Baldur, pour cette victime ensanglantée.
Pour ce fils d'Odin, la destinée à lui réservée :
Il s'élevait dans une vallée charmante
Un gui jeune et bien gentil.
De cette tige qui paraissait si tendre, provint
Le fatal trait d'amertume que Hodur se prit à lancer.

Le frère de Baldur venait seulement de naître.
Agé d'une nuit, il se prit à combattre contre le fils d'Odin,
Il ne lavait plus ses mains, ni ne peignait sa chevelure
Avant qu'il portât au bûcher le meurtrier de Baldur.
Mais Frigg pleura dans Fensalir
Les malheurs du Valhall. — Le savez-vous? Mais quoi ?

Vers le Nord, à Nidafiöl s'élevait
La salle d'or de la race de Sindri;
Mais une autre s'élevait à Okolnir.
La salle à boire de l'Iote qui est nommé Drimir.

Elle vit une salle qui est située loin du soleil,
A Nastrendr, les portes en sont tournées au Nord.
Des gouttes de venin y tombent par les fenêtres
La salle est un tissu de dos de serpents.

Un fleuve se jette à l'Orient dans les vallées venimeuses,
Un fleuve de limon et de bourbe, il est nommé Slidur :
Vala y vit se traîner dans les eaux fangeuses
Les hommes parjures, les exilés pour meurtre,
Et celui qui séduit la compagne d'autrui.
Là Nidhrggr suçait les corps des trépassés.
Le loup déchirait les hommes. — Le savez-vous? Mais quoi?

A l'Orient elle était assise, cette vieille dans Jarnoid,
Elle y nourrissait la postérité de Fenrir.
Il sera le plus redoutable de tous, celui
Qui, sous la forme d'un monstre, engloutira la lune.
Il se gorge de la vie des hommes lâches.
Il rougit de gouttes rouges la demeure des grandeurs.
Les rayons du soleil s'éclipsent dans l'été suivant.
Tous les vents seront des ouragans. — Le savez-vous? Mais quoi ?

Assis tout près, sur une hauteur, il faisait vibrer sa harpe
Le gardien de Gygur, le joyeux Egdir
Non loin de lui, dans Gagaloid, chantait
Le beau coq pourpré qui est nommé Fialar.

Auprès des Ases chantait Gullinkambi.
Il réveille les héros chez le père des combattants,
Mais un autre coq chantait au-dessous de la terre,
Un coq d'un rouge noir dans la demeure de Hel.

Garmur hurle avec fureur devant Gnypahall.
Les chaînes vont se briser ; Freki s'échappera :
Elle prévoit beaucoup, la prophétesse :
Je vois de loin
Le crépuscule des grandeurs, la lutte des Dieux combattants.

Les frères vont se combattre entr'eux, et devenir fratricides.
Les parents vont rompre leurs alliances.

La cruauté règne dans le monde, et une grande luxure,
L'âge des haches, l'âge des lances où les boucliers sont fendus
L'âge des aquilons; l'âge des bêtes féroces se succèdent.
 Avant que le monde s'écroule,
Pas un ne songe à épargner son prochain.

Les fils de Mimir tressaillent, l'arbre du milieu s'embrase,
Aux sons éclatants du cor bruyant.
Heindall, le cor en l'air, sonne fortement l'alarme.
 Odin consulte la tête de Mimir.

Alors tremble le frêne élevé de l'Yggrdrasil,
Le vieil arbre frissonne; l'Iote brise ses chaînes,
Les ombres frémissent sur les routes des enfers
Jusqu'à ce que l'ardeur de Sutur ait consumé l'arbre.

Hrynir s'avance de l'Orient, un bouclier le couvre :
Jormungand se roule dans sa rage de géant.
Le serpent soulève les flots, l'aigle bat de ses ailes.
Le Bec-Jaune déchire les cadavres : Noglfar est lancé.

Le navire vogue de l'Orient, l'armée de Muspill
Approche sur mer, Logi tient le gouvernail,
Les fils de l'Iote naviguent tous avec Freki,
Le frère de Bileist est à bord avec eux.

Sutur s'élance du Midi avec les épées désastreuses,
Le soleil resplendit sur les glaives des Dieux-héros.
Les montagnes de roches s'ébranlent, les géants tremblent.
Les ombres foulent le chemin de l'enfer.
 — Le ciel s'entr'ouvre.

Que font les Ases? Que font les Alfes?
Tout Jotunheim mugit, les Ases sont en Assemblée.
A la porte des cavernes, gémissent les Dvergues,

Les sages des montagnes sacrées. — Le savez-vous? Mais quoi?

Alors l'affliction de Hline se renouvelle.
Quand Odin part pour combattre le Loup,
Tandis que le glorieux meurtrier de Beli va s'opposer à Surtur.
Bientôt le héros chéri de Nrigg succombera...

Mais il vient, le vaillant fils du père des combats,
Vidarr, pour lutter contre le monstre terrible.
Il laisse dans la gueule du rejeton de Hœdrune
L'acier plongé jusqu'au cœur. — Ainsi le père est vengé
(Hactr magi Hoedruengs mund um standa.
 Hior til hiarta;
 Dhâ er hefnt födur).

Voici que vient l'illustre fils de Hlodune.
Le défenseur de Midgaard le frappe dans sa colère;
Les héros vont tous ensanglanter la colonne du monde
Il recule de neuf pas, le fils de Fiorgune.
Mordu par la couleuvre intrépide de rage...

Voici venir le noir Dragon-volant,
La couleuvre, s'élevant au-dessus de Nidafioll.
Nidhogr étend ses ailes, il vole au-dessus de la plaine
Au-dessus des cadavres. — Maintenant elle va s'abîmer.

Le soleil commence à se noircir, le continent s'affaisse dans l'Océan,
Elles disparaissent du ciel, les étoiles brillantes;
La fumée tourbillonne autour du feu destructeur du monde
La flamme gigantesque joue contre le ciel même.

 Elle voit surgir de nouveau,
Dans l'Océan, une terre d'une verdure touffue.
Des cascades y tombent; l'aigle plane au-dessus d'elle
Et du haut de l'écueil, il épie les poissons.

Les Ases se retrouvent dans la plaine d'Idi.

Sous l'arbre du monde, ils siègent en juges puissants;
Ils se rappellent les jugements des Dieux
Et les mystères antiques de Fimbultyr.

Alors les Ases retrouvent sur l'herbe,
Les merveilleuses tables d'or
Qu'avaient, au commencement des jours les générations
Le chef des dieux, et la postérité de Fiölnir.

Les champs produiront sans être ensemencés :
Tout mal disparaîtra : Baldur reviendra,
Pour habiter avec Hodur les enclos de Hroptr,
Les demeures sacrées des Dieux-héros. — Le savez-vous? Mais quoi?

Alors Hœnir pourra choisir sa part
Et les fils des deux frères habiteront
Le vaste séjour du vent. — Le savez-vous? Mais quoi?

Elle voit une salle plus brillante que le soleil
S'élever, couverte d'or — le magnifique Himlir —
C'est là qu'habiteront les peuples fidèles.
Et qu'ils jouiront d'une félicité éternelle.
Alors il vient d'en haut présider au jugement des grandeurs,
Le souverain puissant qui gouverne l'univers.
Il tempère les arrêts, il calme les dissensions,
Et donne les lois sacrées inviolables à jamais.

Quelques particularités indiquent que ce poème a été composé en Islande. Ainsi les mythes sur *Hveralundr* (bois aux thermes) et sur le géant Surtur, sont sans doute originaires de ce pays, parce qu'il n'y en a aucun autre où les sources soient en aussi grand nombre que sur cette île volcanique, et qu'on connaît encore en Islande une grande caverne du nom de Sutur Hellir. De plus l'arrivée *par mer* des puissances destructrices, la destruction du monde par le feu, la terre que le poète se figure comme une île fondée sur des rochers au milieu de la mer, sont des circonstances qui se rapportent très bien à la position géographique et à la nature géologique de l'Islande. Il est donc probable que le poète résidait sur cette île.

Celle-ci avait été peuplée au neuvième siècle par les Norwégiens, et l'auteur pouvait bien avoir quitté la Norwège par suite des changements politiques survenus dans ce pays par l'établissement du pouvoir monarchique sous le règne de *Harolld aux beaux cheveux*. Beaucoup de nobles et d'hommes libres, qui ne voulaient pas se soumettre au nouveau régime, quittèrent alors la Norwège; les uns sous la conduite de Gongu-Rolf, vinrent s'établir en France, les autres s'embarquèrent avec Ingolf pour aller en Islande. Ceci expliquerait certaines expressions de l'auteur, qui se tournait vers un avenir meilleur après avoir raconté la chute du règne de la force, dont il avait eu sans doute à se plaindre lui-même.

Quoi qu'il en soit, on peut dire que l'auteur des *Visions* était un homme d'un vrai mérite, puisqu'il réunissait deux grandes qualités rarement assemblées : celle du philosophe et celle du poète. Comme philosophe, il était bien au-dessus de son siècle, car l'idée qu'il exprimait était une véritable révélation pour ses contemporains. Comme poète l'auteur a su choisir la forme la plus convenable à son sujet, et tracer à grands traits le tableau de la mythologie de son pays.

III

On peut voir, par ce qui précède, que les écrivains du Nord nous fournissent un nombre assez considérable de traditions, que nous retrouvons aussi dans des contrées où ils ne semblent pas les avoir apportées eux-mêmes. Plusieurs chants de l'Edda semblent remonter, quant à l'invention au moins, au quatrième ou au cinquième siècle de notre ère; mais ils ont reçu plus tard la forme sous laquelle on les a conservés. D'autres peuvent avoir quelques siècles de moins. Mais la communauté d'origine des traditions du Nord et de l'Ouest de l'Europe ne semble pas pouvoir être niée.

Interrogeons les sépultures mégalithiques des Iles Normandes et de la Bretagne, par exemple; ces lignes courbes de pierres fichées qui servent comme de vestibule aux dolmens, et sur le haut desquels on trouve des têtes de chevaux (le Man' e Lud); ces chambres funéraires rappellent la tête de cheval que le héros dresse sur une perche (Eigils Saga) en maudissant ses ennemis, et qu'il fixe dans la fente d'un rocher; et les dernières demeures d'où les morts entendent l'appel de leurs enfants. Quant aux dolmens eux-mêmes, où l'on reconnaît des inhumations successives, le même Eigil nous en donne encore l'exemple. Celui-ci trouve le corps de son fils bien-aimé qui avait fait naufrage auprès de ses terres. Il ouvre la tombe de son père Skalagrin et y dépose son fils. Puis, voulant mourir, il s'enferme pendant trois jours et trois nuits sans boire et sans manger et, malgré les prières de sa fille, il est déterminé à se laisser périr dans son habitation, qui devenait ainsi un tombeau.

Pour les géants, ils sont, on peut le dire, de tous les pays. Mais un bon auteur, Achille Deville, a supposé que le Gargantua de la Basse-Seine était d'origine scandinave. Ce n'était pas mal observé; cependant si cet historien avait bien fait attention aux termes des instructions de Saint-Ouen, publiées en 640, il n'aurait pas manqué de remarquer qu'il s'agissait de traditions beaucoup plus anciennes, enracinées dans le pays, sans doute depuis de nombreux siècles. Une falaise à demi écroulée, à Oudalles, ressemble à une immense statue de plus de 60 mètres qui domine toute la baie, et semble regarder le soleil levant. A Duclair, à Villequier, à Tancarville, à Oudalles, à Benouville-sur-Étretat, les rochers pittoresques, qui semblent presque découpés de main d'homme, avoisinent des enceintes retranchées où se rencontrent des médailles d'or gauloises, des sépultures de guerriers portant des épées et des torques de bronze, et des habitations de l'époque néolithique. Ce n'est pas le hasard seul qui, dans un si petit rayon, a pu rassembler tant de souvenirs aussi anciens auprès des rochers qui font l'objet de traditions si persistantes. Qu'elles soient venues au neuvième siècle de notre ère, ou qu'elles aient été implantées longtemps auparavant, nous ne leur accorderons pas moins une origine commune. Mais enfin nous ne croyons pas que les invasions du neuvième siècle aient eu beaucoup d'influence sur les cultes, sans quoi nous ne verrions pas les envahisseurs embrasser si rapidement le christianisme qu'ils l'ont fait aussitôt qu'ils ont pu s'établir. Il n'en est pas moins vrai qu'on se trouve peu à peu conduit à reconnaître là des survivances de traditions beaucoup plus anciennes que l'on n'aurait osé le supposer, alors que l'étude des traditions populaires ne rencontrait pas l'attention qu'on lui accorde si justement aujourd'hui.

L'archéologue le moins versé dans la science de la numismatique ne peut s'empêcher de reconnaître le sanglier du Valhallâ sur les monnaies dans l'Armorique, la Belgique et la Grande-Bretagne. Les dents de cet animal ont été longtemps employées comme amulettes (Picquigny) à l'époque néolithique, et cet usage a persisté à l'époque romaine (Lillebonne).

Quant à « ces champs qui doivent produire et fructifier sans culture », il y avait encore, au quinzième siècle, à Narbonne, des champs de fougères, de ronces et d'épines qui, disait-on, après avoir été brûlés et labourés, donnaient des raisins l'année suivante, sans qu'il y eût eu « complant de vigne planté ni labouré par personne ».

Dans l'Orléanais, à Saint-Simon-en-Beauce, il y avait une légende semblable, mais alors il s'agissait de rosiers.

Le moyen âge, en relatant ces deux exemples (Mer des histoires et Catalogue des villes et cités assises aux trois Gaules), les avait certainement accommodées à sa façon, comme tant d'autres. Mais nous croyons qu'on a écarté un peu trop vite bien des détails qu'il pourrait offrir. La chronologie même des anciens rois pré-mérovingiens, dont on a tant de fois fait des gorges-chaudes, alors que tout devait partir en commençant par Jules César ou par Clovis, finirait peut-être par nous livrer quelques enseignements. En disant, en 1488 (Mer des histoires), que « ceux de Sens étaient nommés les Zenones, parce que en leur cité ils avaient reçu Bacchus dieu du vin, car Zenon en hébreu signifie réception », l'écrivain se conformait à la manière d'expliquer l'étymologie de son temps. Mais nous avouons que lorsqu'il dit que Sens avait été construit par Samothes, premier roi des Gaulois ou Français, 529 ans avant la construction de la ville de Troyes, nous avons la faiblesse de croire qu'il devait se baser sur quelque chose, qui nous est inconnu, mais qui se retrouvera peut-être un jour ou l'autre.

De même pour Lyon sur le Rhône, fondé par Ludgus, treizième roy de la Gaule, l'an 616 de la fondation de la Gaule et 1613 avant Jésus-Christ, et une foule d'autres histoires qui ne doivent pas être prises au pied de la lettre, mais qui méritent un examen moins superficiel que celui qu'on leur accorde généralement.

L'histoire d'Hercule est moins connue. Allant de Gaule en Espagne « pour pilher Gerion, en passant par la Gaule, il vint chez Bebrix, seigneur du pays, il devint amoureux de sa fille Pyrène ». Celle-ci eut... un serpent, et :

De cette race serpentine
Est descendue Mélusine.

Effrayée, Pyrène se sauva dans les montagnes, où elle fut dévorée par les loups.

Les oiseaux fantastiques, les griffons, ne représentent pas toujours *la bête de l'Apocalypse*, comme on le dit si souvent. Avec les premières sculptures gauloises, on les voit déjà apparaître. On en parle encore dans nos provinces, surtout dans les régions maritimes.

Au-dessus des rochers qui portent la cité de Limes, où Féret et Michel Hardy ont retrouvé l'époque néolithique, la superstition locale raconte que les fées y tenaient leur foire. Elles vendaient des plantes surnaturelles, qui guérissaient les maladies du corps et de l'âme, des parfums qui rendaient la jeunesse immortelle, des pierres précieuses, le grenat qui fait braver les dangers, le saphir qui rend chaste et pur, l'onyx qui donne santé et beauté et fait revoir en songe l'ami absent, des oiseaux devins qui s'emparent de la maladie avec un regard, mais qui écartent les yeux de ceux qui doivent mourir, des oiseaux parleurs, etc.

Rien ne manque à la série des superstitions, les fées, les fés, au masculin (au camp du Canada, à Fécamp), le lutin nommé le Nain-Rouge qui répond à l'appel des mots cabalistiques, qui est froid et susceptible et protège contre les accidents ceux qui le respectent, tandis que ses ennemis sont souvent borgnes et boiteux.

Dire que le serpent à tête de bélier n'est connu chez nous que depuis les Normands, ce serait résolument s'inscrire contre l'évidence. Remarquons tout d'abord que si l'on admet que Odin avait enseigné la coutume de brûler les morts, on adopte une date considérablement plus ancienne, puisqu'à Hallstadt nous voyons les Galates arriver en rétablissant l'ancien rite de l'inhumation. Le véritable Odin serait donc en fait celtique. Nous ne discuterons pas cette question, faute d'éléments suffisants ; mais nous retiendrons la date approximative. A défaut de celle-ci, les sculptures romaines nous préviendraient qu'il ne faudrait pas chercher chez les Scandinaves du dixième siècle, ce qu'ils n'avaient pas, ou plutôt ce qu'ils n'avaient plus depuis longtemps.

Le serpent devenant dragon s'il atteint l'âge de sept ans, sans yeux, mais portant sur sa tête un diamant qui l'éclaire, demeurant dans des blocs de rochers et qu'on aveugle en lui dérobant son œil de diamant — les animaux marins qui viennent fasciner les pêcheurs d'Yport — ces sources taries qui viennent parfois se ranimer au printemps et annoncer par là (Fontaine-la-Mallet, Gisors) un renchérissement de denrées — tout cela représente des survivances beaucoup plus anciennes que l'époque piratique. Tout cela se trouve dans le voisinage des rochers à forme bizarre et de dimensions considérables.

Parlerons-nous de Thor et de son marteau ? Le catalogue du château de Saint-Germain avec les gravures et les commentaires qui les accompagnent en dirait beaucoup plus que nous ne pourrions dire ici. Allons d'ailleurs à Saint-Germain-en-Laye, dans cet incomparable musée de nos antiquités nationales.

Dans la salle de comparaison, le grand vase de Gundestrup, sur lequel il nous faudra revenir en détail, et qui mérite certainement une monographie toute spéciale, nous fait voir bien d'autres analogies : le personnage accroupi, à tête cornue, le loup, le sanglier, le serpent, les torques et de nombreux détails, qui paraissent empruntés au séjour de Valhallâ mais qui sont plus anciens que nos poèmes scandinaves, tandis que ces files de guerriers à pied et à cheval, et surtout le sacrificateur, présentent des costumes et un armement dont on ne peut nier la similitude avec des monuments incontestablement très anciens, comme ceux des vallées du Pô et du Danube, si anciens même qu'on se surprend à les croire antérieurs à beaucoup de nos monnaies gauloises.

Le carnyx, ou trompette galate, dans lequel soufflent les trois derniers personnages à droite (Pl. III) ; les boucliers allongés montrent la parenté de ces guerriers du Jutland, les véritables Cimbres, avec les Gaulois représentés sur l'arc d'Orange.

Nous insistons à dessein sur ces exemples, car ils montrent encore une fois combien l'histoire nationale doit gagner à la comparaison de monuments semblables. L'histoire sans l'archéologie semble toujours quelque peu légendaire ; combinée avec celle-ci, ? s'anime, se vivifie, et devient en quelque sorte visible.

C. R. de G. dir.

MUSÉE DE COPENHAGUE

Détails du Grand Vase d'argent trouvé dans le Jutland, à Gundestrup

(Fac-simile au Musée de Saint-Germain)

L'ABBÉ GUILLAUME DE ROZ
ET ORDERIC VITAL

Une des plus utiles applications de la photographie est certainement la conservation du souvenir des découvertes archéologiques. Il y aura tôt ou tard un peu d'exagération dans ce qui formera, un peu hâtivement, de ces grands recueils, où l'uniformité de l'exécution ne comprendra que des classifications apparentes et non réelles; dans les collections dites historiques, où l'on négligera souvent la curiosité archéologique pour la banalité courante. Mais l'amateur pourra toujours réagir contre cette tendance, et conserver des souvenirs précieux.

C'est ainsi que nous recevons avec reconnaissance la photographie, exécutée en 1875, de l'épitaphe de l'abbé Guillaume de Roz, au moment où son tombeau fut exploré à Fécamp, et avant que cette plaque de plomb ne fût remise dans la sépulture. Nous la faisons donc reproduire par l'héliotypie, et nous rappelons les circonstances principales de cette découverte.

M. Leport, dans son ouvrage sur Fécamp, et Adrien de Longpérier, à l'Académie des Inscriptions, en ont donné les résumés les plus exacts.

L'épitaphe sur le plomb relate les circonstances les plus notables de l'histoire de l'abbé Guillaume : d'abord chantre et archidiacre à l'église de Bayeux, puis moine à Caen, enfin troisième abbé de Fécamp, décédé le 26 mars 1107, après avoir gouverné l'abbaye pendant vingt-sept ans et demi et y avoir fait exécuter différents travaux :

HIC IACET ABBAS WILLELMVS : PRIMVM ECCLESIE BAIOCENSIS CANTOR ET ARCHIDIA-
CONVS : DEINDE CADOMI MONACHVS AD EXTREMVM FISCANNENSIS ABBAS TERCIVS : QUOD
PER XXVII ANNOS ET DIMIDIVM OPTIME REXIT : ET ECCLESIAM ATQVE OFFICINAS INTVS
ET FORIS RENOVAVIT : VIR IN OMNIBVS BONI TESTIMONII : HIC OBIIT VII° KAL APRILIS
M° C° ET VII° ANNO AB INCARNATIONE DOMINI SALVATORIS.

Sur la crosse abbatiale, deux anneaux furent trouvés. L'anneau supérieur se brisa, mais on y lisait très bien :

VIRGA CORRECTIONIS.

Sur l'autre, par contre, il y avait :

BACVLVS CONSOLATIONIS.

Après la reconnaissance, et la visite d'un archéologue et de son photographe, l'abbé Lair, chanoine de Fécamp, fit réinhumer pieusement le contenu du tombeau. Une dalle commémorative, dont il rédigea l'inscription, fut placée au-dessus. On y rappelle les noms des membres de la famille des Roz.

Guillaume de Roz, qui fut surnommé la *Jeune fille*, à cause de la fraîcheur de son teint et de la pureté de ses mœurs, était un personnage très estimé, et son élévation rapide à l'abbatiat de Fécamp montre assez la préférence que Guillaume le Conquérant, si difficile en matière canonicale, lui accordait.

Le rôle que Guillaume de Roz eut à remplir dans le grave conflit qui eut lieu à Saint-Taurin d'Évreux, puis sa présence au concile de Lisieux, où d'importantes réformes furent obtenues par le roi Henri, justifient les paroles d'Orderic Vital, historien contemporain.

« Guillaume de Roz, dit-il, clerc de Bayeux, et moine de Caen, fut à la tête de l'abbaye pendant près de vingt-sept ans. Comme le nard mystique, il parfuma la maison du Seigneur par la charité, la libéralité, et toutes sortes de mérites. »

« Au mois de mars, ajoute-t-il (liv. XI), le roi tint une assemblée à Lisieux ; de l'avis des grands, il rendit prudemment quelques lois nécessaires à ses sujets et, ayant calmé les tempêtes de la guerre, il soumit avantageusement la Normandie à la puissance royale. A son retour de cette réunion, Guillaume de Roz, troisième abbé de Fécamp, tomba malade et mourut avant la fin du mois. — Cet homme vénérable, doué d'une grande piété, vécut louablement et excella, depuis son enfance, en toutes sortes de vertus, dont il avait savouré le nectar ; et comme clerc et comme moine, il resplendit devant le monde comme un miroir de bonnes œuvres. Simple néophyte, sous l'habit monacal, il fut mis à la tête de l'abbaye de Fécamp, la gouverna pendant près de vingt-sept ans, et y fit beaucoup d'améliorations au dedans comme à l'extérieur. »

« Beaucoup de personnages illustres et sages, attirés par l'amour qu'inspirait cet abbé plein de douceur, accoururent à Fécamp ; et servirent avec respect, sous lui la souveraine et indivisible Trinité. Ses disciples, amis fidèles, écrivirent sur lui beaucoup de compositions, soit en prose, soit en vers. On fit choix de l'épitaphe remarquable que composa Hildebert, évêque du Mans, et on la grava ainsi sur son tombeau :

« Riche pour les pauvres, abbé dont le nom reste sacré, Guillaume ne fut attaché à la terre que par son corps. A son retour d'Égypte, il quitta librement le désert et se rendit à Jérusalem vainqueur et triomphant déclarant la guerre aux vices, il fit un traité d'amitié durable aux bonnes mœurs, toujours ferme dans l'une et l'autre résolution. A l'instant fatal qui précéda de six jours le mois d'avril, Guillaume rendit son âme au Ciel et ses os à la Terre. »

« Adeline, moine de Flavigny, qui resta longtemps à Fécamp, où il se fit respecter, et qui était profondément instruit dans la double science des dogmes divins et humains, fut attaché jusqu'à la mort à Guillaume de Roz, comme on le voit dans les profonds écrits qu'il a publiés. Il a écrit éloquemment des détails sur sa vie dans les registres de Fécamp ; il a tiré des Saintes-Écritures, pour les orner, cette vie vénérable, de brillantes fleurs dont la vue excite une douce pitié et tire beaucoup de larmes des yeux des lecteurs. »

ÉPITAPHE SUR PLOMB DE L'ABBÉ GUILLAUME DE ROZ, MORT EN 1107.

Orderic Vital, né en 1075, avait assisté à l'ordination du successeur de Guillaume. Il ne nous est donc pas possible de récuser son témoignage, lequel cadre parfaitement avec les données chronologiques de notre inscription.

STATUE DE MARBRE
TROUVÉE A LILLEBONNE

Nous recevons avec reconnaissance une épreuve de la gravure de Mlle Espérance Langlois représentant la statue de marbre blanc trouvée à Lillebonne, et conservée au Musée de Rouen.

Les eaux-fortes des Langlois deviennent rares; et nous nous ferons toujours un plaisir de reproduire celles qu'on voudra bien nous adresser.

Cette statue fut attribuée à Faustine mère par Emmanuel Gaillard de Folleville (voir page 13). Il faut la rapprocher de la statue de la même Faustine exposée au Musée du Louvre (salle de Sévère), et dont la conservation est si parfaite.

Les modernes, dit Emmanuel Gaillard, ont recueilli soixante mille statues dans les ruines grecques et romaines. Mille seulement se sont trouvées être de bronze, toutes les autres étant en marbre (Raoul Rochette, *Cours d'Archéologie*, 1828). Cette rareté des statues de bronze en a élevé le prix parmi nous. De là un préjugé qui donne une sorte de prééminence au bronze sur le marbre, opinion qui me semble fausse et que je dois combattre dans l'intérêt de la statue que je décris. Pour la réfuter, il suffit d'un passage de Pline le Jeune, extrait de la septième lettre du livre IV :

« Couleurs, dit-il, cire, cuivre, argent, or, ivoire, marbre, on met tout en œuvre pour représenter le fils de Régulus ».

Par cette énumération, Pline a évidemment un double but : le premier, de classer les matières par ordre de valeur; le second, par ordre de mérite : celui-ci considéré sans le rapport de la difficulté vaincue. Ainsi couleurs, cire, cuivre, argent, or, voilà l'ordre des valeurs, allant de plus en plus vers la richesse; quant à l'ivoire et au marbre, ils ne surpassent l'argent et le marbre que parce que les procédés de fonte ont dû toujours céder la prééminence au travail si difficile du ciseau.

Mais, dans ce système, m'a-t-on dit, comment expliquer que les fouilles amènent infiniment plus de marbre que de bronze? La matière précieuse, loin d'être si commune, devait être fort rare?

A cette objection, M. Raoul Rochette a répondu pour moi, dans son *Cours d'Archéologie*, pages 190 et suivantes :

« Les Barbares (et combien de barbares depuis les Goths, maîtres de Rome, jusqu'aux Croisés s'emparant de Constantinople) ont respecté les marbres, pour eux sans valeur; et ils ont fondu l'immense amas des bronzes ». Dès lors, ce qui était prodigué aux portes des maisons était devenu très rare.

En effet, le bronze peuplait Rome au moment de la chute de cette ville; sous le consulat de Cassiodore, il y avait plus de chevaux d'airain dans les places publiques qu'il n'en existait de vivants dans le sein de cette ville maîtresse du monde : de même les statues égalaient presque en nombre la population qui circulait dans Rome. Sous la république, comme sous l'empire, les auteurs ne parlent que pillages de temples et de villes; et les Romains, spoliateurs avides, emportent sans cesse des nombres prodigieux de statues de bronze; cinq cents du temple seul de Delphes, sous Néron, et cinq mille d'une petite ville de l'Étrurie.

Toujours les marbres ne purent être taillés que par des peuples riches; c'est ce qui explique pourquoi, dans Herculanum, ville de province, ensevelie et non ravagée par les barbares, les statues de bronze ont été retrouvées en plus grand nombre que les statues de marbre.

Mais, dira-t-on, au milieu de cette multitude de bronze, pourquoi Verrès, Cicéron, Pline, et tous les amateurs de l'antiquité, payaient-ils si cher un bronze?

Ceci demande quelque explication. Pour être péremptoire, ma réponse exige que je jette un coup d'œil sur toutes les époques de l'art.

D'abord la Grèce a tenu le sceptre des arts, et la Grèce fut longtemps un pays pauvre, si pauvre qu'il n'avait à donner aux vainqueurs, dans ses jeux, que des vases formés de la terre la plus fragile; mais la Grèce antique, la Grèce pleine de génie, ornait ces vases de peintures qui font aujourd'hui notre admiration, copies faites sans doute d'après les grands maîtres. Cette indigence dans le choix des matières se retrouve dans les statues de bois. L'accroissement des richesses rendit celles-ci *acrolithes*, c'est-à-dire que l'artiste faisait bien le dieu de bois, mais il lui donnait des pieds, des mains et une tête de marbre. La Pallas de Platée, ouvrage de Praxitèle, était une statue de ce genre, une statue acrolithe, de bois et de marbre; faite dans un temps d'opulence et par un grand artiste, elle était érigée sur un type d'autant plus vénérable qu'il était plus ancien.

Aux statuaires de bois succédèrent les statuaires d'airain; et, quand la fonte vint à être recherchée avec empressement, c'était précisément l'époque où sans être encore fort riche, la Grèce possédait le plus d'artistes habiles. Voulant répandre leurs chefs-d'œuvre, ceux-ci adoptèrent, ainsi que le remarque M. Caylus, les procédés les plus expéditifs, dès lors plutôt ceux de la fonte que ceux du ciseau. Ainsi Lysippe, contemporain d'Alexandre, jetait en fonte six cent dix morceaux de bronze, préférant un travail si rapide à la lente composition des marbres, dont quelques-uns auraient suffi pour consumer sa vie.

Faire vite, faire beaucoup et faire bien, fut donc le caractère de l'époque la plus brillante de l'art, de ce siècle et demi écoulé depuis Phidias jusqu'à la mort de Praxitèle. Cette triple condition, pour être remplie, exigeait l'emploi du bronze de préférence au marbre; de là le haut prix de certains bronzes de l'antiquité. Ce ne fut jamais comme valeur intrinsèque que Verrès paya si cher un morceau de bronze, mais comme l'œuvre de Phidias, de Polyclète, de Lysippe ou de Praxitèle.

Telle serait la position d'un amateur qui, de nos jours, couvrirait d'or un dessin de Raphaël, prêt cependant à convenir que le pinceau l'emporte sur le crayon.

Cela est si vrai que, dans les villes opulentes, comme Athènes, Olympie ou Argos, le peuple, pour des monuments publics, exigea des statues de tout autre matière que le bronze. On sait qu'Athènes avait chargé Phidias du choix de ce qui devait former sa Minerve; l'artiste, voyant que le peuple voulait faire une grande dépense, lui proposa le marbre; il se gardait bien de parler de bronze : le marbre même fut rejeté, comme n'étant pas assez somptueux; et Minerve, comme Jupiter Olympien, fut d'ivoire, drapée et ornée d'or. Argos ne crut pas devoir faire moins pour sa Junon.

Partout ailleurs, il semble que les Grecs, lorsqu'ils ont voulu honorer les dieux, leur ont consacré plus volontiers le marbre que le bronze. Praxitèle fit trois Vénus, deux de marbre et une seule de bronze. Agoracrites et son concurrent Arcamènes firent en marbre leurs statues rivales. Dans Rhamnus, celle d'Apopacrites prit le nom de Némésis, déesse de la vengeance. Phidias, Scopas, Céphisxodore firent aussi en marbre leurs Vénus, à jamais célèbres. La Diane de Ségeste, si fameuse, était-elle de bronze?

D'un autre côté, remarquez que l'accumulation des richesses fit abandonner, dans la Grèce et sous Alexandre, l'usage de décerner aux vainqueurs des jeux ces vases peints qu'Agrigente de Sicile perfectionna, que Nola et d'autres villes de la grande Grèce fabriquèrent jusqu'au moment de la guerre sociale. On préféra partout à à ces prix admirables des vases fastueux; et même, avant de les abandonner tout à fait, on joignit aux peintures monochromes l'emploi de l'or et des décorations en or; enfin, les riches finirent par substituer des matières de haut prix à la terre et à l'airain. Ce qui indique pourquoi tant de vases d'albâtre, de marbre, de jaspe, de porphyre, d'agate et d'onyx. Cet exemple indique la révolution suivie par les statues.

En effet, sous les Césars, Rome, riche des dépouilles du monde, se sentit une telle passion pour le marbre, qu'elle fit copier dans cette matière les plus beaux, les bronzes d'un Lysippe, d'un Polyclète ou d'un Myron; admettant toutefois dans ses temples et sous ses portiques les œuvres originales de ces grands maîtres, mais ne prisant les bronzes contemporains que sous des formes colossales, tels que les lui présenta Zénodore, ou bien dorés, comme l'était la statue de bronze trouvée à Lillebonne, ou ornés d'iris précieux, ou chargés des plus riches ornements; mais quant au marbre elle le demanda aux plus habiles statuaires : témoin ce groupe de Laocoon que Lessing a dit avoir été inspiré par les beaux vers de Virgile. Le marbre eut tellement la prééminence sur le bronze, que Rome en composa ses plus beaux trophées, des chars de triomphe traînés par quatre chevaux, une colonne Trajane, et d'autres ouvrages qu'il eût été plus difficile et moins dispendieux de faire en bronze.

Enfin, sous Claude, la fureur pour les matières précieuses était telle qu'on fut sur le point de dédaigner le marbre lui-même; on fit des statues de porphyre. Jusque sous Adrien ce mauvais goût persista; car Athènes dressa à ce prince deux statues de porphyre. Dégoûtés enfin d'une matière si rebelle au ciseau et de couleurs variées, on ne le fut pas du goût pour la dorure, si peu favorable à l'art, et on dora jusqu'à la chevelure de la *Vénus* que Scopas fit peut-être, et qu'on nomme *de Médicis*.

Comment, après tant de faits qui viennent à l'appui de notre passage de Pline, déjà si plein d'autorité, pouvoir douter que si les habitants de Juliobona demandèrent un marbre de Paros à leur statuaire, ce ne put être que pour obéir au goût de leur siècle épris pour les matières d'une haute valeur, siècle de prospérité qui ne dut être ni voisin de la conquête, ni postérieur aux premières invasions des barbares?

COLLECTION FRÉDÉRIC MOREAU

La collection de M. Frédéric Moreau, rue de la Victoire, 98, à Paris, est des plus remarquables, et probablement même unique.

Sous le nom de la collection Caranda, l'explorateur a réuni une foule d'antiquités des époques préhistorique, mégalithique, gauloise, romaine et surtout des premiers siècles de la monarchie. Rien n'est plus riche que cet ensemble de fibules, d'agrafes, d'épées, de lances, d'angons, de francisques, et les verreries si fragiles provenant des tombeaux d'Arcy (Aisne) et qui ont été fouillées avec une rare persévérance pendant plus de vingt années consécutives par M. Moreau. L'explorateur a pris soin de tenir des registres réguliers de procès-verbaux de chaque fouille et, plus tard, de faire reproduire les objets découverts en grandes dimensions, dans plusieurs albums lithographiés et soigneusement coloriés.

Ce qui frappe tout d'abord le visiteur, c'est la quantité de pointes de flèche en silex qui ont été recueillies parmi les sépultures des guerriers francs, nouvel indice de la longue continuité de l'usage de ces instruments primitifs. Une belle épée, semblable à celle de Childéric, montre une large poignée garnie d'or, non loin de fibules de bronze revêtues de plaques d'argent. Sur des épingles et des bagues d'or et des agrafes de bronze, de grosses verroteries rouges viennent donner leur ornementation caractéristique.

La fin du quatrième siècle est écrite comme date dans l'aspect des fioles à anse, où l'on trouve quelques lettres inscrites, et dans les empâtements en pastilles colorées sur une coupe, qui est peut-être la perle de la collection.

Au point de vue de l'archéologie gauloise, on doit signaler les sépultures des chefs qui avaient été inhumés sur leurs chars, et les immenses vases, dont quelques-uns portent des frettes crénelées et autres ornements géométriques.

Une sépulture de chef est entourée de coquilles d'escargots, une sorte d'incantation sans doute, dont le souvenir populaire n'a pas encore complètement disparu.

On voit que M. Moreau, s'il a attendu longtemps avant de commencer ses fouilles dans l'Aisne (notre honorable confrère est né en 1798), il n'y a rien perdu. Il y a plus de vingt ans de cela, et l'habile explorateur pourrait bien nous faire l'agréable surprise d'ouvrir encore d'autres champs d'études non moins intéressants.

(Cette note était rédigée le soir même de notre visite à cette collection, lorsque, le lendemain, M. Moreau voulut bien nous adresser un résumé sommaire de son Musée. Laissons-lui la parole.)

Collection Caranda. — Le nom de Caranda, que nous avons pris pour désigner notre collection, est celui d'un moulin, sur la petite rivière de l'Ourcq, dans le département de l'Aisne, presque encore à sa source, et c'est sur les terres qui en dépendent, au lieu dit l'*Hommée*, que se trouvaient les ruines d'un monument mégalithique, appelé dans le pays : *Dolmen de Caranda*.

Nous y avons commencé nos travaux dans le courant de l'été de l'année 1873, et c'est après avoir fouillé avec succès le Dolmen, que nous avons continué notre exploration sur les terrains avoisinants. Cette exploration s'est prolongée pendant trois années, et nous a permis de mettre à découvert plus de 2.000 tombes gauloises, romaines et franques. Puis nous avons successivement exploré, dans les arrondissements de Château-Thierry et de Soissons, les autres nécropoles de Sablonnière, Arcy-Sainte-Restitue, Turgny, Breny, Armentières, Chouy, Aiguisy, Nampteuil-sous-Muret, Villa d'Ancy, Chassemy, Cys-la-Commune, Saint-Audebert, Ciry-Salsogne, Parc de Fère et Nanteuil-Notre-Dame.

Le nombre de sépultures que renfermaient ces différentes nécropoles s'élève à 15.000, et aux vases et objets métalliques il faut ajouter des lames, des pointes de flèche, des haches, des grattoires, des nucléus, etc.

C'est la première fois qu'on signalait le silex travaillé dans des sépultures mérovingiennes, et l'*Album Caranda*, qui est toujours à l'affût de ce qui peut intéresser ses lecteurs, avait tenu à consacrer 25 planches spéciales, pour la reproduction des spécimens les plus remarquables, ayant fait partie de cette mystérieuse découverte sans précédent.

Cette abondante récolte d'objets antiques, nous a permis, tout en faisant une large part à notre collection, de pouvoir donner satisfaction aux nombreuses demandes qui nous ont été adressées par des écoles, des collections particulières, des sociétés savantes, et notamment par les villes de Bordeaux, Tours, Senlis, Dax, Reims, Verdun, Bar-le-Duc, Nantes, Rennes, Brives, Pont-Audemer ; à l'École anthropologique de Paris, au Musée pédagogique, rue Gay-Lussac, au Musée d'artillerie, au Musée ethnographique du Trocadéro, à l'École des Chartes, à la manufacture nationale de Sèvres, etc.

Cela prouve évidemment combien aujourd'hui, en France, on s'intéresse à l'archéologie, à ces attrayantes recherches de l'antiquité, et à ces travaux si précieux pour l'histoire et la science qui étaient pour ainsi dire ignorés, il y a cinquante ans, avant Boucher de Perthes et l'abbé Cochet.

Cette générosité de notre part nous a valu cependant quelques objections critiques d'archéologues en renom, qui s'opposent formellement, en général, à toutes dispersions des objets formant une collection. Ils la veulent entière, et telle qu'elle a été recueillie.

Cette sévérité, qui, dans les circonstances ordinaires, peut avoir, sans inconvénient, son application, n'était pas cependant justifiée à notre égard.

Le nombre, toujours croissant, de nos découvertes et des produits qu'elles mettaient journellement à notre disposition, dépassant toutes les moyennes admises, il fallait songer aussi à installer convenablement tous ces produits. Eh bien! malgré les douze salles dont nous pouvions disposer, rue de la Victoire, il ne nous a pas été possible d'y réunir la totalité des objets composant aujourd'hui la collection, et nous avons été obligé d'improviser un dépôt, d'une certaine étendue, sur les lieux même où s'étaient effectuées nos fouilles, c'est-à-dire à Fère-en-Tardenois, notre résidence d'été.

Provisoirement, tous les objets y sont classés dans des vitrines, comme ceux de Paris.

Notre libéralité, qu'on a critiquée alors, avait donc sa raison d'être (la nécessité d'un emplacement), par des objets dont le nombre dépassait nos prévisions, et que nous ne pouvions pas placer dans de meilleures conditions qu'aux soins des établissements archéologiques précités. Disons donc : *Tout est bien qui finit bien!* et restons pleins de confiance dans l'avenir de l'archéologie en France. (F. M.)

Il faut surtout remarquer dans la collection de Paris :

Vitrine 12, quatrième tablette : deux charmants petits vases mérovingiens en terre, incrustés de cinq lentilles en verre, sans précédents.

Vitrine 13, troisième tablette : un remarquable vase gallo-romain, forme bol en verre, orné à sa partie supérieure d'un méandre de deux teintes différentes, brune et bleue, en dessous duquel se détache un semis de douze ronds également de deux teintes. — Curieuse buire en verre, gallo-romaine, à figure humaine.

Vitrine 15 : vingt-six médailles trouvées dans une sépulture mérovingienne, signalées comme des imitations ornementales de monnaies romaines. — Épingle styliforme en argent tenue par une petite chaînette. — Épingle styliforme en argent ornée, à l'extrémité, d'un perroquet. — Cinq bagues gallo-romaines en verre, très remarquables par leurs chatons ornés de figures. — Un bracelet en verre noir, mérovingien. — Un bracelet mérovingien formé de mailles de bronze. — Trois chatons de bagues mérovingiennes en grenat.

Vitrine 18 : une belle poignée de meuble gallo-romain en bronze, formée de deux dauphins affrontés. — Une anse de vase gallo-romain en bronze sur laquelle est représenté un groupe : Deux femmes, l'une et l'autre drapées et casquées avec un bouclier à leurs pieds. Il est facile d'y reconnaître *la Victoire* et *la déesse Roma*. Au milieu, un autel avec des offrandes; au-dessus, le sacrificateur. (Selon M. H. de Villefosse.)

Vitrine 23 : une magnifique épée en fer d'un chef mérovingien, avec une poignée recouverse d'une feuille d'or estampée, se reliant à la lame par une garde en verroteries rouges et vertes cloisonnées d'or; le pommeau se compose d'un large bouton en pâte de verre; elle se termine par un bouterolle d'argent. (Arcy-Sainte-Restitue. Fouilles de 1878.)

Vitrine 24 : deux remarquables umbos de boucliers mérovingiens en fer, avec leur manipule très bien conservé (ce qui a permis à M. Moreau de faire dessiner les boucliers des diverses époques, tenus de manières différentes).

Vitrine 27 : quarante fragments de cercles de roues en fer, provenant de trois sépultures gauloises à char. — Deux anneaux de timon, ou pièces d'attelle. — Une frette en bronze d'une roue de char. — Cinq mors de cheval (filets).

Vitrine 28 : trois vases gaulois, de très grande dimension.

Vitrine 23, étagère : neuf vases gaulois, de très petite dimension, et de forme cornet, très élégants, avec ornements, dont deux rehaussés de couleur rouge. — Sept vases gaulois, de forme carène et cornet, ornés de décors incisés, rehaussés d'une couleur rouge. — Seize grands vases gaulois, ornés de gracieux décors, incisés et rehaussés d'une couleur rouge. (Ciry-Salsogne. Fouilles de 1891-1892.)

Au bas de la fenêtre : pierre tombale mérovingienne, avec l'inscription : *bavdiricvs ic requiscit* XXXIII, trouvée à Arcy-Sainte-Restitue. — Deux pierres tumulaires mérovingiennes de forme bizarre. (Chouy. Fouilles de 1883.)

Vitrine 39, dessus : vase gaulois, orné de décors incisés : hauteur, 0ᵐ 55 ; ouverture, 0ᵐ 29 ; au plus large, 0ᵐ 62. Trouvé aux Grevières de Ciry-Salogne (c'est le géant de la céramique de la collection). — Troisième tablette : vase gallo-romain, à décors de rinceaux et de nombreuses ornementations, entouré de figures représentant un pugilat. — Sixième tablette : un grand vase gallo-romain, forme buire, très élégant, avec ornements en peinture. — Panoplie 34 : vingt-quatre haches franciques provenant des fouilles de Caranda et de Sablonnière. — Panoplie 34 : framée mérovingienne. — Bas de fenêtre : pierre tumulaire ayant servi d'oreiller au défunt (comme dans les tombeaux de nos abbayes du XIᵉ siècle).

Grand escalier : remarquables amphores gallo-romaines, en terre jaune. Deux mosaïques représentant : l'une un éléphant, l'autre un cerf. Deux autres mosaïques représentant : l'une un ours, l'autre un sanglier. (Villa d'Ancy, commune de Limé, près Braisne. Fouilles de 1886, 1887 et 1888.)

Ces indications sommaires ne peuvent donner une idée véritable de la collection. Nous n'avons cité que les pièces qui nous ont frappé particulièrement.

Mais une étude qui est intéressante dans la collection Moreau, c'est celle des pierres naturelles ou taillées ayant servi à indiquer la sépulture (les *témoins*, comme on dit à Lillebonne). On se souvient des meules à broyer et de leurs réceptables des sépultures gauloises de Varimpré (l'abbé Cochet. Forêt d'Eu). Ici on trouve des pierres semblables dans des sépultures du Bas-Empire ; mais M. Daubrée les croit naturelles et en rapport avec les cérithes gigantesques également trouvées dans des sépultures, et qui montrent l'esprit d'observation « de ces populations antiques attirées par des formes bizarres et naturelles, auxquelles elles attribuaient peut-être certaine vertu ». Quoi qu'on en pense, de ces meules à broyer ou de ce qui y ressemble, il faut noter avec soin les observations de M. Moreau et de M. Quicherat sur d'autres pierres, de forme étrange, couchées à plat dans plusieurs sépultures, à l'endroit des pieds « qui ont été recueillis à cause de leurs découpures singulières — et régularisées. Il y en a en forme de biche, d'autres en forme de lance, de boule-dogue, de monstre marin, une en forme de tête sur les épaules, une en forme de l'écusson dit en cartouche, etc. La hauteur de ces objets est de 0^m 35 à 0^m 60. C'est une circonstance qui n'avait point encore été observée dans un cimetière mérovingien ».

Vertus des pierres. — Des observations comme celle de M. Moreau offrent un très grand intérêt pour nous, qui aimons à suivre dans le moyen âge les survivances. Il est vrai qu'au quinzième siècle, et même au treizième (voir Joinville), où nous trouvons des documents écrits, les chercheurs de pierres curieuses ou philosophales devaient avoir à surmonter un travail intellectuel des plus pénibles pour pouvoir s'expliquer toutes ces révélations bizarres de pierres naturelles, de pierres sculptées de fossiles, d'amulettes — que le hasard venait de temps à autre leur mettre sous les yeux — quand la géologie, envers laquelle les antiquaires d'aujourd'hui se montrent si souvent ingrats, n'avait encore rien fait pour les aider à se débrouiller. Mais enfin, prenons un ouvrage qui nous paraît maintenant des plus naïfs, et essayons de comprendre : La mer des histoires, traduit du latin de l'Epitome de Jean Columna. (Paris, P. Lerouge, 1488, 2 vol. in-folio.)

Ces pierres guérissent :

La pierre de la planette Jupiter a ymage d'homme qui tient la teste de mouton.

La pierre de la planette Mars est d'ung homme armé ou d'une vierge vestue de larges vestemens tient ung rain d'olivier.

La pierre de Vénus (palme) donne victoire aux princes.

La pierre de Mercure a esles es piés.

La pierre qui a dos de serpent, d'une buire, et dessus la queue un corbeau fait l'homme riche et saige.

La pierre où il y a un homme qui tient un serpent en sa destre main, cette pierre délivre de venin et préserve et garde d'empoisonnement.

Un peu plus tard, on avait mieux *classifié* la valeur des pierres précieuses. Les archéologues de la Renaissance achetant très cher les pierres sculptées qu'on découvrait encore dans l'ancienne Gaule, on se rabattait sur les vertus minéralogiques de chaque pierre prise en particulier. Parmi les innombrables traités manuscrits de cette époque, on trouve de nombreuses indications sur les vertus des pierres de toutes espèces.

Le Rubis. — Fortifie le cœur, garantit de la peste et de la foudre, arrête les flux de sang.

L'Émeraude ou la Turquoise. — Guérit les piqûres de vipères ou les empoisonnements. Il suffit de les présenter aux vipères pour leur crever les yeux. En y fixant les yeux, on se fortifie la vue.

Le Diamant. — Guérit les coliques et l'épilepsie.

La Cornaline. — Il y a plusieurs espèces de cornaline : l'une guérit la colère ; l'autre, qui est cristallisée en forme de chair à raies, arrête les hémorragies ; la troisième, réduite en poussière, guérit des maux de dents.

L'Hématite. — Délivre de la goutte et facilite les couches. Sert de contre-poison, lorsqu'il est employé en poudre avec du lait.

L'Émeril. — Guérit les plaies et aussi les maux d'estomac.

Le Lapis lazuli. — Réduit en poudre, guérit les ophtalmies (souvenirs d'Égypte).

Le Jeschm on Jade. — Éloigne la foudre et les mauvais rêves.

Le Jesb. — Autre espèce de jade, qui sert dans les maux de gorge et d'estomac.

Le Cristal de roche. — Éloigne les mauvais rêves.

Le Rubis. — Porté au doigt, fait paraître plus grand que nature.

L'Émeraude. — Éloigne les démons et les mauvais esprits.

L'Œil-de-chat. — Préserve des mauvais regards et rend invisible.

La Turquoise. — Garantit des disgrâces et de la mort.

L'Émeraude. — Fait découvrir le mensonge, sauve dans la tempête, et donne des idées de vertu.

Le Saphir. — Raffermit les membres, protège contre les traîtres, les envieux, guérit de la peur. Rend chaste et pur.

Le Jaspe. — Neutralise l'effet du poison.

L'Agate. — Fortifie la vue, apaise la soif, peut rendre invisible.

Le Béryl. — Rend amoureux. Mouillé, il guérit des passions amoureuses.

L'Onyx. — Donne santé et beauté ; fait voir en songe l'ami qu'on a perdu.

L'Aimant. — Donne force et pouvoir ; protège contre les mauvais songes, les fantômes et guérit du poison. Il faut le monter en or ou en argent et le porter au bras gauche.

L'Or, mêlé aux boissons, *possède toutes les vertus.*

Ce résumé montre où l'on en était arrivé au milieu du seizième siècle. Les traditions des Gaules, celles des Arabes et celles de l'Orient formaient alors un ensemble des plus captivants pour l'imagination des philosophes curieux des grands secrets de la nature. Des études comme celles de M. Moreau, sur les anciennes sépultures de l'Aisne, comme celles de M. Bertrand, sur les tombeaux mégalithiques, nous offrent d'anciennes données qu'il est intéressant de faire suivre par les traités empiriques du quinzième et du seizième siècle.

De telles observations ont longtemps échappé aux prédécesseurs de ces savants ; mais, aujourd'hui que les traditions ont un rôle si marqué dans les études historiques et ethnographiques, on ne peut que savoir gré à ces patients archéologues d'avoir pu réussir à nous donner des documents qui sont probablement la véritable base de l'histoire de la science des minéraux, laquelle, sous tant de noms différents, a joué un si grand rôle dans les phases successives de nos connaissances des secrets de la nature.

MUSÉES, CHRONIQUE, BIBLIOGRAPHIE

Musée du Trocadéro. — Les antiquités
du Guatémala et du Honduras sont représentées par des énormes moulages exécutés
par M. A. Maudslay et donnés par le duc
de Loubat. Le bois sculpté connu sous le
nom de « Tortue de Quirigua » provient
du Guatémala. L'autel cubique et la grande
stèle de Coban (Honduras) montrent des
sculptures supérieures à ce qui nous vient
généralement du centre de l'Amérique et
du Mexique. La stèle qui a au moins dix
pieds de hauteur montre, sur deux faces,
l'effigie gigantesque d'un personnage assez
bien sculpté et d'un aspect un peu égyptien.
Sur les deux autres faces, il y a des lignes
de sujets hiéroglyphiques, dont l'explication nous paraît encore fort éloignée.

L'administration du Musée du Trocadéro
continue à faire passer sous les yeux des
visiteurs les intéressants portefeuilles de la
direction des Beaux-arts, où se trouvent les
réductions des peintures murales de la
France.

Les élévations de M. Denuelle montrent
les détails de la danse macabre de la chapelle de Kermaria-en-Plouha (Côtes-du-
Nord), en six cadres. Deux de ces cadres
montrent, sur les travées, des personnages
tenant des phylactères, et d'une bonne exécution. Sur les quatre autres, on aperçoit,
entre des lignes de colonnettes, une danse
macabre où chaque personnage tenant la
main du personnage suivant, l'ensemble
forme une chaîne beaucoup plus animée
qu'aux danses macabres de Saint-Maclou
(Rouen) et de Marienkirche (Berlin).
Comme dans cette dernière, il y a, sous les
personnages, des discours en vers :

(Le mort)
Venez noble roy couronné
Renommé de force et prouesce
Jadis tout environné
De grans pomppe de grans noblesce
Mais maintenant toute hautesce

Laisserez ; vous n'estes pas seul
(?) aurez de vostre richesce
Le plus riche n'a que ung linceul

(Le roi)
Je nay point appris à dancer
A dance et note si sauvage
Hélas on peut voyer et panter
Que vault orgueil force lignage
Mort détruit tout, c'est son usage
Aussi tost le grant que le mandre
Qui mans se prise est sage
A la fin faut devenir cendre.

La voûte de la chapelle Saint-Jean, du
Palais des Papes, à Avignon, montre de
jolies peintures du xvie siècle, où le bleu
domine. Les évangélistes sont représentés
ici par les figures des personnages. D'autres
peintures du Palais des Papes représentent :
chapelle Sainte-Marthe — saint Martial
confère les ordres sacrés à Aurélien. —
Églises dédiées par saint Martial en l'honneur de Dieu et de divers saints. Ces églises
sont représentées avec leur indication :
Agen, Toulouse, etc. ; quelques-unes avec
leurs fenêtres cintrées, d'autres surmontées
de tours crénelées sans flèches, l'une, Saint-
Étienne (Agen), avec des voûtes domicales
et un édifice principal de forme cylin-
drique.

M. Denuelle a aussi représenté le porche
de l'église Notre-Dame-des-Dômes, à
Avignon. Il y a aussi de beaux détails
de la chapelle de Villeneuve-lez-Avignon
(xive siècle).

M. Marcel Nouillard a relevé le détail
des peintures du Triforium de l'église
Saint-Sauveur aux Andelis, à l'échelle du
dixième. Les personnages sont très nombreux et représentés en couleurs brillantes.
Leur caractère individuel fait penser à des
portraits d'après nature.

Dans la salle de travail et de la Bibliothèque du Musée du Trocadéro, on a exposé
un calque de l'ancienne peinture, repré-

sentant, beaucoup plus grossièrement, le « Dit des trois morts et des trois vifs ».

Cours du Trocadéro. — M. de Baudot continue son cours sur l'Architecture française, avec projections photographiques, le jeudi à deux heures et demie.

École du Louvre. — Le cours de M. G. Lafenestre sur l'histoire de la peinture continue avec le même succès. Plusieurs séances ont été consacrées à l'étude des anciens maîtres à Venise. A la fin du xive siècle les peintres y sont assez modestes. Ils s'intitulent tous : peintres des saints, en rappelant souvent le nom de leur père, et en continuant à suivre les vieilles traditions byzantines qui se transforment très lentement. Certaines compositions sont à peine modifiées depuis le ve siècle. Les éléments familiers un peu orientaux marquent ce que l'influence vénitienne doit marquer sur l'art vénitien.

La direction française des Beaux-Arts a possédé de nombreux spécimens de l'ancien art des primitifs, en grande partie recueillis par Campana. On doit regretter la distribution qui a été faite de 1872 à 1875 d'une grande partie de ces tableaux, qu'il faut chercher à retrouver dans une foule de musées secondaires, où ils ne sont pas toujours appréciés suivant leur véritable mérite. Ces séries comprenaient des pièces qui s'éclairaient les unes par les autres, et dont en somme la dispersion n'est pas heureuse.

Un autre reproche qu'on doit adresser aux administrations, même des plus grands musées, c'est de n'avoir pas toujours respecté la forme même des anciennes peintures. Si l'on veut bien admettre que, dans beaucoup de cas, le travail de sculpture ayant encadré la peinture, était considéré comme faisant partie de la composition, au point que sculpteur et peintre mettaient chacun leur signature, il faut convenir que la destruction de ces cadres est une sorte de barbarie. Or, trop longtemps on a considéré la peinture comme devant être rigoureusement carrée pour orner les murs d'un musée... et on a agi en conséquence. C'est avec un sentiment des plus pénibles qu'on constate qu'une grande moitié de nos tableaux, les plus anciens et les plus fameux, ont été ainsi *équarris* avec l'esprit de sys-

tème le plus méthodique et le plus tranchant.

Ce n'était pas assez que de détruire la sculpture qui entourait les peintures des primitifs. On corrigea les formes ovales ou circulaires de beaucoup d'œuvres capitales ; parfois on rajouta des pièces dans les fonds du haut ou des côtés. Presque chaque tableau provenant de Versailles ou de Fontainebleau a dû subir quelque traitement de ce genre.

L'examen que fait M. Lafenestre des peintures du xive siècle est vraiment des mieux étudiés et des plus intéressants. Ce qu'il a fallu de déplacements, de recherches pour arriver à grouper les séries et à les apprécier, représente une somme de travail considérable, qu'un faible résumé ne pourrait qu'imparfaitement faire comprendre.

M. Reinach a rappelé la fondation de l'Académie Celtique, devenue depuis la Société des Antiquaires de France. La celtomanie avait dépassé le but, en voulant réclamer une influence beaucoup trop grande et surtout en adoptant des analogies linguistiques souvent forcées.

Legrand d'Aussy, mort avant d'avoir pu rassembler le résultat de ses études, avait pourtant montré la bonne voie dans ses « Anciennes Sépultures nationales de la Gaule ». De nos jours, on a repris cette idée, émise il y a quatre-vingts ans, que les Francs, en venant en Gaule, retournaient peut-être à leur point de départ, et la *Revue Celtique*, ravivée en 1871 par M. de Barthélemy, fait plus d'un rapprochement intéressant.

On doit au comte de La Borde (1773-1842) d'importants ouvrages, qui sont dignement continués dans sa famille. Il faut aussi associer son nom à la fondation du Comité des travaux historiques, et à celui de Le Noir qui eut de si bons collaborateurs pour son album des monuments français.

Des travaux considérables avaient été projetés dès le siècle dernier, mais ils sont encore restés très incomplets. En attendant, la *Revue des Sociétés savantes* et des publications analogues ont rendu de très grands services. On y trouve des analyses bien soignées.

Les Répertoires archéologiques des départements et *le Recueil des Sarcophages chrétiens* ont donné de meilleurs résultats que la Bibliographie des Sociétés savantes.

La tendance à la généralisation est peut-être l'écueil de beaucoup de ces travaux. La même histoire s'écrit un peu différemment de province à province; en faire le résumé n'est pas chose facile. Et puis que de faits insuffisamment exposés, ou exposés avec une exagération locale trop marquée!

Il fallait peut-être la nouvelle science du préhistorique, comme on l'appelle encore, tout en n'admettant plus l'exactitude de ce mot, ou de *l'archéo-géologie*, comme on a essayé de l'appeler, pour supprimer les réclamations locales et tailler des grandes lignes par toute la Gaule. Ce qui a été popularisé par la persévérance de Boucher de Perthes, et reconnu avec plus de critique par Lartet, a fait école cependant; mais on a vainement essayé d'étendre l'application des mêmes faits à d'autres régions beaucoup trop éloignées. On n'a pu écrire l'histoire des civilisations par la description de couches stratifiées qui rappellent trop la géologie d'il y a quatre-vingts ans, laquelle, il faut l'avouer, n'a pas fait partout de grands progrès.

Le Musée de Saint-Germain permet d'étudier les industries primitives de l'homme.

Le professeur nous permettra de citer sa *Description Raisonnée*, vol. I. Époque des alluvions et des Cavernes (Firmin-Didot), à laquelle il faut recourir et qui renferme un véritable monde d'informations. M. Reinach a mentionné avec éloges *le Préhistorique*, de Gabriel de Mortillet.

Lartet a été un bon guide, comme les étiquettes autour de la salle 1 nous le montrent : Époque contemporaine des animaux disparus, époque contemporaine des animaux émigrés; voilà une classification modeste et pourtant bien claire. A défaut d'une visite à Saint-Germain, nous engageons nos lecteurs à relire les Catalogues raisonnés de M. Reinach, et les ouvrages de M. Alexandre Bertrand : « La Gaule avant les Gaulois » et « l'Archéologie Celtique et Gauloise » (Paris, E. Leroux).

Nos professeurs rendent donc un plein hommage aux écoles anthropologiques qui se sont occupées spécialement de ces civilisations primitives. Lorsqu'elle a fait de l'archéologie la science surtout de l'histoire de l'art, quittant le domaine de l'histoire naturelle proprement dite, l'histoire devenant en fait plus progressive a créé une science pleine d'intérêt, riche en souvenirs, féconde en résultats. L'homme n'est plus une monade ethnographique, victime résignée, subissant les intempéries et les privations, mais un esprit qui perfectionne ce qu'il a reçu et pour lequel, comme Longfellow l'a si bien dit :

> Chaque soleil levant doit venir éclairer
> Un nouveau pas vers l'idéal.

Les travaux de Caumont, de Mérimée, de Cochet, de Longpérier, de Worsae, de John Evans, de Bertrand, et du vénérable et actif doyen M. Frédéric Moreau, qui va compléter cette année son centenaire, sont sous les yeux de chacun de nous. Ceux-là sont nos véritables maîtres. Aussi avec quel plaisir les entendons-nous tous rappeler aujourd'hui; avec quelle joie la plupart d'entre nous ne se souviennent-ils pas de leur enseignement et de leurs encouragements!

Il faut citer la création de deux grands centres d'étude : le Musée de Mayence et le Musée de Saint-Germain.

La querelle d'Alésia a marqué une étape fort intéressante dans l'étude des antiquités nationales.

Alaise, en Franche-Comté, a montré des souvenirs incontestablement gaulois. Oui, certes. Mais à Alise-Sainte-Reine on est à une époque moins ancienne, on se trouve à l'époque de transition marquée par les guerres de César. Cette opinion, émise par M. Coynard avant 1856, fut longtemps combattue; mais les fouilles du colonel Stoffel vinrent la confirmer. Alors qu'à Alésia on trouve des vestiges datant de plusieurs siècles avant César, à Alise tout est contemporain de la défaite de Vercingétorix.

Cette constatation permet de beaucoup mieux comprendre ce qu'il faut entendre par l'expression *époque gauloise*. En la rapprochant d'importantes découvertes faites à Hallstatt et ailleurs, on entrait dans une voie où les progrès ont été des plus rapides, si rapides même qu'on a peine à les suivre et que, la carte de l'Europe à la main, on a presque chaque année une modification importante à noter, un texte ancien à mieux interpréter.

Nous craignons de mériter quelques reproches en ne nous bornant pas à une stricte analyse des cours du Louvre. Mais ce que nos professeurs omettent de dire, et ce que nous savons tous, leurs livres nous l'enseignent, c'est la part considérable qui leur revient dans toutes ces découvertes, et surtout dans la manière de les comprendre.

Le jeudi 28 janvier, M. Émile Boudier a soutenu deux thèses de démotique intitulées :

« Un contrat inédit du temps de Philopator ».

« Métrique Démotique ».

Dans cette dernière thèse, M. Émile Boudier expose sa découverte, du mètre des vers égyptiens et de toutes les règles de prosodie démotique.

Le jeudi 4 février, M. André Faure, pasteur de l'église réformée, a soutenu une thèse de Droit égyptien ayant pour titre :

« Le mariage, sa validité, ses effets, sa dissolution dans les différentes phases du vieux droit égyptien ».

Ces thèses ont été accueillies par les notes les plus élevées, ce qui porte encore deux nouveaux élèves à la liste des diplômés de démotique, de copte, de droit égyptien, liste déjà longue puisque M. Révillout est le plus ancien des professeurs de l'École.

En effet, si nous voulons faire l'historique des chaires de l'École du Louvre, nous voyons : en 1881-82, M. Révillout chargé par M. de Ronchaud de fonder l'École du Louvre, commencer ses cours dans les salons de la Direction, après s'être assuré le concours de M. Ledrain, pour les leçons d'épigraphie sémitique et d'archéologie assyrienne.

En 1882-83, dans le premier semestre, l'École du Louvre, ouverte officiellement, installée dans les locaux actuels, compte quatre professeurs : M. Révillout, chargé de trois cours ; M. Ledrain, de deux ; M. Bertrand et M. Pierret, chacun d'un, et l'affiche annonce la fondation d'une nouvelle chaire, dont le titulaire devait être M. Ravaisson. C'est cependant M. Heuzey qui en prend possession dans le second semestre, et M. Heuzey a pour suppléant M. Pottier.

En 1886-87, un nouveau cours, celui de M. Lafenestre, est créé.

L'année suivante (1887-88), l'école ouvre, dans le premier semestre, un cours d'histoire de la sculpture du moyen âge et de la Renaissance, et en charge M. Courajod ; à ce moment, au deuxième semestre, nous enregistrons la mort de M. Ronchaud ; les nominations de M. Kaempfen à la direction des Musées, et de M. Molinier à une chaire d'histoire des arts appliqués à l'industrie.

Enfin, en 1896-97, M. André Michel remplace M. Courajod, décédé, à la chaire d'histoire de la sculpture du moyen âge et de la Renaissance, et M. Salomon Reinach supplée M. Bertrand au cours d'antiquités nationales.

M. Révillout entreprend cette année à ses cours de droit égyptien (1er et 3e samedis de chaque mois), l'étude des actions en justice.

Après avoir exposé dans un brillant cours d'ouverture l'ensemble de la question, le professeur a étudié dans les leçons suivantes, les crimes contre l'état, les crimes de lèse-majesté, en faisant défiler devant nos yeux les causes célèbres d'il y a 3000 ans, avec leur procédure spéciale, leur instruction secrète, et leurs tribunaux d'exception.

C'est encore le droit qui est le sujet des autres cours du samedi (2e et 4e samedis), avec l'étude philologique des Rescrits d'Haemheb et des Prostagma d'Éléphantine.

Au cours de philologie démotique du lundi, M. Révillout ayant terminé la traduction du décret de Rosette (version démotique, grecque, versions hiéroglyphiques de Rosette et de Naucratis), continuera l'étude des trilingues, par le décret de Canope, les rituels hiéroglyphico-démotiques et les papyrus démotiques à transcriptions grecques de Londres et de Leyde, sans pour cela interrompre la traduction du texte littéraire des « Entretiens philosophiques de la Chatte éthiopienne et du petit chacal Koufi ».

Les leçons de copte ou de hiératique du mardi sont consacrées à la traduction de la « Vie des patriarches et d'une série de lettres hiératiques adressées à un jeune sous-préfet », le petit-fils du grand poète Pentaour, lettres qui ont été le sujet du cours d'ouverture générale.

Leçons avec projections. — M. E. Pottier

et M. S. Reinach ont illustré leurs leçons au moyen de la projection de vues photographiques.

En faisant passer les projections photographiques devant l'auditoire, M. Reinach a insisté sur les découvertes de M. Piette. Une figurine de femme, au type brachycéphale très prononcé, a surtout attiré l'attention. Les abris sous roche et les instruments nombreux de l'époque néolithique ont fait l'objet de nombreuses observations.

Dans la deuxième séance de mars, M. Pottier a analysé les peintures des vases grecs de la première moitié du ve siècle. Il a montré que les mouvements traduits plus tard par les sculpteurs avaient été indiqués par les peintres leurs prédécesseurs. Et il n'est pas téméraire de supposer que souvent les vases ne faisaient que reproduire les mêmes sujets peints sur une grande échelle. Les costumes des Amazones par exemple, figurés sur des vases des musées de Londres et de Baltimore, avec des bariolures caractéristiques, devaient avoir été empruntés à des grands tableaux.

Le professeur a fait remarquer les différences considérables que l'on constate entre des œuvres presque contemporaines, nouvelle preuve de transformations continuelles et rapides chez les artistes grecs.

Des découvertes récentes à l'Acropole ont fait modifier la chronologie de quelques attributions. Celles des œuvres du peintre Hiéron doivent être reculées, contrairement à l'opinion des auteurs qui en font le contemporain d'une période de décadence. Des projections choisies spécialement ont fait voir que cet artiste n'avait pas mérité toutes les critiques qu'un historien de l'art, des plus sérieux cependant, lui a adressées.

Mosaïque trouvée en Palestine. — Le R. P. Cléopas, secrétaire du patriarche de Jérusalem, a découvert à Madaba, sur les bords du Jourdain, une mosaïque reproduisant la géographie de la Palestine et d'une partie de la Basse-Égypte, c'est-à-dire les régions où se sont déroulés les événements rapportés par la Bible. Les montagnes, les fleuves, les villes y sont désignés par des légendes grecques. Quelques détails pittoresques, arbres, poissons, bateaux, y ont été ajoutés par le mosaïste. Les villes sont représentées par de petits édifices, comme dans les cartes de Peutinger. Les obélisques d'Ascalon, la place ovale de Lydda, la grande rue de Gaza, une vue cavalière de Jérusalem, sont à signaler comme particulièrement dignes d'attention.

Musée de l'Université de Christiania. — Dans les anciennes *Sagas*, on voit de temps à autre la mention de guerriers enterrés avec leurs navires, pendant la période des *Viking*, c'est-à-dire du viie au xe siècle environ.

Ainsi on raconte que Haakon le Bon, après avoir vaincu les fils de Gunhild, fit traîner sur la plage les vaisseaux qu'il avait pris. On y plaça les morts, et on amoncela, au-dessus, des pierres et de la terre.

A Tune, non loin de Frederiksstaad et de la Visterfio, l'exploration d'un tumulus fit reconnaître les bois d'un navire, où il ne manquait que les parties élevées. Les bordages sont de la forme dite *à clin*, comme les barques d'Étretat. Le gouvernail était placé sur le côté. Dans l'intérieur de l'embarcation, on recueillit une quantité de débris et d'ossements, des perles en verre coloré, de l'étoffe, et quatre fragments de bois tourné, les débris sans doute d'une selle, un patin à neige, un amas de fer, dans lequel on crut reconnaître une épée et un bouclier. Parmi les ossements, on reconnut les squelettes d'au moins deux chevaux.

Ainsi le guerrier avait été inhumé dans un navire, avec ses armes, ses patins et ses chevaux. Ceci rappelle la cérémonie funèbre de Harald Hildetand, qui périt à la bataille de Bravalla. Sigurdh donna ordre que le corps du roi défunt fût déposé dans un tumulus, avec le chariot que celui-ci avait monté pendant la bataille. Le cheval fut tué et Sigurdh sacrifia la selle de son propre coursier, afin que Harald pût choisir, s'il voulait se rendre au Valhalla à cheval ou en chariot.

Cette ancienne nef est exposée dans le musée de l'Université de Christiania.

Musée d'artillerie de Paris. — Comme au musée de Christiania, nous avons des débris d'anciens navires et des armes. Mais celles-ci sont à feu, et les fragments ont été arrachés aux alluvions de l'embouchure de la Seine. Tout d'abord on avait rencontré les carcasses de deux navires enfouis dans la vase, à l'entrée du chenal établi par le roi François premier pour communiquer avec l'ancien *havre de grâce* situé dans les marais d'Ingouville.

Un peu plus tard, on recueillait une autre quille de bateau contenant une petite pièce d'artillerie, longue de soixante centimètres. Les frettes, en fer forgé, sont au nombre de cinq : l'avant-dernière porte deux oreillons qui servaient vraisemblablement à suspendre la pièce. Un peu en arrière, la lumière contenait encore, au moment de la découverte, une mèche, dont les fibres, toujours tenaces, étaient parfaitement reconnaissables.

La pièce était encore chargée de poudre presque jusqu'à la gueule. Près de la pièce se trouvait un boulet en granit taillé, de huit centimètres et demi de diamètre. Dans la même épave, il y avait encore plus de soixante autres boulets de tout calibre en fonte et en pierre.

Une énorme roue, de 1 mètre 60 de diamètre, était entourée de bandes de fer. La plus curieuse trouvaille fut celle d'un soulier à trois crevés.

Musée de Saint-Pétersbourg. — La galerie de tableaux de l'Ermitage de Saint-Pétersbourg est une des plus belles du monde. Son origine date des premières années du règne de Catherine II.

Cette illustre souveraine fit acquérir trois collections considérables qui ont servi de base à ce musée. En 1779 fut achetée la collection du comte Henri de Brühl, premier ministre d'Auguste II, roi de Pologne et électeur de Saxe, dans laquelle se trouvaient des tableaux magnifiques, par exemple : « Persée et Andromède », par Rubens ; le « prince d'Orange et de Nassau », par van Dyck ; ceux de Ruisdaëls et plusieurs autres. Bientôt, en 1771, Catherine II acquit la galerie Crozat, baron de Thiers, à Paris. Cette collection fournit à l'Ermitage encore un plus grand nombre de tableaux précieux que celle de Brühl. Nous citons les plus remarquables : « la Madone avec saint Joseph imberbe », par Raphaël, et « saint Georges », par Raphaël ; plusieurs de van Dyck et de Rembrandt, dans le nombre la célèbre « Danaë » (n° 802) et « la Sainte Famille ». — En 1779, l'impératrice réunit à son musée les trésors de lord Walpole,

galerie qui fut acquise pour la somme de 35.000 livres. Parmi les tableaux de cette galerie, il s'en trouvait plusieurs de Rubens, dont le « portrait de sa femme Hélène Fourment » ; « la Madone aux perdrix », par van Dyck ; « l'Assomption de la Vierge », par Murillo, et « le Sacrifice d'Abraham », par Rembrandt.

Outre ces chefs-d'œuvre, il y a encore d'autres excellents tableaux qui furent acquis sous le règne de Catherine, par exemple « le Repos en Égypte », par Murillo ; « Abraham recevant les trois anges », et une jeune femme avec des fleurs nommée « Saskia », par Rembrandt.

Sous l'empereur Alexandre I, l'année 1815 fut particulièrement féconde en acquisitions. On acheta, pour la somme de 940.000 francs, 38 tableaux du musée de la Malmaison, formé par l'impératrice Joséphine. Nombre de ces tableaux, provenant de la collection du landgrave de Hesse, à Cassel, avaient été enlevés par les Français, en 1806. Parmi ces tableaux il faut nommer particulièrement « la Descente de croix », par Rembrandt.

En 1036, sous le règne de l'empereur Nicolas, on acheta « la Madone d'Alba », par Raphaël, et, dans les années suivantes, nombre de tableaux remarquables de maîtres italiens et espagnols, parmi lesquels, en 1852, le beau tableau « Saint Antoine de Padoue », par Murillo.

Jusqu'à nos jours la galerie fut enrichie par des acquisitions importantes, de manière qu'on y trouve aujourd'hui toutes les écoles de peinture. L'art de Rembrandt, dont la galerie ne possède pas moins de 41 tableaux, presque tous des chefs-d'œuvre, y est représenté d'une manière grandiose. Près de lui brille Murillo par des œuvres excellentes, d'une qualité qu'on ne peut admirer qu'en Espagne. Raphaël, van Dyck et Rubens sont aussi représentés par des tableaux de premier ordre.

Villes anciennes de l'Asie ensevelies sous les sables. — Une intéressante exploration se poursuit dans le grand désert de Gobi. Par suite de vents nouveaux, déplaçant de grandes masses de sable, les explorateurs ont pu reconnaître plusieurs villes antiques, dont on a commencé à dégager les maisons. Des peintures brillantes ornent les crépis intérieurs des constructions, qui paraissent au moins contemporaines de notre époque de Charlemagne.

Les constructions du Château-Gaillard. — Une discussion vient d'avoir lieu à l'Académie des inscriptions, à propos du Château-Gaillard, élevé au Petit-Andeli par Richard Cœur de Lion. Ce roi avait dû y mettre beaucoup d'attention personnelle, car il étudiait Végèce pendant la construction, et en même temps il donnait à son donjon la forme d'un véritable bastion. Dans un de nos meilleurs ouvrages, qui est trop rarement consulté, l'*Histoire du Château-Gaillard et du siège qu'il soutient contre Philippe-Auguste*, Rouen, 1829, in-4, A. Deville rappelle que Richard avait dû connaître une disposition analogue déjà mise en œuvre à Cherbourg, du moins pour ce qui concerne le rapprochement des tours « tellement multipliées que de l'une à l'autre il y avait à peine place pour étendre la pique d'un soldat ». L'auteur de cet ouvrage ayant dédié son livre à Guillaume de Passavant, mort en 1186, il cite donc un fait plus ancien. Il nous reste à connaître la *forme* de ces tours; non pas qu'il n'y en a jamais eu de rondes auparavant, ce qui est insoutenable, mais parce que celles de Cœur de Lion ne sont ni rondes ni carrées, mais en forme de courbes rapprochées contre la courtine.

Traditions et Revues. — M. J. H. Stevenson publie les *Notes and Queries* d'Édimbourg, sous le titre de : The Scottish Antiquary, chez Geo. P. Johnston, Édimbourg. On y remarque d'intéressantes phototypies du comte d'Argyll, le héros de Jeanie Deans, de son successeur, et aussi des anciens billets des banques d'Écosse.

On compte maintenant plus de vingt recueils semblables, publiés dans de nombreuses provinces de la Grande-Bretagne. Les traditions locales y prennent une place de plus en plus marquée.

Les *Notes and Queries* de Londres demandent des renseignements sur le vicomte de Courtivron, l'origine du coq gaulois, les Demidoff-Bonaparte, et publient d'excellentes notes sur Cymbeline et Caradoc.

Citons aussi les recueils du Berkshire (G. F. Tudor Sherwood, 6 Fulham Park

road, Londres); les « Bye-Gones » (Elliot Stock, Londres); les « Cymru Fu » du pays de Galles (Weekly mail, Cardifl); « East Anglian » (Ipswich, Pawsey et Hayes); « Fenland » (le Rev. M. D. Sweeting, Market-Deeping); « Gloucestershire » (W. P. Phillimore, 12, Chancery lane, Londres; « Hants » Hampshire observer, Winchester); « Leicestershire » illustré (J. et T. Spencer, Market Place, Leicester; « Lincolnshire » (W. K. Morton Horncastle); « Northamptonshire » (Taylor et son, Northampton); « Somerset and Dorset » (F. W. Weaver, Milton Clevedon, Evercreech, Somerset); « Notts and Derbyshire » (Frank Murray, Derby); « Shropshire » (7, The Square, Shrewsbury); « Wiltshire » illustrée (C. I. Clarck, 4, Lincolns, Inn Fields, Londres). La littérature et les ballades populaires, ainsi que les traditions et les dialectes, d'origines diverses, font de ces recueils un vaste champ d'études ouvert à de nombreuses classes de lecteurs.

Camulogène et Labiénus. — Dans une *Histoire de la ville de Paris*, en cours de publication (Firmin-Didot), M. de Ménorval étudie à nouveau l'emplacement du champ de bataille où combattirent Labiénus et le vieux chef Aulerque Camulogène. Sans se laisser entraîner par des étymologies décevantes, comme quelques-uns de ses prédécesseurs, M. de Ménorval arrive à la conclusion que la bataille a eu lieu à peu de distance de Lutèce, sur la rive gauche, c'est-à-dire vers le champ de Mars et la plaine de Grenelle.

Jusqu'ici aucun historien n'a su si bien faire ressortir l'importance du Paris gaulois ou romain. John Evans avait bien signalé les monnaies des *Parisii* recueillies en si grand nombre dans les localités de la Grande-Bretagne fort éloignées l'une de l'autre. Mais les études de M. de Ménorval s'appuient sur les monuments nombreux recueillis au Musée Carnavalet, et sur les importantes découvertes si bien inaugurées par notre honorable doyen Charles Read aux arènes de Lutèce. Et au coup d'œil de l'observateur, M. de Ménorval joint le talent si rare d'un écrivain, c'est-à-dire d'un historien qui sait s'affranchir de l'esprit de système aussi bien que de l'érudition exagérée, plus apparente que réelle, qui a amené tant d’indécision dans les études de ses prédécesseurs. Lutèce n’est plus la petite bourgade représentée par le plan de Dulaure, si souvent reproduit : « Paris avant qu’il fût ».

Il faut suivre l’auteur dans son intéressante étude et se reporter aux monuments et aux albums du Musée Carnavalet. Nous y engageons vivement nos lecteurs parisiens.

RÉPONSES

Européens originaires de l’Atlantide. — Les deux questions me paraissent indépendantes l’une de l’autre.

D’abord, rappelons ce que Broca dit dans sa *Revue d’anthropologie*, t. II, p. 51 : « On sait que le vieillard de Cro-Magnon réunit des caractères tellement extraordinaires, qu’on s’accorde à le considérer comme faisant une exception dans sa propre race et comme présentant l’exagération des caractères qui la distinguent. Tous les efforts qu’on a pu faire pour le rapprocher des types actuels de l’Europe ont été vains. Or, M. Hamy, passant en revue la collection des Guanches de mon laboratoire, a été frappé de la ressemblance que deux de ces crânes, et surtout l’un d’eux (n° 9), présentent avec le crâne si exceptionnel de Cro-Magnon. Cette ressemblance, sans être complète, m’a paru bien réelle, et la comparaison des éléments craniométriques ne l’a pas démentie. De tous les crânes que j’ai étudiés dans les collections parisiennes, ces deux crânes de Guanches sont ceux qui se rapprochent le plus près du type du vieillard de Cro-Magnon. Cela ne suffit pas sans doute, pour servir de base à une conclusion, mais on me permettra d’attacher quelque importance à un rapprochement établi par un observateur aussi compétent et aussi sagace que M. Hamy ».

M. Hamy, poursuivant ses études, retrouva des analogies chez les Basques, en Espagne, chez les Berbères, et compléta peu à peu une chaîne ethnologique dans la direction des Canaries. Sur ce terrain, il put préconiser cette vieille alliance des peuples *méditerranéens occidentaux*. Mais il lui semblait que ces héritiers des hommes de l’âge du renne étaient d’autant moins anciens qu’ils habitaient des régions plus méridionales. « Paléothiques et néolithiques en France, disait-il, ils appartiennent en Espagne aux âges de la pierre polie et des premiers métaux. En Algérie, ils ne remontent point au delà de l’âge de fer, et dans les îles Canaries ils sont relativement modernes. »

Quant à l’hypothèse d’une origine atlantide, elle me semble appuyée par peu de faits. De quelle chronologie relative s’agit-il ? Si l’on suppose qu’une chaîne d’îles unissait les Antilles à l’Europe méridionale, on admet de tels changements dans la configuration géographique, et sans doute dans la climatologie de l’ouest de l’Europe, que toutes les faces de la question devraient être reprises, une par une. Et avec quels éléments ?   PETRUS.

A priori, il semble tout naturel de supposer qu’il est venu en Europe des habitants, aussi bien d’anciennes terres disparues à l’ouest que d’ailleurs. Quant à ceux qui habitent les Canaries, ils paraissent plutôt venus d’Europe.   M. SOUZA.

Dans l’Archipel normand, on constate de grandes diminutions de surfaces. Je me souviens d’avoir lu un mémoire du siècle passé où des mesures prises avec soin indiquaient que la Grande-Bretagne du sud-est et le continent n’avaient été séparés que depuis moins de trois mille ans. Les constructeurs de dolmens ont donc bien pu occuper des surfaces de territoire bien différentes de nos configurations actuelles. Pour moi, j’ai toujours cru à l’ancienne existence de continents disparus au nord-ouest et à l’ouest de l’Europe. Et je crois que si l’on ne trouve pas plus de cavernes à ossements et de dolmens, plus à l’est, c’est parce que beaucoup de ces autres pays étaient encore sous le niveau des mers à l’époque des animaux actuellement émigrés.

Le Lihou.

Monnaies gauloises. — La question des inscriptions n’a été que très peu étudiée ; cependant on lira avec intérêt les « Œuvres de A. de Longpérier, réunies et mises en œuvre par G. Schlumberger, t. II, p. 482 ». — Paris, Ernest Leroux.

Vitres historiées. — Il n’y a pas très longtemps, j’en ai vu à Caudebec-en-Caux, dans une maison très modeste située en face du bâtiment *des Templiers*. Il s’agit bien de vitres simplement antérieures à 1840 environ ? Viator.

Ancienne notation musicale. — Il y a eu beaucoup d’essais ; mais les valeurs de temps semblent insurmontables, excepté aux paléographes non musiciens. Et sans les valeurs, qu’arrive-t-on à reproduire ? Ce que le traducteur croit y voir.

Pugnani.

Cadrans solaires. — Voici ce que Arcisse de Caumont m’écrivait en septembre 1871 :

« Ces débris de cadrans ont toujours de l’intérêt, et je me reproche de n’avoir noté tous ceux que j’ai rencontrés. Je crois qu’ils étaient en certain nombre autrefois ; mais depuis les horloges sonnantes on les a négligés, et même quelquefois détruits. J’en ai près de moi, à Condé-sur-Laison, un assez remarquable placé sur la tour. La plupart de ceux que j’ai vus étaient du xv⁰ siècle. »

« Je suppose qu’une statue surmontait la vôtre, ce que me paraît annoncer une espèce de piédestal garni de moulures flamboyantes ».

Il s’agissait du curieux cadran de Rouelles, qui eut son moment de célébrité, et qui fut successivement reproduit alors dans le *Bulletin* de la commission des antiquités de la Seine-Inférieure, le *Bulletin monumental*, le *Magasin pittoresque* de Charton, et le *Journal de l’Association archéologique* de la Grande-Bretagne.

L’un des vice-présidents de cette dernière société en fit même l’objet d’une étude très intéressante. Dans le *Journal de l’Association*, on voit le cadran de Rouelles reproduit avec la représentation de deux anciens cadrans, de l’époque romane, qui existent en Angleterre sur le porche méridional de l’église de Bishopstone, Sussex, et au côté sud de la nef de l’église de Bricet, Suffolk.

Le premier est un disque dont la moitié supérieure porte une croix et l’inscription en deux lignes : EAD RIC. A la partie inférieure, les heures sont désignées par des lignes terminées en croix pour chaque troisième heure.

Le second, moins bien conservé, est à peu près semblable.

Une autre, encore plus ancienne, se voit à l’église Kirkdale, Rydale. C’est un demi-cercle, dont la ligne méridienne et deux autres sont terminées en croix ; une autre est terminée par une étoile. Sur la marge est gravée une inscription saxonne disant que « ceci indique la marche du soleil à chaque heure du jour, et Hayward m’a faite et Brand le prêtre ». On a pu dater ce curieux morceau et le faire remonter au temps d’Édouard le Confesseur.

Quant aux lignes de la déviation, je les ai constatées au xvii⁰ siècle, mais, sans vouloir trancher la question, je dois dire que je n’en ai pas rencontré de plus anciennes.

C. R.

Calvaires gothiques. — A Saint-Cirgues (Puy-de-Dôme), on voit une grande et magnifique croix de carrefour en lave, qui date du xvi⁰ siècle. Agret.

On signale des calvaires du xii⁰ siècle, où le crucifix offre la forme de la croix de Malte, à Bouteilles, et à Caudebec (Seine-Inférieure). D. C.

La croix du cimetière de Graville (xiv⁰ siècle) et celle de Montivilliers (xvi⁰ siècle), celles de Beaucamp et de Routot (canton de Saint-Romain, xvi⁰ siècle), montrent des personnages en relief et des découpures d’un très bon style.

C. R.

Un d’Houdetot du XIV⁰ siècle. — Ce capitaine a pris part aux guerres contre les Navarrois de Charles le Mauvais, c’est-à-dire que, malgré les mesures de

Jean II, qui avaient exaspéré beaucoup de ses barons et causé des révoltes nombreuses, messire Robert d'Houdetot resta à la tête des partisans du fils du roi, et commanda en qualité de maître des arbalétriers.

Charles V le reconnaît lui-même lorsqu'il relate la prise d'un château fort où on avait emprisonné la veuve du seigneur, Lyénor de Châtillon, laquelle « s'estoit mise plusieurs fois en aventure de morir, et estoit audit chastel tenue en une chambre sans y avoir puissance ou seignorie, persévérant toujours en bonne loyauté, et avisa notre amé et féal messire Robert de Houdetot, lors maistre des arbalestriers, le vicomte de Montivilliers, Estienne de Moustier notre huissier d'armes et capitaine de Leure, et aussi les bonnes villes de ileuques entour et leur révéla, et leur fit savoir par la meilleure manière qu'elle peut, en leur requerrant sur ce conseil et aide et parce, et par la bonne diligence et puissance que notre amé et féal chevallier et chambellan Messire Guillaume Martel et les autres nos officiers dessus nommez et le pays y mistrent, fut remis le dit chastel en notre obéissance par fait d'armes nonobstant le contredit du dit messire Guillaume Malet et de ses alliés. »

Dans la collection des *pièces originales* de la Bibliothèque nationale, on cite le même Robert de Houdetot, comme passant une revue (une montre d'hommes d'armes, comme on disait alors) à Bonneville-sur-Touques.　　　　　　　　G. D.

Utilisation des forces intellectuelles fossiles. — Bizarre, en effet, mais peut-être pas ridicule : tout dépend de l'intention de celui qui avait organisé cette exposition, dont on m'a remis le programme il y a dix mois.

Les forces intellectuelles fossiles m'enseignent bien des choses. Un paléontologiste apporta un jour en ville un énorme bloc de rocher qu'il avait détaché après des labeurs inouïs. Quatre énormes huitres fossiles s'y trouvaient aux angles d'un carré régulier. Déjà il y avait quelque chose d'intellectuel là-dedans : cette régularité géométrique, comprise par des mollusques du terrain secondaire il y a des millions d'années ; cela marque, me dis-je, la destinée des êtres vivants. A l'époque quaternaire apparaîtront d'autres individus qui, avec le progrès, organiseront, dans l'élite de leur société, des commissions dont le calme ne sera dépassé que par le silence grandiose que ces êtres savaient observer tout en montrant aux mollusques inférieurs, leurs contemporains, les apparences de la force et d'une certaine grandeur.

Puis, le progrès toujours aidant, les ouvrages des écrivains, résumés en cartons, portant des indications alphabétiques et arithmétiques, qui peuvent tenir lieu de la connaissance des sujets ; les séries de numéros qu'on vous passe pour marquer le rang que vous devez prendre derrière des garçons en livrée, derrière des contrôleurs d'omnibus ; les files où l'on peut circuler quatre par quatre à l'entrée des guichets, et sans le spectacle desquelles aucune admiration prudhomesque ne verrait la nécessité de se manifester... et combien d'autres développements modernes de cette antique faculté d'alignement dévolue, depuis l'origine, aux êtres créés ! Oui certes il y a des forces intellectuelles fossiles. A travers les âges, elles restent immuables. Il ne s'agit que de les comprendre.　　CALOUET.

L'ogive au XIIᵉ siècle. — Fécamp. — Église de la Sainte-Trinité. L'église ayant été brûlée, en 1167 et en 1170, fut reconstruite presque entièrement dans les premières années du style ogival ; aussi rencontrons-nous dans le chœur, les transepts et les piliers de la nef qui en sont voisins, un type de chapiteau qui se retrouve en Angleterre dans les constructions élevées par l'évêque de Durham, Hugh Pudsey, entre 1175 et 1185.

Entre 1188 et 1217, Raoul d'Argences aurait fait allonger la nef de cinq travées, élever le portail et les deux tours, et selon le *Gallia christiana* il l'aurait terminée. Dans la moitié occidentale, faite la dernière, on a employé des outils à dents pour tailler la pierre dure qui la compose, et tout en conservant l'ordonnance des tribunes, on a donné un moindre diamètre aux colonnes qui en subdivisent les ouvertures.

Dans toute l'église, les bas côtés étaient alors surmontés de tribunes. Mais, dans les premières années du XIVᵉ siècle, un curieux travail de reprise en sous-œuvre fut commencé dans le bas côté méridional du chœur et dans l'abside. Pour rehausser la voûte du déambulatoire et des chapelles, on supprimera ces tribunes, tout en conservant le clérestory qui les surmonte.   G. B.

Le chœur de l'église de Bures appartient au style ogival entièrement développé. Le mur septentrional porte cette inscription :

anno ab incarnatione domini MCLXVIII (1168) *dedicata est hœc ecclesia a rotrodo rotom. archiepiscopo* XI *kal. juni.*

Il faut se rappeler que Bures était une localité d'une certaine importance sous Henri II Plantagenet.

Non loin de là, à Osmoy, l'arcade d'une tour carrée romane porte l'inscription de 1170 :

anno ab incarnatione : dni : m° : c° LXX dedicata : hec : ecclesia : VI° : kal : maii :

Cela paraît établir que quelques architectes ont préféré le plein cintre encore en 1170, malgré des constructions ogivales effectuées ailleurs.   C. R.

L'ancien commerce en Égypte. — Cette question, si importante, n'a pas été négligée par les égyptologues, et n'est même pas inconnue aux élèves du programme d'Études modernes. Maspéro l'a bien développée dans un petit ouvrage très facile à trouver : les *Lectures sur l'histoire ancienne des peuples de l'Orient.*

Il en résulte que le petit commerce se faisait par échanges. C'était donc un vrai travail que de faire le marché dans ce temps-là. Oui, mais voyez les conséquences économiques ; il n'y avait pas de chômage, aucun prix ne pouvait être artificiellement maintenu. La chaleur du climat obligeait les détenteurs à réaliser sur place quantité de choses qu'ils ne pouvaient garder. Il y avait donc diminution de prix sur l'article qui abondait, enchérissement sur celui que les circonstances du moment, ou une mauvaise récolte, rendaient plus rare. Cela n'était pas si mal imaginé.

D'ailleurs voit-on que l'Égypte ait rien gagné à l'introduction de la monnaie ? Non, c'est, au contraire, ce qui a marqué la décadence de ce pays. La monnaie d'argent des Grecs, acceptée partout, semble, au contraire, avoir enrichi ceux-ci d'abord, les Romains ensuite, au détriment de tous les autres peuples.   B. M.

« Quoique le goût des richesses soit assez général, il ne s'est pas toujours traduit par une sympathie très vive pour les métaux marqués d'une empreinte officielle. De très grandes monarchies, comme celles de l'Égypte, de la Babylonie, de l'Assyrie, ont occupé dans le monde une place éminente sans avoir jamais eu recours à la monnaie. Ce signe d'échange est né chez des petits princes, comme les rois de Lydie, de Samos, de Macédoine, et dans certaines petites républiques de l'Italie méridionale. Longtemps encore après l'invention des monnaies, l'Égypte négligeait d'en faire usage. » (Longpérier, édition Schlumberger, t. III, p. 151, Paris, Ernest Leroux.)

Voyez les ouvrages de Révillout :

Lettres sur les monnaies égyptiennes par E. Révillout. — Paris, Maisonneuve, 1895.

Mélanges sur la métrologie, l'économie politique et l'histoire en ancienne Égypte avec de nombreux textes démotiques, hiéroglyphiques, hiératiques ou grecs inédits, ou antérieurement mal publiés, par Eugène Révillout. — Paris, Maisonneuve, 1895.

La valeur de l'étalon d'or, qui est très ancien, y est fixée ; comme aussi les valeurs relatives des étalons, d'argent et de cuivre suivant les époques.

Le petit commerce des vivres se faisait surtout par voie d'échange, ou par des calculs ramenant les valeurs à celle de l'étalon de cuivre.   E. G.

Des calculs très compliqués étaient nécessités par la différence des valeurs entre les denrées qu'on échangeait. Mais pour les relations plus importantes, il y avait des valeurs établies, non en rondelles de monnaie d'abord, mais par des relations avec des étalons d'or. Cela supposait quelque chose comme le système que préconisait un article de la « Revue du Parlement » de Marteau, où une valeur fictive, comme celle de l'ancien Marck Banco des villes hanséatiques, sert de règlement entre les diverses monnaies et les valeurs et denrées diverses, suivant les variations de celles-ci.

     D. SAMPSON.

Administration et Gérance,

GRAVILLE, 13, rue Spontini, Paris, et Saint-Germain-en-Laye.

MACON, PROTAT FRÈRES, IMPRIMEURS

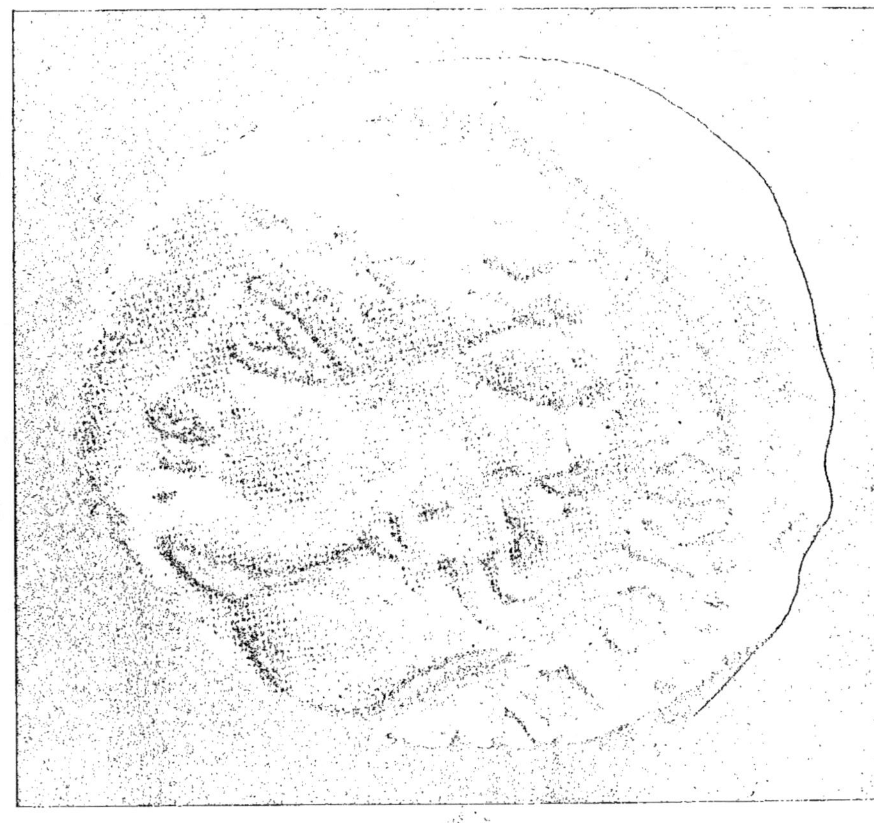

VERCINGÉTORIX

Agrandissement de la médaille d'or trouvée
à Alise-Sainte-Reine.

(Musée de Saint-Germain).

LES BATAILLES D'ALÉSIA

I

Il ressort de toutes les études historiques, que l'état d'anarchie dans lequel César trouva les Gaules n'était pas très ancien. La tyrannie d'abord, l'anarchie ensuite, semblent avoir été souvent les tristes résultats de guerres prolongées. Si l'on voit la guerre des Gaules commencer sous le prétexte de l'envahissement des nations voisines par les Helvètes, il nous est difficile de reconnaître des indices archéologiques faisant voir antérieurement d'aussi grandes invasions dans la Gaule. On voit bien des groupes assez peu nombreux s'établir en apportant des mœurs différentes et peu à peu se fondre dans l'ensemble de la population; mais nulle part on n'a la preuve de grandes migrations ou d'envahissements comme ceux que projetait Orgétorix, ou qui portaient Divitiacus à implorer si longtemps le secours des Romains.

La difficulté même que l'on éprouve à différencier entre elles les peuplades dites *celtiques*, semble appuyer cette observation. Malgré le vague de cette expression, elle restera longtemps employée pour désigner la population du centre et de l'ouest de l'Europe, et nous croyons vraiment qu'elle consacre une sorte de fraternité qui a dû subsister longtemps parmi toutes ces peuplades. Les Éduens, les Séquanes, les Bellovaques, les Rémois n'en étaient plus là au moment de la conquête, et la facilité avec laquelle César put opposer les Lingons et les peuples qu'il avait soumis l'année précédente en Germanie, à leurs voisins, marque la triste résultat des jalousies sans lesquelles Labiénus, beaucoup moins vainqueur dans le bassin de la Seine qu'on veut bien nous le répéter, et César lui-même, au lendemain de la défaite de son armée devant Gergovie, n'auraient pu faire si facilement leur jonction.

Dans le Livre III des *Commentaires*, nous voyons les populations maritimes agir avec plus de concert. « Les résolutions étant prises (L. III, ix), ils fortifient leurs places et transportent les grains de la campagne dans les villes. Ils rassemblent le plus de vaisseaux possible chez les Vénètes, contre lesquels ils pensent que César se dirigera d'abord; ils reçoivent dans leur alliance les Osismiens, les Léxoviens, les Nannètes, les Ambiliates, les Morins, les Diablintes et les Ménapiens ; ils demandent des secours à la Bretagne, située vis-à-vis de leurs côtes. »

Cette alliance des Armoricains et des Bretons ne fut pas oubliée par le vainqueur. Au Livre IV, IX, il prend soin de nous en informer : « Quoique l'été fût fort avancé, dit-il, et que les hivers soient hâtifs dans la Gaule, à cause de sa position vers le nord, César résolut de passer dans la Bretagne, dont les peuples avaient, dans presque toutes les guerres, secouru les Gaulois. »

A la campagne suivante, César prit des mesures pour empêcher de nouvelles ligues. « Il avait résolu (L. V, v) de ne laisser sur le continent que le petit nombre de ceux dont la fidélité lui était connue, et d'emmener avec lui les autres comme otages, pour prévenir les mouvements de la Gaule pendant son absence. »

« VI. L'Éduen Dumnorix dont nous avons parlé était de ce nombre (Voir n° 1) : César avait résolu de le garder avec lui, connaissant son caractère aventureux, son ambition, son courage, et le crédit dont il jouissait parmi les Gaulois. De plus, Dumnorix avait dit dans une assemblée des Éduens que César lui offrait le gouvernement de la cité. Ce propos les avait vivement affligés ; mais ils n'osaient députer vers César pour refuser, ou le prier de changer de résolution. César n'en fut instruit que par ses hôtes. Cependant Dumnorix ne négligeait aucune instance pour rester en Gaule : il alléguait ou la crainte de la mer et son peu d'habitude de la navigation, ou des scrupules de religion. Mais bientôt, voyant qu'on lui refusait obstinément sa demande, et que tout espoir de l'obtenir était perdu pour lui, il chercha à soulever les chefs de la Gaule, les prit tous à part, et les pressa de rester sur le continent. Il tâchait de leur inspirer des craintes : — ce n'est pas sans dessein que César dépouille la Gaule de toute sa noblesse ; il veut faire périr en Bretagne ceux qu'il n'ose égorger à la vue des Gaulois. — En même temps, Dumnorix leur donnait sa foi, et les pressait de s'engager, par serment, à faire de concert ce qu'ils croiraient utile aux intérêts de la Gaule. César fut averti de ces menées par de nombreux rapports. »

« VII. A cette nouvelle, César, qui avait donné aux Éduens tant de considération et de puissance, résolut de tout faire pour prévenir l'exécution de leur projets. En voyant Dumnorix persévérer dans sa folle conduite, il pensa qu'il devait veiller à l'intérêt de la république et au sien propre. Étant resté environ vingt-cinq jours dans le port, où le retenait un vent du nord-ouest qui souffle habituellement sur cette côte, il s'appliqua à contenir Dumnorix dans le devoir, en même temps qu'il observait ses démarches. Enfin le vent devint favorable, et César ordonna aux troupes et aux cavaliers de s'embarquer. Mais au milieu du mouvement général, Dumnorix était sorti du camp, à l'insu de César, avec la cavalerie éduenne, et prenait la route de son pays. A cette nouvelle, César suspendit le départ, et, avant tout, envoya à sa poursuite une grande partie de la cavalerie, avec ordre de le ramener ou de le tuer, s'il résistait ou refusait d'obéir, persuadé qu'un homme qui, en sa présence, avait méprisé ses ordres, ne pourrait être que dangereux loin de lui. Dumnorix, lorsqu'on l'eut atteint, fit résistance, mit l'épée à la main, et implora la fidélité des siens, s'écriant qu'il était libre et citoyen d'un pays libre. Il fut entouré et, suivant l'ordre de César, mis à mort. Les cavaliers éduens revinrent tous au camp. »

Ces citations témoignent de la manière la plus évidente des divisions qui existaient entre les Gaulois au milieu du Ier siècle avant J.-C. Lorsque l'exécution d'Accon eut décidé les principaux des Gaules à se rassembler dans des lieux écartés et dans des bois (L. VII, 1), et à former le projet de fermer à César le retour vers son armée, il fallut d'abord songer à empêcher les amis des Romains d'empêcher le mouvement.

« Vercingétorix, fils de Celtill (IV), jeune homme puissant dans cette contrée, et dont le père, qui avait commandé toute la Gaule, avait été tué par ses compatriotes pour avoir aspiré à la royauté, rassembla ses clients, et n'eut pas de peine à exciter leur ardeur. Sitôt que son projet est connu, on court aux armes. Gobanition, son oncle et les principaux Arvernes, ne voulant pas tenter la même fortune, le chassent de Gergovie. Cependant il ne se rebute pas, et enrôle dans les campagnes une troupe de vagabonds et d'hommes perdus. Avec cette bande, il entraîne dans son parti tous ceux de la nation qu'il rencontre, les exhorte à prendre les armes pour la liberté commune et, ayant réuni de grandes forces, il chasse à son tour les adversaires qui l'avaient chassé lui-même. Ses partisans lui décernent le titre de Roi ; il députe de toutes parts pour conjurer chacun de rester fidèle. En peu de temps, il s'attache les Sénons, les Parisii, les Pictons, les Cadurkes, les Turons, les Aulerkes, les Lémovices, les Andes et les autres peuples qui bordent l'Océan. »

Les Bituriges, les Rutènes, les Nitiobriges, les Gabales, ayant fait alliance, César dut se hâter et, malgré une neige haute de six pieds, fit ouvrir un chemin qui le mena chez les Arvernes. Ici commence la véritable campagne. On sait comment Vercingétorix faillit avoir plusieurs fois l'avantage au moyen de sa cavalerie, qui ne fut battue que par celle des Germains « que César gardait avec lui depuis le commencement de la guerre (XIII) », et comment il fut accusé de trahison par les siens (XX). Puis, la prise d'Avaricum fut suivie de la défaite des Romains à Gergovie, et les efforts de la campagne se portèrent vers le centre et le nord de la Gaule, où Labiénus allait se trouver dans une situation critique.

II

Après son échec à Gergovie des Arvernes et la défection des Éduens, César revient du centre de l'Auvergne chez les Senons ; il expose ses motifs en peu de mots, avec une lucidité incomparable :

« Rétrograder sur la province, dit-il, était un parti que la même crainte ne l'eût pas forcé de prendre, soit parce qu'il sentait la honte et l'indignité de cette mesure, à laquelle s'opposaient d'ailleurs les Cévennes et la difficulté des chemins, soit surtout parce qu'il craignait vivement pour Labiénus, dont il était séparé et pour les légions sous ses ordres. »

Il part, il marche jour et nuit, il arrive aux bords de la Loire, il force le passage du fleuve, il s'approvisionne, chemin faisant, de bétail et de blé, et ne s'arrête que chez les Senons.

Pendant ce temps, Labiénius, après avoir vaincu sous Paris l'armée de Camulogène, rétrograda, rallia les réserves qu'il avait laissées à Agendicum, et par l'effet de cette retraite, fit sa jonction avec le général en chef à la tête de toutes les troupes.

Malgré ce renfort, César, voyant que l'ennemi lui était supérieur en cavalerie, et n'ayant nul moyen de tirer des secours de l'Italie ni de la province, envoya au delà du Rhin, en Germanie, auprès des peuples qu'il avait soumis les années précédentes, pour leur demander des cavaliers et de ces fantassins armés à la légère accoutumés à se mêler avec la cavalerie, dans les combats.

Ces auxiliaires arrivés, l'armée organisée, César lève ses cantonnements autour d'Agendicum, et se dirige vers les Séquanes par l'extrême frontière des Lingons, afin de porter plus facilement secours à la Province, alors attaquée sur plusieurs points.

Rien de plus intelligible ; au lieu de suivre le cours de l'Yonne, ce qui l'eût conduit chez les Éduens, au cœur de la coalition, il cotoye l'Yonne d'abord, ensuite l'Armançon ; il chemine, au sortir du territoire sénonais, entre les Mandubiens, clients des Éduens, et les Lingons, peuple allié, sur lequel il appuie avec sécurité son flanc gauche.

Il n'a pas encore quitté la frontière des Lingons, lorsqu'en un lieu qu'il ne désigne pas, et que l'on croit voisin de Ravières, à une journée de marche d'Alésia, l'armée romaine reconnaît à dix mille pas toutes les forces de la Gaule, conduites par le Vercingétorix des Arvennes (Giguet).

Cette distance de dix mille pas porte le camp des Romains à Arc-sur-Tille (de Coynard, Gouget).

Vercingétorix, dont toutes les dispositions étaient prises la veille au soir, avait dû porter, dès le commencement de la journée, sa cavalerie sur les hauteurs au delà de la rivière (l'Ouche). Il la divisa en trois corps : celui du milieu occupa le plateau entre Mirande et Sennecey ; celui de droite, les hauteurs de Neuilly, de Fauverney et le monticule de Corcelles ; celui de gauche, les sommets des coteaux près de Dijon.

Ce sommet qu'atteignent les Germains est le point culminant des hauteurs entre Saint-Apollinaire et Mirande, desquelles on descend vers Dijon, où passe l'Ouche, et qui dérobaient la vue de la rivière aux Romains.

Les cavaliers gaulois, mis en fuite, se sauvèrent jusqu'à la rivière du côté de Dijon et de Longvic. Cette déroute de la gauche des Gaulois entraîna bientôt celle du reste de leur cavalerie. La bataille avait dû se concentrer sur Morvan, entre Mirande et Sennecy, et ceux des Gaulois qui combattaient encore de ce côté, en voyant accourir les Germains maîtres des positions voisines, craignirent d'être enveloppés et cherchèrent leur salut dans la fuite. Le carnage fut grand. Trois généraux tombèrent au pouvoir des Romains. La poursuite ne s'étendit pas, pour le moment, au delà de la rivière, la cavalerie romaine ne voulant pas engager le combat avec l'infanterie gauloise.

Aussitôt que les débris de sa cavalerie en fuite arrivèrent sur l'Ouche, Vercingétorix retira les troupes rangées en bataille sur les bords de la rivière, et prit avec elles le chemin d'Alésia, en ordonnant que les bagages le suivissent immédiatement.

La poursuite fut vive et dura jusqu'à la nuit. Les Romains tuèrent trois mille hommes de l'arrière-garde gauloise.

L'étroite vallée de l'Ouche ne pouvait suffire à la marche d'une foule en désordre menée l'épée dans les reins; une partie se jeta sans doute dans les montagnes et dans les gorges voisines.

« On a contesté au bourg d'Alise ou Sainte-Reine son ancien nom d'Alesia, pour en décorer Alaise, commune du canton de Salins (Jura). Cette dernière découverte est si formellement contraire au texte des commentaires, qu'on a peine à concevoir, non comme elle a pu trouver quelque faveur dans un pays dont elle intéresse l'amour-propre mais comment elle a pu être recueillie et louée par la critique sérieuse de Paris. » (Giguet, 1858.)

Dans le *Recueil de la Société Archéologique de Sens*, M. Giguet s'était de bonne heure, on le voit, prononcé, d'accord avec le capitaine de Coynard, en faveur de l'identité d'Alise-Sainte-Reine et d'Alésia.

M. Gouget et M. François Lenormant devaient bientôt étudier la question, M. Gouget plus spécialement pour ce qui a trait à la bataille ayant précédé le siège. Le mémoire de M. Lenormant [1], quoique écrit avant les fouilles, est admirablement étudié sur place et ses conclusions ont été reconnues exactes par M. de Saulcy que nous allons maintenant citer.

Sur un plateau d'environ 170 mètres d'altitude et dominant la plaine de Laumes plateau qui se nomme le mont Auxois, se retrouvent les traces manifestes d'une ville antique. A la pointe ouest, s'élève le bourg moderne d'Alise-Sainte-Reine. Ce plateau a 800 mètres de largeur sur 2.100 de longueur. La plaine de Laumes, qui s'étend à l'ouest, au pied du mont Auxois, présente une étendue d'un peu plus de 4 kilomètres. A l'est, le plateau du mont Auxois s'abaisse doucement, tandis que sur les faces nord et sud il est presque abrupte et bordé de roches infranchissables, qui le séparent d'un large glacis de terrains cultivés qui vient expirer au niveau de la plaine de Laumes. Celle-ci est bornée à l'ouest par un cours d'eau

---

1. *Mémoire de divers Savants* publiés par l'Académie des inscriptions et des belles-lettres, t. VI, I.

important, la Brenne, dans laquelle se jettent deux ruisseaux qui longent le mont Auxois, l'Ose au nord, et l'Oserain au sud ; un troisième ruisseau, le Rabutin, vient se perdre dans l'Ose, près de Grésigny, après avoir arrosé la vallée qui sépare le mont Rea de la montagne de Bussy. Ces deux dernières collines couvrent, au nord, la plaine des Laumes et le mont Auxois ; à l'est le plateau d'Alise se relie par une pente douce au mont Pennevelle, et au sud la montagne de Flavigny lui fait face. Au delà de la Brenne, la plaine des Laumes est commandée par un pâté de hauteurs sur lesquelles sont posés, du nord au sud, les villages. La ligne de contrevallation a été retrouvée sur toute son étendue aussi bien que de la circonvallation, s'étendant en moyenne à 200 mètres en arrière de la première. Les camps de l'infanterie et de la cavalerie romaines, ont été également retrouvés, et des vingt-trois *castella* d'observation construits par les ingénieurs de César, suivant les *Commentaires*, cinq on été parfaitement reconnus. Quant aux résultats de cette fouille, ils sont de la plus haute importance.

Avant de quitter la direction des travaux à exécuter devant Alise, nous avions eu l'heureuse chance de découvrir dans les terrassements cinq de ces hameçons coudés que César désigne sous le nom de *stimulus*, et qui surmontaient de gros pieux enterrés au ras du sol, pour jouer précisément le rôle de chausse-trapes modernes.

Dans le fossé de la circonvallation, au voisinage immédiat du point où avait été déterré le paquet d'armes de bronze (18 bouts de lance, 2 haches et 2 épées), il a été trouvé une splendide coupe du travail le plus délicat, ornée d'une guirlande de feuillages et de baies en relief. (Pl. v.) Un pareil bijou n'a pu appartenir qu'à un grand personnage de l'armée romaine, mais bien osé serait celui qui prétendrait deviner le nom de ce personnage.

Le jour même où l'espoir des Gaulois s'évanouit, le camp occupé par les deux légions des légats Reginus et Rebilus fut sur le point d'être forcé par les 60.000 assaillants que l'Arverne Vergasivellaune conduisait au combat. Une lutte acharnée et désespérée eut lieu sur ce point. Ce camp, établi sur la pente méridionale du mont Rea, était à 2.000 mètres au moins d'Alise ; il ne pouvait donc être compris dans les lignes de César, sans imposer à celles-ci un développement excessif. Ce point devait cependant être occupé, stratégiquement parlant ; aussi deux légions y furent-elles établies, et leur camp fut couvert par un double fossé. La masse des assaillants, à la tête de laquelle marchait Vergasivellaune, franchit le fossé inférieur et parvint au bord du fossé supérieur de Grignon, de Vénary et de Mussy. Enfin la plaine de Laumes s'étend du nord au sud, jusqu'au village de Pouillenay.

« Au fond du fossé supérieur on a retrouvé, sur une étendue de 200 mètres, 11 monnaies gauloises, 20 pointes de flèches, des débris de boucliers, 4 boulets en pierre de différents diamètres, 2 meules de granit, des crânes, des ossements, de la poterie et des morceaux d'amphore en telle quantité qu'on est amené à croire que les Romains lancèrent sur les assaillants tout ce qui se trouvait à leur portée.

Dans le fossé inférieur, près duquel la lutte fut plus vive après l'intervention de Labiénus, le résultat a dépassé toutes les espérances. Ce fossé a été ouvert sur 500 mètres de longueur ; il renfermait, outre plusieurs centaines de monnaies, des débris de poterie et de nombreux ossements, les objets suivants : 10 épées gauloises et 9 fourreaux en fer, 39 piques provenant d'armes du genre du *pilum* romain, 30 fers de javelots, pris par suite de leur légèreté, sont regardés comme ayant armé la *hasta amentata* : 17 fers plus pesants ont pu servir également à des javelots projetés à l'aide de l'*amentum*, ou directement à la main, ou enfin à des lances, 62 fers de forme variée présentant un fini de fabrication qui les fait ranger parmi les armes d'hast. En fait d'armes défensives, on a découvert un casque en fer, et 7 géniastèses semblables à celles que nous voyons représentées sur les sculptures romaines ; des *umbo* de bouclier romain et gaulois, une ceinture en fer de légionnaire, enfin de nombreux colliers, anneaux et fibules [1]. »

III

Les *Commentaires* (LVII) énumèrent les contingents des diverses nations gauloises, et les exagèrent même.

LXXV. Pendant que ces choses se passaient devant Alise, les principaux de la Gaule avaient résolu, dans une assemblée générale, non, *comme le voulait Vercingétorix*, d'appeler aux armes tous ceux qui étaient en état de les porter, mais d'exiger de chaque peuple un certain nombre d'hommes : ils craignaient, dans la confusion d'une si grande multitude, de ne pouvoir aisément ni la gouverner, ni se reconnaître, ni se nourrir. Les Éduens avec leurs clients, les Ségusiens, les Ambivarètes, les Aulerques Brannovikes, les Brannoviens, durent fournir trente-cinq mille hommes ; les Arvernes avec les peuples de leur dépendance, comme les Éleutères Cadurkes, les Gabales, les Vélauniens, un pareil nombre ; les Sénonais, les Séquaniens, les Bituriges, les Santons, les Ruténiens, les Carnutes, douze mille ; les Bellovaques, dix mille ; les Lémovices, autant ; les Pictons, les Turons, les Parisiens, les Helviens, huit mille ; les Suessions, les Ambianiens, les Médiomatriciens, les Pétrocoriens, les Nerviens, les Morins, les Nitiobriges, cinq mille ; les Aulerques Cénomans, autant ; les Atrébates, quatre mille ; les Vellocasses, les Lexoviens, les Aulerques Éburovices, trois mille ; les Raurarques et les Boïens, trente mille ; enfin, les pays situés le long de l'Océan, et que les Gaulois appellent Armoriques, parmi lesquels sont les Curiosolites, les Rhédons, les Ambibares, les Calètes, les Osismiens, les Lémovices, les Vénètes et les Unelliens, devaient fournir ensemble six mille hommes. Les Bellovaques refusèrent leur contingent, et dirent qu'ils voulaient faire la guerre en leur nom et à leur gré, sans

1. Napoléon III et le colonel Stoffel. *Vie de César.*

obéir à personne. Cependant, à la prière de Commius, leur allié, ils envoyèrent deux mille hommes.

LXXVI. C'était ce même Commius qui, peu d'années auparavant, avait servi utilement César dans la guerre de Bretagne ; et César, en reconnaissance de ses services, avait affranchi sa nation de tout tribut, lui avait rendu ses privilèges et ses droits, et même lui avait assujetti le territoire des Morins. Mais tel fut alors l'empressement universel des Gaulois pour recouvrer leur liberté et la gloire antique de leurs armes, que tout sentiment de reconnaissance et d'amitié disparut de leur souvenir. Nul sacrifice ne coûta à leur zèle : huit mille cavaliers et environ deux cent quarante mille fantassins avaient été rassemblés. Toutes ces troupes furent passées en revue sur les frontières des Éduens : on en fit le dénombrement, et l'on nomma des chefs. Le commandement général fut donné à l'Atrébate Commius, aux Éduens Viridomare et Éporédorix, et à l'Arverne Vergasillaune, cousin de Vercingétorix. On choisit dans chaque cité un conseil pour diriger la guerre. Tous partent vers Alise, pleins d'ardeur et de confiance : aucun ne croyait qu'il fût possible aux Romains de soutenir seulement l'aspect d'une si grande multitude, surtout dans ce double combat où ils seraient pressés de toutes parts, d'un côté par les sorties des assiégés, de l'autre par une infanterie et une cavalerie si nombreuses.

LXXVII. Cependant les Gaulois enfermés dans Alise, voyant que le jour où ils attendaient du secours était expiré, et qu'ils avaient consommé tous leurs vivres, ignorant d'ailleurs ce qui se passait chez les Éduens, convoquèrent un conseil pour délibérer sur leur situation. Les avis furent partagés : les uns parlaient de se rendre ; d'autres conseillaient de faire une sortie, tandis qu'il leur restait encore assez de forces. Le discours de Critognat mérite d'être rapporté à cause de son effrayante et singulière atrocité. C'était un Arverne distingué par sa naissance et par son crédit : « Je ne parlerai point, dit-il, de l'opinion de ceux qui donnent le nom de capitulation au plus honteux esclavage ; ils ne méritent point d'être comptés parmi les citoyens, ni admis à ce conseil. Je m'adresse à ceux qui proposent une sortie, et dont l'avis, comme vous le reconnaissez tous, conserve au moins la trace de notre ancienne valeur. N'y a-t-il pas plus de faiblesse que de courage à ne pouvoir supporter quelques instants de disette ? N'est-il pas moins rare d'affronter la mort, que de savoir endurer la douleur ? Et encore je me rendrais à cet avis, tant l'honneur a d'empire sur moi, si je n'y voyais de péril que pour nous-mêmes ; mais, dans notre résolution, il faut envisager la Gaule tout entière, que nous avons appelée à notre défense. Lorsque quatre-vingt mille hommes auront péri dans cette plaine, quel sera, pensez-vous, le courage de nos parents et de nos proches, s'ils sont forcés de combattre sur nos cadavres ? Ne privez point de votre secours ceux qui s'oublient eux-mêmes pour vous sauver la vie ; n'allez point, par imprudence, par témérité ou par faiblesse, perdre toute la Gaule et la livrer à une éternelle servitude. Quoi ! parce qu'ils ne sont pas arrivés au jour fixe, vous douteriez de leur foi et de leur constance ! Pensez-vous donc que les Romains travaillent chaque jour, sans de bonnes raisons, à de nouveaux retranchements ? Si les messages des Gaulois ne peuvent se faire jour jusqu'à vous, croyez-en, pour témoignage de leur approche, ces travaux assidus des Romains épouvantés. Quel est donc mon avis ? de faire ce que firent nos ancêtres dans la guerre bien moins dangereuse des Cimbres et des Teutons. Renfermés dans leurs places, également pressés par la disette, ils soutinrent leur existence avec les corps de ceux que leur âge rendait inutiles à la guerre, et ils ne se rendirent point. Si cet exemple nous manquait, il nous faudrait, en faveur de la liberté, le donner et le transmettre à nos descendants. Jamais guerre ressembla-t-elle à celle-ci ? Les Cimbres au moins, quand ils eurent ravagé la Gaule et désolé notre contrée, s'éloignèrent enfin de nos frontières et cherchèrent d'autres pays ; ils nous laissèrent nos droits, nos lois, nos champs, notre liberté. Mais les Romains, que demandent-ils ? Jaloux de tous ceux qui se distinguent par leur puissance ou par leurs armes, ils ne songent qu'à s'établir sur leurs terres et dans leurs villes, à leur imposer un joug éternel : ils ne connaissaient point d'autre traité. Si vous ignorez le sort des nations lointaines, regardez près de vous : voyez cette partie de la Gaule qu'ils ont réduite en Province : elle a perdu ses lois, ses coutumes ; soumise aux haches romaines, elle gémit sous une servitude qui ne finira point. »

LXXVIII. Les avis étant recueillis, il fut décidé que tous ceux que leur faiblesse ou leur âge rendrait inutiles à la défense sortiraient de la place, et que l'on tenterait tout avant de suivre l'avis de Critognat ; mais qu'on s'y résoudrait, s'il le fallait, et si les secours tardaient trop, plutôt que de se rendre ou d'accepter la paix. Les Mandubiens, qui les avaient reçus dans leurs murs, sont forcés d'en sortir avec leurs femmes et leurs enfants : alors, s'approchant de notre camp, ils imploraient avec prières et avec larmes l'esclavage et du pain. César mit des gardes sur le rempart, et défendit qu'on les reçût.

LXXIX. Cependant Commius et les autres chefs arrivent devant Alise avec toutes leurs troupes, et se postent sur la colline qui borde la plaine, à mille pas de distance de nos retranchements. Le lendemain, ils font sortir leur cavalerie, en couvrent cette plaine de trois mille pas de longueur, comme nous l'avons dit plus haut, et ils cachent leur infanterie, à peu de distance, sur les hauteurs. Des murs d'Alise, on découvrait la campagne. A la vue de ce secours, on s'empresse, on se félicite, on se livre à la joie. Les assiégés déploient leurs troupes, se rangent en avant de la place, comblent le premier fossé de claies et de fascines, et se disposent à l'attaque et à tous les hasards.

LXXX. César distribua l'armée entière sur les deux lignes de retranchements, afin qu'au besoin chacun connût le poste qu'il devait occuper ; puis il fit sortir sa cavalerie, et ordonna d'engager le combat. Du sommet des hauteurs où les camps étaient placés, la vue s'étendait sur la plaine, et chacun, d'un œil inquiet, attendait le résultat. Les Gaulois avaient mêlé à leur cavalerie un petit nombre d'archers

et de soldats armés à la légère, pour la soutenir, si elle pliait, et arrêter le choc de
la nôtre. Plusieurs de nos cavaliers, surpris par ces fantassins, furent blessés et
contraints de quitter la mêlée. Les Gaulois, nous voyant pressés par le nombre, se
crurent vainqueurs; tous, au dedans, au dehors, poussent des cris et des hurlements
pour encourager leurs combattants. Comme l'action se passait en présence de tous,
nul trait de courage ou de lâcheté ne pouvait être inconnu; de part et d'autre,
chacun était excité par la crainte de la honte et le désir de la gloire. On avait
combattu depuis midi jusqu'au coucher du soleil, sans que la victoire fût encore
décidée : les Germains, se réunissant sur un point en escadrons serrés, coururent
sur l'ennemi, et le repoussèrent; les archers se trouvèrent seuls, furent enveloppés
et taillés en pièces. De tous côtés nos soldats poursuivirent les fuyards, sans leur
donner le temps de se rallier. Les assiégés qui étaient sortis d'Alise y rentrent cons-
ternés et désespérant presque de la victoire.

LXXXI. Un jour entier se passa; les Gaulois employèrent ce temps à faire une
quantité de claies, d'échelles et de harpons. Vers le milieu de la nuit, ils sortirent
de leur camp en silence, et s'approchèrent de nos retranchements du côté de la
plaine. Puis, poussant des cris, pour avertir les assiégés de leur approche, ils jettent
leurs claies, attaquent le rempart à coups de fronde, de flèches et de pierres, et disposent tout pour un assaut. En même temps Vercingétorix, entendant les cris du
dehors, donne le signal avec la trompette, et fait sortir les siens de la place. Nos
soldats prennent sur le rempart les postes qui leur avait été assignés les jours précédents; des frondes, des dards, des balles de plomb avaient été préparés d'avance;
leurs coups redoublés étonnent les ennemis. La nuit empêchait de se voir; il y eut
de part et d'autre beaucoup de blessés : les machines lancèrent une foule de traits.
Les lieutenants M. Antoine et C. Trébonius, à qui la défense de ces quartiers
était échue, tirèrent quelques troupes des forts éloignés, pour secourir les points
où nous étions trop vivement pressés.

LXXXII. Tant que les Gaulois ne se battirent que de loin, ils nous incommo-
dèrent par la grande quantité de leurs traits; mais quand ils s'approchèrent davantage, les uns s'embarrassèrent dans nos chausse-trapes; les autres se transpercèrent
en tombant dans les fossés, ou furent écrasés par les traits lancés du rempart et du
haut des tours. Après avoir perdu beaucoup de monde sans être parvenus à enta-
mer nos retranchements, voyant le jour approcher, ils craignirent d'être pris en
flanc par les troupes placées sur les hauteurs et se retirèrent. Cependant les assiégés mettent en usage tout ce qu'ils avaient préparé pour l'attaque, et comblent
les premiers fossés. Ce travail les ayant retenus longtemps, ils s'aperçurent de la
retraite des leurs, avant d'avoir pu s'approcher du retranchement. Ils rentrèrent
dans la ville sans avoir réussi.

LXXXIII. Repoussés deux fois avec grande perte, les Gaulois délibérèrent sur ce
qu'ils doivent faire. Ils consultent les gens qui connaissent le pays, et apprennent
ainsi la situation de nos forts supérieurs et leur genre de défense. Au nord était

une colline qu'on n'avait pu comprendre dans les lignes à cause de son étendue ; on avait été obligé d'établir le camp sur un terrain en pente, et dans une position assez désavantageuse. Les lieutenants C. Antistius Réginus et C. Caninius Rébilus y commandaient avec deux légions. Les chefs ennemis, ayant fait reconnaître les lieux par leurs éclaireurs, choisirent soixante mille hommes parmi les nations les plus renommées par leur valeur. Ils règlent secrètement entre eux le plan de l'attaque, et en fixent le moment à midi. Vergasillaune, Arverne, l'un des quatre chefs, et parent de Vercingétorix, est mis à la tête de ces troupes. Il sortit du camp à la première veille, et arriva un peu avant le point du jour. Il se cacha derrière la montagne, et fit reposer ses soldats des fatigues de la nuit. Vers midi, il se dirigea sur cette partie du camp dont nous venons de parler ; en même temps la cavalerie s'approcha des retranchements de la plaine, et le reste des troupes gauloises se rangea en bataille à la tête du camp.

LXXXIV. Du haut de la citadelle d'Alise, Vercingétorix les aperçoit. Il sort de la place, et emporte du camp ses longues perches, ses galeries couvertes, ses faux, et tout ce qu'il avait préparé pour l'attaque. Un vif combat s'engage à la fois de toutes parts ; partout les forces se déploient : un endroit paraît-il faible, on s'empresse d'y porter secours. L'étendue des fortifications empêche nos troupes de faire face sur tous les points. Les cris qui s'élevaient derrière elles contribuaient à inspirer des craintes, quand elles songeaient que leur sûreté dépendait de la valeur d'autrui : souvent le danger éloigné est celui qui effraie le plus.

LXXXV. César, qui avait choisi un poste d'où sa vue embrassait toute l'action envoyait des secours où ils étaient nécessaires. Des deux côtés on comprend que le jour des suprêmes efforts est arrivé. Les Gaulois se croient perdus, s'ils ne forcent nos retranchements ; les Romains voient dans la victoire le terme de leurs travaux. C'est surtout aux retranchements supérieurs, attaqués par Vergasillaune, que l'action est la plus vive. L'étroite sommité qui dominait la pente était d'une grande importance. Les uns nous lancent des traits ; d'autres se couvrent de leurs boucliers et arrivent au pied du rempart ; des troupes fraîches relèvent sans cesse les soldats fatigués. La terre qu'ils jettent dans nos retranchements leur donne la facilité de les franchir, et comble les pièges creusés par les Romains ; déjà les armes et les forces commencent à nous manquer.

LXXXVI. César, informé de ce qui se passe, détache Labiénus avec six cohortes, et lui ordonne, s'il ne peut soutenir l'effort de l'ennemi, de retirer les cohortes et de faire une sortie, mais seulement à la dernière extrémité. Il va lui-même encourager les autres ; il les exhorte à ne pas succomber à la fatigue ; il leur expose que tout le fruit des combats précédents dépend de ce jour, de cette heure. Les Gaulois qui étaient dans la place, désespérant de forcer les retranchements de la plaine, à cause de leur étendue, tentent d'escalader les hauteurs. Ils y dirigent tous leurs moyens d'attaque ; ils chassent, par une grêle de traits, ceux qui combattaient du haut des tours; ils comblent les fossés de terre et de fascines, se fraient un passage, et avec des faux entament le rempart et le parapet.

LXXXVII. César y envoie d'abord le jeune Brutus avec six cohortes, puis le lieutenant C. Fabius avec sept autres; enfin, l'action devenant plus vive, il s'y rend lui-même avec des troupes fraîches. Le combat rétabli et les ennemis repoussés, il se dirige vers l'endroit où il avait envoyé Labiénus, tire quatre cohortes du fort le plus voisin, ordonne à une partie de la cavalerie de le suivre, et à l'autre de faire le tour des lignes en dehors, et de prendre l'ennemi à dos. Labiénus, voyant que ni les fossés ni les remparts ne peuvent arrêter les Gaulois, rallie trente-neuf cohortes sorties des forts voisins, et que le hasard lui présente, et il fait avertir César de son dessein.

LXXXVIII. César hâte sa marche pour prendre part au combat. On le reconnaît à la couleur du vêtement qu'il avait coutume de porter dans les batailles; et les ennemis, qui, de la hauteur, le voient sur la pente avec les escadrons et les cohortes dont il s'était fait suivre, viennent commencer l'attaque. Des cris s'élèvent de part et d'autre, et sont répétés sur le rempart et dans les retranchements. Nos soldats laissent le javelot, et mettent l'épée à la main. Tout à coup notre cavalerie se montre derrière l'ennemi; d'autres cohortes approchent: les Gaulois prennent soudain la fuite; notre cavalerie les rencontre et en fait un grand carnage. Sédulius, général et prince des Lémovices, est tué; l'Arverne Vergasillaune est pris vivant dans la déroute; soixante-quatorze enseignes sont rapportées à César : d'un si grand nombre d'hommes, bien peu rentrèrent au camp sans blessure. Les assiégés, apercevant de leurs murs cette défaite sanglante, désespèrent d'eux-mêmes, et font rentrer les troupes qui attaquaient nos retranchements. A cette nouvelle, les Gaulois renfermés dans le camp s'enfuient en désordre : si nos soldats n'eussent été harassés de si nombreuses attaques et de tous les travaux du jour, toute l'armée ennemie eût pu être détruite. Vers le milieu de la nuit, la cavalerie fut envoyée à la poursuite de l'arrière-garde : une grande partie fut prise ou tuée; les autres, après la déroute, se réfugièrent dans leurs cités.

LXXXIX. Le lendemain, Vercingétorix convoque l'assemblée. Il déclare « qu'il n'a pas entrepris cette guerre pour ses intérêts personnels, mais bien pour la liberté commune. Puisqu'il faut céder à la fortune, ajoute-t-il, je m'offre à vous, et vous laisse le choix d'apaiser les Romains par ma mort ou de me livrer vivant. » Aussitôt on députe vers César : il ordonne que les armes et les chefs lui soient remis. Il s'assied sur son tribunal, à la tête de son camp : on amène les chefs ennemis; on lui livre Vercingétorix; ses armes sont jetées à ses pieds. A l'exception des Éduens et des Arvernes, qu'il se réserva pour essayer de regagner ces peuples, le reste des prisonniers fut distribué par tête à chaque soldat, comme butin de guerre.

LES CELTES ET LES GAULOIS

Les découvertes de l'archéologie nous ont montré, ces dernières années, combien il serait difficile de juger les nations de la Gaule par ce qu'elles étaient devenues à l'époque des guerres de César. Nos ancêtres ne nous ont pas laissé d'histoire écrite; mais peu à peu on arrive à dater une foule de faits qui se présentaient autrefois à nous, comme en masse compacte et confuse; on arrive à expliquer un certain nombre de textes dont l'interprétation avait été longtemps forcée.

Dans sa deuxième édition de 1894, de l'ouvrage intitulé : *Les premiers habitants de l'Europe d'après les écrivains de l'antiquité et les travaux des linguistes*, M. d'Arbois de Jubainville s'occupe spécialement de l'unité politique chez les Celtes continentaux au Ve et au VIe siècle avant J.-C. Cette unité lui paraît avoir existé à l'époque de leur établissement dans l'Italie septentrionale.

L'invasion celtique en Italie, dit M. de Jubainville, est de peu d'années antérieure à la prise de Rome par les Gaulois, 390. La domination étrusque en Campanie dura de 471 à 424. Elle fut, nous dit Polybe, contemporaine de la suprématie étrusque dans le bassin du Pô. Alors il y avait entre les Étrusques et les Celtes établis au nord des Alpes les relations commerciales amenées par le voisinage : mais tout à coup séduits par la beauté des plaines qu'arrose le Pô, les Celtes, sous un prétexte futile, arrivèrent avec une grande armée dans ce pays, en chassèrent les Étrusques et s'en emparèrent : tel est le récit de Polybe. Cette conquête, suivant le même auteur, précéda de peu de temps la prise de Rome par les Celtes, 21 juillet 390 avant J.-C. Si l'on s'en rapportait à la chronologie d'Appien, l'invasion celtique en Italie aurait commencé dans le cours de l'Olympiade 97 où les Celtes entrèrent à Rome. L'Olympiade 97 correspond aux années 392-389 avant J.-C., ce serait au plus tôt en 392 que les Celtes seraient entrés en Italie.

La chronologie de Diodore de Sicile s'accorde avec celle d'Appien pour présenter l'entrée des Celtes en Italie et la prise de Rome comme deux événements qui se seraient suivis immédiatement.

Quand la mode des récits érotiques s'introduisit à Rome avec les contes d'Aristide de Milet, vers l'an 100 avant J.-C., on explique l'invasion celtique en Italie par la vengeance d'un mari. L'Étrusque Arruns dont Lucumon avait séduit la femme était allé, sous prétexte du commerce, conduire au delà des Alpes des chariots chargés de vin, d'huile et de figues. Les Celtes, à cette époque, assaisonnaient leurs aliments avec de la graisse de porc ; leur boisson fermentée était la bière; ils ne connaissaient pas plus l'huile et le vin que les figues. Quand ils en goûtèrent, ils furent ravis, et Arruns n'eut pas de peine à leur persuader de venir s'installer en maîtres dans le pays qui produisait de si bonnes choses. Ils entrèrent donc en Italie et firent le siège de Clusium aujourd'hui Chuisi, province de Sienne en Toscane, d'où ils gagnèrent Rome. Tel est le récit que nous lisons chez Denys d'Halicarnasse, dont les *Antiquités romaines* ont été terminées l'an 8 avant J.-C. Ce récit a été reproduit par Plutarque qui mourut vers l'an 120 de notre ère. Il s'accorde avec la doctrine de Polybe, IIe siècle avant notre ère, avec celle de Diodore de Sicile vers l'an 40 avant notre ère, avec celle d'Appien, 190 après notre ère, pour faire de l'invasion celtique en Italie et du siège de Rome deux événements qu'un très court intervalle sépare.

Tite-Live écrivait le livre V de son *Histoire romaine* entre les années 27 et 20 avant notre ère, peu après la rédaction de la *Bibliothèque* de Diodore de Sicile, et antérieurement à la publication des *Antiquités romaines* de Denys d'Halicarnasse. Il a connu la vieille chronologie adoptée par les auteurs de ces deux grands ouvrages; elle a plusieurs fois pénétré dans son récit. Mais il déclare donner la préférence à une chronologie nouvelle. Cette chronologie met vers l'an 600 avant J.-C. la conquête de l'Italie du nord par les Gaulois sur les Étrusques; il supprime ainsi le synchronisme établi par Polybe entre la domination étrusque dans le bassin du Pô et la domination étrusque en Campanie (471-424). Toutefois, par une contradiction singulière, Tite-Live parle en deux endroits comme s'il tenait pour l'ancienne doctrine, seule admise par les autres écrivains de l'antiquité, seule soutenable aujourd'hui.

Malgré ce grave défaut, le récit de Tite-Live est très intéressant.

Il nous rapporte, probablement d'après Timagène, dont la source devait être ici quelque chant épique gaulois, un fait historique important dont aucun autre écrivain ne parle. A l'époque de l'invasion des Celtes en Italie, le régime monarchique avait prévalu chez eux; Ambigatus, ou mieux Ambicatus, était roi du *Celticum*, c'est-à-dire — non pas de la petite Celtique de César, qui est au Ier siècle de notre ère, une partie de la Gaule barbare entre la Seine, la Marne et la Garonne — mais de la Celtique des géographes grecs au IVe siècle avant J.-C., c'est-à-dire de la Celtique d'Éphore, qui, à l'ouest, comprend la plus grande partie de l'Espagne jusqu'à Cadix, et qui, à l'est, touche au pays des Scythes.

Après que les Celtes eurent conquis sur les Illyriens une grande partie de la région du Danube central (IVe siècle avant notre ère); après leur établissement dans le bassin du Rhône et dans les régions voisines restées jusque-là ligures (commencement du IIIe siècle); quand enfin les Carthaginois eurent soumis l'Espagne à leur domination (236-220 avant J.-C.), on put donner de la Celtique la définition qu'on trouve encore chez Denys d'Halicarnasse à la fin du Ier siècle avant J.-C. :

la Celtique est située dans la partie occidentale d'Europe entre le pôle boréal et
le couchant d'équinoxe. Elle est en forme de rectangle ; elle touche au levant les
Alpes qui sont les montagnes les plus hautes de l'Europe ; au midi et là où souffle
le vent du sud, elle atteint les Pyrénées ; au couchant elle a pour limites la mer
qui est au delà des colonnes d'Hercule ; les races scythique et thrace la bornent au
nord et là où coule le Danube qui prend sa source dans les Alpes, qui est le plus
grand fleuve de la région et qui, après avoir traversé tout le continent septentrional, se jette dans le Pont-Euxin. La Celtique est assez grande pour qu'on puisse
dire qu'elle comprend presque le quart de l'Europe. C'est un pays arrosé de nombreuses rivières ; il est fertile, les récoltes y sont abondantes et ses pâturages
nourrissent de nombreux troupeaux. Il est divisé en deux parties égales par le
Rhin, qui après le Danube paraît être le plus grand fleuve de l'Europe. » Telle est
la Celtique où, suivant Denys d'Halicarnasse, Arruns aurait été conduire du vin,
de l'huile et des figues au commencement du ive siècle avant J.-C.

La Celtique ou le *Celticum* où régnait Ambicatus vers l'an 400 avant J.-C., était
plus étendue au sud-ouest, puisqu'elle comprenait une grande partie de l'Espagne ;
elle avançait moins loin à l'est puisque les Celtes n'avaient pas encore conquis la
Pannonie, mais elle renfermait toute l'Allemagne moderne sauf la région nord-
ouest ; elle ne comprenait ni le bassin du Rhône ni les côtes françaises de la Méditerranée, ni la Suisse, contrées alors toutes habitées par les Ligures ; elle n'avait
donc pas la forme de rectangle que prit plus tard la Celtique dans les *Antiquités
romaines* de Denys d'Halicarnasse. Mais c'était un très grand pays qui n'avait aucun
rapport avec la petite Celtique de César ; Tite-Live, croyant à l'identité des deux
circonscriptions géographiques, commet un gros anachronisme.

On peut donc pour cette époque parler de l'empire celtique. Les Celtes continentaux paraissent avoir possédé à cette époque une sorte d'unité politique qui
semble déjà avoir existé dès le ve siècle et avoir continué jusque vers la fin du
ive siècle avant notre ère. Cette unité politique explique l'unité de leur langue, la
stabilité de leur politique extérieure, leurs succès dans les guerres.

Antérieurement au iiie siècle avant J.-C., le système politique unitaire que nous
voyons prévaloir en Celtique et en Belgique au iie siècle et au i^{er} siècle et que l'habileté romaine sut détruire, ajoute M. de Jubainville, paraît avoir prévalu dans
l'ensemble des Celtes continentaux et avoir donné naissance à un grand État. Mais
cet État n'était semblable ni à l'État romain, ni à l'empire de Napoléon, ni en
général à la France moderne. Si on veut trouver une conception gouvernementale
analogue, il faut se transporter en Allemagne. L'empire celtique était un groupement de petits États, de petits peuples parlant la même langue, et au milieu desquels un peuple un peu plus puissant que les autres avait l'hégémonie. C'est ce
que dit formellement le passage de Tite-Live relatif à Ambicatus. « Chez les Celtes,
le pouvoir souverain appartenait aux *Bituriges,* les *Bituriges* désignaient le roi du
Celticum. Ce roi était Ambigatus », lisez Ambi-catus.

Par Celtes, on n'entend plus désigner d'une manière générale les constructeurs de dolmens, mais certains de leurs successeurs ou de leurs descendants doués d'une civilisation déjà avancée. M. Alexandre Bertrand, qui a étudié spécialement la question, nous avertit que, dès le ıv⁰ siècle avant notre ère, la Celtique ne représentait plus rien de précis, ni géographiquement ni ethniquement . Par ces termes, d'une élasticité pour ainsi dire illimitée, quand il s'agissait des populations occidentales de l'Europe, on désignait toutes les populations du nord-ouest, comme on désignait par le terme de scythiques les populations septentrionales, par ceux d'Indiens et d'Éthiopiens les races qui occupaient à l'orient et à l'occident les contrées méridionales du monde connu des anciens.

Les anciens eux-mêmes n'ignoraient pas, dit M. Bertrand, le caractère banal des mots *Celtae* et *Celticæ* : plusieurs textes en font foi. Réunir en faisceau les renseignements transmis par les historiens, les poètes, les philosophes, naturalistes et même les géographes grecs et latins, sous ce nom commun et vague, n'aurait d'autre résultat que d'augmenter la confusion existant déjà dans les esprits relativement à ces temps reculés. Ces renseignements ne seraient pas seulement confus, ils seraient incomplets. A un moment difficile à fixer, et dont la date varie suivant la patrie des écrivains qui se sont occupés de nos pères, les noms de *Galli* et de *Galatae* ont remplacé et éclipsé celui de *Celtae.* « Déterminer ce qui, dans les récits relatifs aux Gaulois est applicable aux temps anciens où le nom des Celtes dominait seul, est une tâche des plus ardues. Déterminer ce qui y est relatif à la Gaule proprement dite, à notre Gaule, n'est pas plus facile, le nom de Gaulois, quoique moins étendu que celui de *Celtae*, ayant toutefois, du ı⁰ʳ au v⁰ siècle de notre ère, été indifféremment donné à des groupes plus ou moins importants qui, en dehors de la Gaule, occupaient les Iles Britanniques, le Jutland et une partie de la Baltique, la Bohême, une partie de la Thrace, la Bavière, le Tyrol, une partie de l'Illyrie et de l'ancienne Cisalpine, et même quelques cantons de l'Espagne. Le groupement des textes concernant la Celtique est donc chose très délicate et demande une grande circonspection. »

« Un fait, cependant, frappe l'esprit de l'observateur attentif à classer les textes chronologiquement. A partir du ıv⁰ siècle avant notre ère, il voit se dessiner dans la vaste contrée dite Celtique une foule de nations diverses, petites et grandes, dont aucune n'est présentée comme une nouvelle venue, dont plusieurs figurent même déjà dans les écrivains antérieurs, et qui sont assez nettement distinctes des Celtes pour occuper désormais une place à part dans la géographie et l'histoire. Outre les Ibères, les Ligures, les Illyriens et les Sigynes, nous rencontrons les noms nouveaux des Bastarnae, des Carni, des Galatae, des Scordisci, des Suevi, des Tarausci, des Cimbri, des Aquitani, des Belgae,et enfin des Germani et des Getae, dans lesquels nous ne sommes point autorisés à voir des Celtes. »

« Ainsi, à mesure que le jour se lève sur l'occident, que les brouillards des premiers âges se dissipent, la carte de l'ancienne Celtique se colore peu à peu de teintes variées représentant des nationalités diverses, et l'on comprend parfaitement que si les anciens ont donné tout d'abord à l'Europe un nom unique, c'était, comme le dit Strabon, uniquement par ignorance. »

Une étude approfondie des coutumes funéraires et des monuments religieux a permis à M. Bertrand de rechercher les applications de ses distinctions entre ces diverses nations. Aussi son ouvrage sur la *Mythologie gauloise* est-il attendu avec intérêt par les historiens qui veulent mettre à profit les travaux qu'il a suivis avec tant de persévérance. Les *Commentaires* de César y trouveront les éclaircissements qui sont devenus indispensables depuis que l'archéologie est venue révéler tant de faits nouveaux, et que la localisation des découvertes a permis d'établir des lignes géographiques sans lesquelles on a peine à concevoir des idées d'ensemble sur des sujets aussi difficiles, lorsque ceux-ci ne sont considérés que de loin, à travers des textes encore beaucoup trop vagues.

Quelles sont ces lignes géographiques, que nous croyons si utiles pour l'éclaircissement de l'histoire des Gaulois ?

La première, et la plus ancienne peut-être, est celle qui est formée par les *oppida*. Lorsque M. François Lenormant explora les ruines d'Alise, il ne manque pas de rapprocher la grande enceinte retranchée de cette localité de celle du camp de Sandouville, dont Léon Fallue avait publié un plan assez exact. En relatant les nombreuses observations auxquelles la question d'Alesia a donné lieu avant les fouilles de F. de Saulcy, de Alexandre Bertrand et du colonel Stoffel, on n'a peut-être pas assez tenu compte des excellentes observations de F. Lenormant, qui ont été présentées avec une clarté si remarquable et dans un esprit si véritablement archéologique. Ce savant rapprocha les enceintes d'Alesia et de Sandouville de celle de Fains, près Bar-le-Duc.

Depuis cette époque, beaucoup d'explorateurs ont été portés à croire que les enceintes retranchées de ce genre doivent remonter à la période néolithique, c'est-à-dire qu'elles peuvent avoir été contemporaines des monuments mégalithiques, à l'époque desquels on construisait volontiers des monuments fort primitifs comme architecture, mais de dimensions considérables. Il n'en est pas moins certain que, dans plusieurs régions peu étendues, ces enceintes retranchées se trouvent dans le voisinage d'immenses rochers à forme bizarre (voir *Vala*, III) auprès desquelles un certain nombre de médailles gauloises d'or — assez anciennes pour mériter encore le nom de celtiques — ont été rencontrées[1]. Ces *oppida* étant établis sur des éminences défendues par la nature, ayant été isolés au seul côté accessible par des remparts précédés de fossés, et contenant, dans leur immense superficie, des grandes

---

1. Voyez les dessins de ces médailles dans l'ouvrage, à tort si rarement cité, de Ed. Lambert , *Essai sur la numismatique gauloise du Nord-Ouest de la France*. Ces médailles, et quelques autres de la même région, ont été reproduites en 1866, 1867 et en 1872, 1874 dans le *Recueil* des Publications de la Société havraise d'Études diverses. Nous ne citons pas l'ouvrage de Hucher, ni l'atlas de M. de la Tour qui sont connus de tous nos collaborateurs.

mares encore assez profondes, et sans doute aussi des parties cultivées ou boisées, ont dû servir longtemps, jusqu'à ce que même les Gaulois eussent appris à bâtir des villes, d'où peut-être ils retournaient encore dans leurs anciens refuges lorsqu'un danger pressant les obligeait à se mettre à couvert, et où ils pouvaient faire entrer des populations nombreuses et des troupeaux d'animaux domestiques.

Dans la guerre contre les Bellovaques, avec lesquels s'étaient ligués les Ambiens, les Aulerkes, les Calètes, les Véliocasses et les Atrébates (Liv. VIII, P VII et suivants), on voit les Gaulois adopter avec succès une défense de ce genre. Après la défaite de Vercingétorix et de ses alliés, il fallait que ces nouveaux combattants fussent bien déterminés à ne pas imiter la résignation des Gaulois de la petite Celtique pour essayer de conserver leur indépendance. Ce livre VIII des *Commentaires* mérite l'attention particulière des archéologues. Au Congrès archéologique de Caumont de 1866, on a soumis les plans de plusieurs enceintes retranchées semblables reconnues dans la Basse-Seine et sur le littoral belge, et il y aurait un grand intérêt à établir une carte de toutes celles qui seront reconnues de même construction. La *cité de Limes*, près Dieppe, et le camp du *Canada*, près Fécamp, font incontestablement partie d'un système semblable au camp de Sandouville.

Plus au centre, on a reconnu un autre mode de fortification, décrit en détail par César. M. Bertrand a relevé tout un quadrilatère d'oppida ayant Avaricum au centre et comprenant Juliomagus, Genabum, Gergovia, Nasium, Alesium, Augustodunum et Uxellodunum. Ici ce sont des murailles entremêlées de poutres qui forment l'enceinte. Il s'agit maintenant plus particulièrement des trois provinces de la Gaule telle que Jules César la décrit, à l'époque où le pays des Carnutes passait pour le point central de la puissance druidique. « Là se rendent de toutes parts ceux qui ont des différends, et ils se soumettent aux jugements et aux décisions des druides. On croit que leur doctrine a pris naissance dans la Bretagne d'où elle fut transportée en Gaule, et aujourd'hui ceux qui désirent en avoir une connaissance plus approfondie se rendent encore dans cette île pour s'y instruire. » (Liv. VI p. 13 et 14.)

Si difficile que soit l'étude de la numismatique gauloise, celle-ci permet déjà d'intéressantes comparaisons. Nous laissons de côté, pour le moment, l'examen des monnaies contemporaines de la conquête. Mais il y a deux types numismatiques qu'on étudiera avec le plus grand intérêt, celui de la région armoricaine, où l'on voit la tête d'une sorte d'Artémis gauloise et le sanglier, et les types, sans doute beaucoup plus anciens, des médailles d'or où l'on a cru reconnaître l'arc-en-ciel, l'œil et les constellations célestes parcourues par un cheval symbolique. On en rencontre un peu partout, depuis les Salasses, aux sources du Danube, dans la région nord et nord-est des Alpes, autour du lac de Constance, sur les deux rives du Rhin, chez les Aduatici, les Mediomatrici, chez les Bellovaci, les Veliocassi, les Menapii, les Caleti, en Grande-Bretagne ; en Irlande même, nous assure-t-on. La facilité de circulation d'une monnaie d'or ne permet pas assurément toujours

d'en localiser le fabrication à la suite de découvertes peut-être fortuites. Mais que
l'on ne se décourage pas. Nos numismatistes d'aujourd'hui se bornent à grouper
les trouvailles et à en faire de bonnes cartes. Et il est étonnant de constater combien
les questions de ce genre paraissent s'éclaircir dès qu'elles se présentent sans
esprit de système, mais sous l'aspect si simple de localisations de découvertes
authentiques.

En l'absence de documents écrits suffisants, la numismatique et l'étude des
enceintes retranchées ou fortifiées nous offriraient pour le littoral des données précieuses qui compléteront les belles découvertes faites dans le centre de l'Europe et
le nord-est de la France. A propos des tumulus gaulois de Magny-Lambert,
M. Bertrand écrivait :

« Dans la commune de Magny-Lambert [1], nous étions en présence de tumulus
d'une construction spéciale et recouvrant, en majorité, les corps de guerriers dont
le costume, l'armement et le mobilier funéraire se composent de deux groupes
d'objets distincts. Un premier groupe est commun à toutes les sépultures de la
Gaule, sous tumulus ou autres, à partir de l'introduction du fer dans nos contrées
jusqu'à la conquête romaine. C'est là un bagage tout celtique dont nous n'avons
eu qu'un mot à vous dire. Un second groupe est formé d'objets qui n'ont eu, chez
nos pères, qu'une existence éphémère, qui apparaissent dans certains monuments
d'un ordre spécial, d'une certaine époque de notre histoire, pour disparaître à une
autre. Ces objets, qui ne semblent pas tous avoir joui de la même vogue, même
à l'époque que nous signalons, se retrouvent, en proportions diverses, dans ceux
des pays voisins de la Gaule avec lesquels nos ancêtres eurent des rapports fré-
quents. Quelle était la nature de ces rapports ? Quelle fut leur étendue ? La comparaison des objets sortis de nos fouilles, avec ceux qui sont sortis des fouilles exécutées tant dans l'Allemagne méridionale et en Italie que dans le Mecklembourg et
le Hanovre, nous a montré que les trois points avec lesquels nos recherches nous
mettent le plus étroitement en contact sont d'un côté le haut Danube (rive droite),
les contrées circumpadanes d'un autre ; en troisième lieu, les côtes septentrionales
de la Germanie, au débouché de la presqu'île Cimbrique. D'autres objets, la feuille
d'or et la perle de verre, rappellent l'industrie chypriote et les tumulus de la
Chersonèse Taurique. Il est toutefois évident, même à une première vue, que
les rapports les plus intimes des guerriers de la Côte-d'Or sont avec le Salzberg,
près de Hallstatt.

On peut donc regarder la civilisation des populations de Hallstatt comme identique à celle de la Côte-d'Or à l'époque où ont été élevés nos tumulus. »

Quant aux survivances religieuses, la découverte du grand vase du Jutland, dont
nous avons publié deux sujets sur notre planche III, en venant tout d'abord confirmer ce que M. Bertrand disait lorsqu'il citait les similitudes avec ce que l'on trou

---

1. Alexandre-Bertrand, *Archéologie Celtique et Gauloise*, p. 320, 2ᵉ édition, Paris, Ernest Leroux

vait dans cette presqu'île Cimbrique, illustre et confirme les idées émises par l'école archéologique moderne.

M. Sophus Müller, en décrivant le vase de Gundestrup[1], a tenu à ne pas se lancer dans des hypothèses hasardées. Tout en parlant d'un travail d'apparence gallo-romaine, il a, trop modestement peut-être, dit qu'il convenait d'attendre d'autres éléments de comparaison ou d'autres découvertes semblables. M. Bertrand n'a pas manqué de faire remarquer à ses élèves et à ses amis, la similitude incontestable des casques à cornes roulées[2], de l'emblème du sanglier, du bouclier allongé avec celle des mêmes sujets représentés comme étant gaulois ou cimbriques. Les terribles trompettes galates, que font retentir trois personnages qui paraissent des servants ou des esclaves plutôt que des guerriers, sont identiques au *carnyx* des anciens textes et des monnaies incontestablement gauloises ou bretonnes. Un chef breton à cheval brandit au-dessus de sa tête un carnyx semblable. Sur la médaille qui lui est attribuée, Dumnorix en porte un dans sa main droite, en même temps qu'un sanglier-enseigne. Mais quand il a fallu fixer une date certaine plus ancienne que le Ier ou le IIe siècle de notre ère, il y a eu bien des hésitations.

Ce qui n'a donné place à aucune hésitation, c'est le tableau intéressant présenté par le personnage accroupi à tête cornue qui tient à la main un serpent à tête de bélier, et qui est entouré d'animaux plus ou moins symboliques ou décoratifs. Ce dieu cornu s'est retrouvé dans l'est et dans le nord-est de la Gaule, à Reims et à Paris par exemple.

D'un autre côté, nous avons fait remarquer (*Vala*, III) le parallélisme des traditions recueillies par les anciens auteurs scandinaves et de celles qui se reconnaissent dans les anciens pays celtiques, la parenté des légendes du Valhalla et du jardin figuré sur ce curieux vase des Cimbres. A mesure qu'on multipliera les observations, on pourra mieux définir ou différencier ces similitudes et, à défaut de textes, on finira par comprendre avec plus de détail le difficile problème de la géographie de nos ancêtres.

---

1. Sophus Müller, *Le grand vase de Gundestrup en Jutland*. Nordiske Fortidsminder (2. *hefte*).

2. Les casques à ailes étendues se rencontrent si fréquemment dans les ouvrages dits de vulgarisation, les féeries et sur les petits théâtres, que nombre d'artistes et même d'historiens ont fini par les adopter comme classiques. Aussi les véritables casques gaulois ou cimbriques ont-ils eu un succès... de désappointement général. Il faut presque réclamer l'indulgence des auditeurs pour dire que les guerriers gaulois ne différaient, après tout, que très peu des Grecs, leur contemporains, et même des Assyriens qui leur avaient peut-être emprunté bien des choses. Voyez la sépulture du chef inhumé avec son char, dans la grande vitrine du Musée de Saint-Germain.

L'ARCHITECTURE CARLOVINGIENNE

ET

LES MINIATURES CONTEMPORAINES

M. Georges Lafenestre nous a montré que, sous Charlemagne, des architectes français venaient travailler à Venise. Cette intéressante observation ne manquera pas de provoquer de nouvelles découvertes dans une direction presque oubliée aujourd'hui.

On ne doit pas méconnaître l'influence que le grand empereur franc acquit dans toute l'Italie, lorsqu'il ravit le sceptre à Desiderius, le dernier des princes lombards (774). Charles Martel et Pépin avaient déjà établi avec les souverains pontifes des relations politiques qui marquent une sorte de transition entre l'histoire ancienne et l'histoire moderne, entre le droit civil ancien et le droit ecclésiastique nouveau. Investis de la dignité de souverains des Francs et des Patriciens de Rome, les Carlovingiens exercèrent d'abord une protection lointaine seulement, mais les événements, et le réveil de la guerre des Iconoclastes surtout, établirent leur autorité effective.

Après l'empereur Honorius, qui avait choisi Ravenne pour capitale, Rome n'était plus que la capitale d'une sorte de duché, que menaçaient tour à tour les empereurs de Constantinople et les Lombards. En acceptant l'autorité de Charlemagne, on créait un état de choses tout nouveau. L'art de bâtir devait se ressentir des influences de l'époque, et il est du plus haut intérêt de rechercher ce qui nous reste des constructions du VIIIe et du IXe siècle.

Depuis 1867, que nous avons publié une courte notice sur l'ancien manuscrit de Saint-Wandrille [1], nous avions toujours espéré retrouver les premières feuilles perdues, pendant l'invasion normande sans doute. Longtemps nous avions cru que ces feuilles étaient passées dans l'ancien fonds Notre-Dame, à Paris. Maintenant nous croyons avec plus de probabilité les retrouver aux environs de Térouanne. En attendant une photographie, que nous espérons recevoir bientôt et qui nous fixera

---

1. Notice sur le *Majus Chronicon Fontanellae*, manuscrit du IXe siècle conservé à la Bibliothèque du Havre. (*Moniteur de l'Archéologue*, de Montauban.)

peut-être à ce sujet, nous appellerons de nouveau l'attention sur cette vieille chronique.

SAINT ANSBERT
(IXᵉ SIÈCLE)
Majus Chronicon Fontanellae

Dans le chapitre consacré aux Gestes d'Anségise, on trouve plusieurs longs paragraphes qui donnent des détails très intéressants sur les constructions entreprises à Fontenelle par les soins de cet abbé. On y voit qu'il avait fait bâtir un dor-

toir de 208 pieds de longueur sur 27 de hauteur, un réfectoire de mêmes dimensions et une salle capitulaire. Le dortoir avait été décoré de peintures par Maladulfe,
excellent peintre de Cambrai.

La basilique de Saint-Pierre se ressentit des munificences d'Anségise. La Chro-

SAINT WULFRAN

(IXe SIÈCLE)

Chronicon Fontanellae

nique nous raconte que, ayant trouvé la tour humble et basse, il y fit élever une
pyramide quadrangulaire de 35 pieds, en bois tourné (*de ligno tornitali*) et garnie
de plomb, d'étain et de cuivre. Il y fit aussi placer plusieurs statues.

Ce fait est très important à noter pour l'histoire de notre architecture religieuse.
Mais ce qui nous intéresse surtout, ce sont les deux miniatures qui décorent les
feuillets du manuscrit, et qui représentent saint Ansbert et saint Wulfran, vêtus
de leurs costumes religieux, et placés devant des édifices ou des portions d'édi-

fices, où les tours jouent déjà le rôle décoratif qui fut si remarquable à partir du onzième siècle.

L'artiste s'est représenté lui-même, croyons-nous, au-dessous du portrait de saint Ansbert. A droite les trois Évangiles se voient, conservés dans une bibliothèque des plus primitives, c'est-à-dire dans un coffre maintenu ouvert.

Les détails des coupoles, des tours à étages, et des colonnes ou colonnettes à rubans avec des perles, ou unis, surmontées de chapiteaux plus ou moins ornementés, méritent d'être étudiés avec soin. On y verra que les traditions romaines du Juliobona voisin s'y étaient continuées.

On y allait même emprunter des matériaux tout préparés. Lorsque Éginhard fit bâtir l'église de Saint-Michel, il n'y manqua pas, comme le dit notre Chronique, en relatant les *Gestes de Teutsinde* : « Sub huius denique tempore Erinharius prepositus eius edificauit basilicam beatissimi archangeli Michaelis licet modico pulcherrimo tamen opere. allatis uidelicet petris politis de Iulio bonacastro quondam nobilissimo ac firmissimo, ad construendos arcus seu frontispicium eiusdem templi. »

Non loin de là, à Duclair, on a cru reconnaître aussi des matériaux romains employés dans la construction de l'église. Cela ne constitue pas une architecture. Mais de même que la basilique du magistrat était devenue la basilique de l'évêque, plus d'un modèle de construction a dû être suivi. Avec la pyramide de bois ornée, ou recouverte de métaux, et les statues, nous croyons voir arriver une architecture nouvelle. Il y eut sans doute alors un échange d'éléments entre les hommes experts du royaume des Francs et ceux des villes de l'Adriatique. On le voit, l'histoire de la peinture est venue encore une fois en aide à l'histoire des monuments.

MUSÉES, CHRONIQUE, BIBLIOGRAPHIE

Musée du Trocadéro. — On vient de placer, dans la galerie Ouest, le moulage d'une partie d'un retable attribué à Pasquier Borremans (Église Notre-Dame de Lombeck, Belgique). Les découpures à jour sont très fines, et les personnages du sujet, *le Mariage de la Vierge*, sont en plein relief.

Cette collection de moulages du xvie siècle devient de plus en plus intéressante à étudier. On y voit combien il est difficile de se contenter du mot *Renaissance* pour désigner tant de styles différant l'un de l'autre. Sous le nom de *style François Ier*, avec les modèles que nous avons ici, il y aurait déjà, pour la France seule, une école des plus remarquables. Les candélabres formant colonnettes dans le portique de la cour de l'hôtel Bernuy, à Toulouse ; l'ancienne clôture du chœur de la cathédrale de Rodez (datée M 531); le portail du transept nord de l'église d'Oyron (Deux-Sèvres), sans parler d'autres sculptures plus connues, offrent des détails dont la légèreté d'exécution n'a jamais été dépassée. M. Paul Robert s'occupe à éditer, par le procédé Berthaud, la collection complète de ces moulages, qui offrira les sujets d'étude les plus utiles à nos architectes et à nos sculpteurs.

Une statue tombale d'Artus Gouffier a été reproduite telle qu'elle avait été érigée dans l'église d'Oyron. L'inscription, gravée le long de la dalle, a été en partie mutilée :

CI.GIST.FEV.DE.BONE.MEMOIRE.
MESSIRE.ARTVS.GOUFFIER.EN.SON.
VIÃT.CHLR.
SAIGNEVR . DE . BOYSY . BOVRG .
SVR.CHARÊTE . DE . SAINCT . LOVP.
ET . DOYRÕ.GOVVERNER .ET . LIEV-
TÊAT.GNAL.DV.ROY.EN.SES. PAIS.
DE . DAVLPIÊ . ET . GRÃD . MÊ . DE .
FRÃCE.FÕDATEVR.DE.CESTE.EGLE.

LEQVEL.TRESPASSA.A.MÔPELLIER.
LE.XIIIᴱ .IOVR.DE.MÀY.1519.PRIEZ.
DIEV.POVR.LVY.

La tête repose sur deux coussins, derrière lesquels on voit un chapeau plat avec rebords en mailles retombantes, qui se fixaient au moyen d'une lanière, pour compléter l'armure du personnage.

Les bas-reliefs de l'hôtel du Bourgtheroulde, bâti, sous François Ier, par G. Le Roux à Rouen, ont été très bien reproduits, malgré l'état de dégradation des originaux. Ceux-ci ont inspiré aussi les belles peintures sur verre représentant l'entrevue du Drap d'or, que l'on voit dans le grand escalier ouest. Le peintre, M. Revel, et les verriers, MM. Bazin et Cie, du Mesnil-sous-Firmin (Oise), ont tenu à affirmer, par ce travail, les belles traditions de l'école française.

École du Louvre. — M. Ledrain est sur le point de terminer ses classes de déchiffrements d'inscriptions puniques et néo-puniques, et de traductions des anciens Livres. Après Pâques, on visitera les galeries du musée pour y continuer les leçons en présence des monuments.

M. Reinach est entré dans des détails très importants sur l'organisation militaire romaine, et la composition des légions. On a recueilli l'inscription d'un soldat qui avait servi quarante ans. Mais, au point de vue de l'archéologie gauloise, les inscriptions funéraires de Lyon offrent les renseignements les plus importants; comme celle du soldat de la cohorte XVII, préposée à la garde de la monnaie ; celles des vigiles chargées de la police nocturne et des incendies. A Lyon, l'organisation avait été sans doute copiée sur celle de Rome, qu'Auguste avait perfectionnée par de nombreux emprunts faits aux coutumes locales de l'Égypte.

L'organisation romaine était si bien entendue qu'elle a suffi pour empêcher longtemps la destruction de l'Empire ; l'histoire, ajoute M. Reinach, a moins à s'étonner des causes de cette ruine que des causes de sa durée.

Les stèles funéraires nous montrent, par leur naïveté, que les soldats eux-mêmes les sculptaient souvent. Mais si ces stèles sont grossières, les détails du costume et de l'armement sont particulièrement soignés. Des projections photographiques viennent illustrer ces intéressantes explications.

Le manteau avec petit capuchon se retrouve presque toujours. Nulle part on ne constate un équipement réellement uniforme, comme celui des troupes actuelles. Aussi est-il bien difficile de décrire avec une grande exactitude les costumes des anciennes armées romaines.

Le monument de Xanten, élevé au Bolonais, tombé à 53 ans et demi dans la guerre de Varus, est un rare exemple de monument des temps des premiers empereurs. L'inscription permet à celui qui retrouvera les ossements du militaire disparu de faire ouvrir la tombe, qui n'est jusque là, à vrai dire, qu'un mémorial avec les évocations et la mention des parents qui ont soigné l'érection.

Des stèles représentant des cavaliers germains foulant aux pieds des barbares, quelquefois nus, rappellent le même sujet déjà traité, d'une manière analogue, au IVe siècle avant notre ère, à Athènes.

Tous ces monuments se retrouvent du côté des frontières, où presque toutes les troupes étaient massées. Car, dans l'intérieur de la Gaule, il n'y avait que très peu de militaires : douze cents à trois mille hommes à peine, pendant qu'en même temps, en l'an 66 de notre ère, il y en avait 6.000 en Espagne, et 27.000 occupés à la guerre dans la Grande-Bretagne. Comme le constate Josèphe, les bienfaits romains avaient organisé par toute la Gaule, sous Néron, une société qui prospérait pacifiquement. La fin des dissensions intestines, si nombreuses au siècle précédent, et la délivrance des inquiétudes relatives aux invasions germaines étaient deux des plus grands de ces bienfaits. (*Josèphe*, t. II, chap. 16, 4.)

Avant les vacances de Pâques, M. Salomon Reinach a tenu à commencer l'étude de la mythologie gauloise. Les leçons de 1895-1896, professées par M. Alexandre Bertrand sur ce sujet spécial, font l'objet d'un volume actuellement sous presse. Il y a donc là un ensemble de faits et d'observations auquel on pourra se reporter lorsqu'on voudra examiner les nombreuses questions que la religion des Gaulois ouvre à notre investigation.

En attendant, le professeur résume ses propres vues, déjà en partie familières à ceux de nos lecteurs qui ont étudié ses nombreux ouvrages.

Les anciens Gaulois ne nous ayant rien laissé par eux-mêmes, sous forme de doctrines, les spéculations ont été nombreuses. La *Religion des Gaulois* de Dom Martin n'est pas à dédaigner. Depuis cet ouvrage, Henri Martin, Michelet et Amédée Thierry ont pris des documents inexacts et ont construit des systèmes qui ont passé en deuxième et en troisième main, et circuleront sans doute encore, alors que depuis longtemps on a reconnu que la base en était fausse.

Il y a une quinzaine d'années, on croyait que l'étude des anciens textes irlandais ferait connaître tout un corps de doctrines tirées de celles des Druides. Mais ces espérances se sont évanouies ; nous nous trouvons là, comme ailleurs, en présence de sources fragmentaires et d'inégale valeur. L'Académie Royale d'Irlande a fait photographier les feuillets de quelques anciens textes, dont la forme remonte au plus au VIIIe et au IXe siècle, et quelques savants spécialistes se partagent la tâche difficile du déchiffrement, qui est loin d'être achevée. Mais dans l'ensemble on n'y voit rien de comparable aux nombreuses indications relatives aux dieux des pays scandinaves, par exemple. Ce sont des histoires très prosaïques de temps très anciens. Des rapprochements étymologiques ont amené des explications forcées et des rapprochements arbitraires entre héros irlandais et dieux de la Gaule continentale.

Les traditions et les coutumes populaires sont des sources très précieuses. Encore faut-il qu'elles représentent des expressions sincères, et non pas des légendes répétées par les *gens instruits*, qui pour rien au monde n'avoueraient l'origine de leurs connaissances. Entre le scepticisme et la crédulité, il y a place pour bien des erreurs. Mettez une question à l'ordre du jour, même chez des personnes difficiles à tromper, elles-mêmes de la plus entière bonne foi. Il est surprenant de constater combien les réponses viennent abonder affirmativement dans le sens des questions que l'on pose, dans les détails que l'on donne, et comme il y a peu d'éléments originaux dans les parties de réponse non prévues dans les programmes.

L'étude des coutumes bien observées est des plus intéressantes, parce qu'on n'improvise pas une coutume comme on peut improviser une légende. On reconnaît alors qu'on se trouve souvent en présence de superstitions tenaces, très anciennes, humaines plutôt que gauloises, en grande partie plus anciennes que les Gaulois, acceptées puis oubliées par ces derniers, et qui souvent ont réapparu aux moments où les croyances plus élevées tombaient dans l'oubli ou l'effacement.

Nous citons très peu de noms propres, cette matière étant des plus délicates. Il nous semble cependant que ce n'est pas seulement à propos des divinités locales des Gaulois, trop facilement acceptées par les compilateurs comme grands dieux de toute la Gaule, que les banalités ont eu cours. N'a-t-on pas trop souvent admis comme faits bien établis, de simples hypothèses ? Nous voulons surtout parler de celles qui sont relatives aux religions primitives. Ouvrons, par exemple, un dictionnaire quelconque des sciences philosophiques, lisons un grand ouvrage comme celui de Hervas, où tant d'auteurs ont puisé, pour nous renseigner sur la religion des anciens Perses, puis interrogeons les Parsis eux-mêmes, M. Dadabhaï Naoroji, entre autres, — nous serons surpris de constater quelles différences d'interprétations sont possibles sur un sujet aussi connu, en apparence, que celle de la lutte du bien et du mal. Ce dernier, selon les Parsis lettrés, n'existe pas ; c'est un défaut de bien qui produit le mal, une ombre opposée à la lumière, non comme force vive mais comme absence de force, comme maladie, comme produit de l'ignorance et de circonstances défavorables à la grande marche du progrès et du perfectionnement. Nous voilà bien loin de cette lutte constante entre le bon et le mauvais ange, dont on fait partout honneur à Zoroastre.

Après cette parenthèse, qu'on voudra bien nous permettre, on comprendra mieux l'excessive réserve avec laquelle M. Reinach a accueilli les divisions, trop facilement acceptées, entre les doctrines de ceux qu'on appelle les Aryens et les Touraniens en les opposant arbitrairement entre eux dès les temps les plus reculés d'une histoire souvent supposée, alors que les textes parlaient simplement des différences entre les hommes de l'agriculture et les cavaliers nomades.

Ainsi les pratiques de la magie ne peuvent avoir été le domaine exclusif des Chaldéens ou des Touraniens. Il n'y a pas de peuple chez lequel on ne retrouve des rudiments de la magie ou du fétichisme. Le culte des eaux, des champs et de l'abondance, le culte des arbres est encore répandu en France (en dépit de la rage de destruction qui s'attaque à ceux-ci avec tant de fureur dans plusieurs de nos contrées qui ne sont pas des plus spiritualistes, oserons-nous ajouter). La Forêt Noire, la Forêt des Ardennes ont été personnifiées dans les temps antiques tout aussi bien que les fleuves et les rivières.

Les projections photographiques nous ont fait voir, sous la forme de sculptures gallo-romaines, les trois déesses-mères assises, un morceau où l'influence du paganisme est marquée. Le monument de Reims nous montre le dieu cornu représenté en grandes proportions entre Apollon et Mercure, ouvrant un sac de graines que viennent chercher un taureau et un cerf. Ce dieu est accroupi, et il est symbolisé par le *mulot*, habitant des régions souterraines, qu'on a sculpté dans l'angle du fronton.

Les trois déesses-mères, de Dijon, sont représentées, l'une avec un enfant emmailloté, celle du milieu avec un rouleau à inscrire sur les genoux, et la troisième avec une patère et une boule de laine. Le travail de la sculpture est supérieur à ce qui se trouve d'habitude. On doit noter en passant cette supériorité de l'art gallo-romain chez les habitants de la Côte-d'Or.

Voici maintenant Épona, la déesse équestre, que M. Reinach a étudiée tout spécialement. Plusieurs photographies la font voir avec sa physionomie particulière, et les intéressants détails du harnachement encore si peu connus. La dernière, dont vient de s'enrichir le Musée de Saint-Germain, tient à la main un instrument, la clé de l'écurie sans doute, car Epona était favorable aux chevaux, et ces sculptures ont dû être encastrées au-dessus des entrées des écuries.

Cours de mai. — La rentrée des cours s'est faite en présence d'un auditoire d'élite, de plus en plus attentif aux excellentes leçons de nos professeurs.

M. E. Pottier a continué l'étude des vases peints en faisant circuler des fragments coloriés et accompagnant ses explications de projections, où des scènes familières viennent initier aux détails de la vie athénienne, tout en faisant valoir la supériorité d'exécution des peintres grecs, dont les compositions restent toujours empreintes d'un sentiment des convenances que nous ne retrouverions pas dans les tableaux plus modernes.

M. Salomon Reinach s'est étendu sur les autels cubiques découverts en 1710 dans l'île de la Cité. On a beaucoup disserté sur ces intéressantes sculptures, et pourtant que de choses restent encore inexpliquées ! Sont-ce des piédestaux, dont les statues manquent ? L'inscription principale montre qu'il ne faut pas trop se hâter de dater tous nos monuments gallo-romains du temps des Antonins. On peut la lire : *Sous le règne de Tibère César Auguste les bateliers de Paris posèrent ce monument à Jupiter très bon et très grand* (manque un mot). On voit que déjà cinquante à soixante ans après la prise d'Alésia, il y avait sur la Seine des corporations de bateliers et de marchands, comme celles dont on a retrouvé aussi les indications ailleurs en Gaule, les corporations des bateliers de la Saône, des bateliers du Rhône, de la Durance.

Il y a ici neuf personnages. Six d'entre eux portent des grands boucliers hexagonaux particuliers aux Gaulois.

Quant aux autres sculptures, on s'est trop hâté d'y voir la preuve d'une triade de grandes divinités principales. Lucain, en citant les noms de ces dernières, n'a fait que compléter une énumération géographique dont il ne faut pas trop étendre le sens. En parlant des peuples gaulois qui devaient se réjouir du départ de Jules César, appelé en Italie par la guerre civile, l'auteur a com-

mencé par en citer beaucoup d'autres, où rien ne prouve la fréquence des autels élevés aux mêmes dieux : *au cruel Teutatès, qui est apaisé d'offres de sang, au redoutable Esus, à Taranus, qui n'est pas moins cruel que la Diane scythique à qui on immolait les étrangers.*

Il faut se rappeler que nous n'avons pas de sculptures de divinités gauloises qui remontent au delà de la conquête romaine (réserve faite des gravures sur les médailles, encore insuffisamment expliquées). L'organisation d'une Gaule élevant des statues et des autels date du temps d'Auguste. Cet empereur s'appliquait à ressusciter les anciennes traditions, et, parmi les Lares des villes, il arrivait à assimiler les divinités indigènes des Espagnols, des Thraces, des Gaulois, de manière à les faire rentrer dans le Panthéon romain. A Melun, par exemple, on a découvert au siècle dernier, une dédicace à Mercure et aux Lares qui montre clairement comment s'est faite cette juxtaposition.

Le Cernunnos, ou dieu cornu, a été l'objet de détails nombreux à propos de l'autel de Reims.

Les inscriptions : IOVIS (transformé en LOVIS par un mauvais plaisant moderne), VOLCANVS, se comprennent facilement. Il n'en est pas de même de TARVOS TRIGARANVS ; la lecture : *le Taureau aux trois Grues* peut donner lieu à bien des explications. Y avait-il peut-être là une sorte de rébus librement interprété par un sculpteur romain ? C'est ce qu'une découverte, faite l'année dernière, à Trèves, nous aidera à mieux expliquer.

Une dédicace faite par un certain Indus, du pays des Médiomatrices, à Mercure (et à Rosmerta), accompagne aussi la sculpture d'un bûcheron qui travaille à (abattre ?) un arbre dans les branches duquel on reconnaît un taureau et trois grues. La question vient s'élargir.

On doit se souvenir des travaux d'Hercule et du voyage que les anciens auteurs français lui font faire en Gaule pour aller *pilher Geryon*. (Jean Le Maire de Belges, secrétaire de Madame Anne de Bretaigne. *Les Illustrations de la Gaule*, Paris, 1548.) Le monstre à trois têtes, un monstre mugissant d'après l'étymologie de son nom, permet de voir un certain rapport avec ces trois représentations d'oiseaux. Plus loin, nous trouverons des taureaux à trois cornes qui, sans tout expliquer, là où peut-être les sculpteurs eux-mêmes interprétaient très librement des appellations et des légendes vagues ou à demi-oubliées, nous montreront la variété des éléments de la question. En attendant, disons que les photographies des autels de Paris, faites avec le soin le plus louable, font reconnaître, sur l'écran lumineux, de nombreux détails peu faciles à étudier sous le jour défectueux des musées : l'arbre de la sculpture de Trèves est un saule. Il faut beaucoup compter sur les découvertes que l'on peut encore espérer pour compléter plusieurs de ces rapprochements.

M. Georges Lafenestre est entré dans des détails nombreux sur les Bellini, et en particulier sur Gentile. Un collaborateur (car ajoute l'indulgent professeur, les auditeurs sont ici de véritables collaborateurs), un auditeur a apporté une photographie de Catarina Cornaro, reine de Chypre, d'après le tableau du musée de Budapest. Le caractère individuel du personnage représenté montre bien la manière accentuée de Bellini. Le portrait du conquérant de Constantinople, Mohammed, tiré de la collection Layard, est des plus intéressants. Pendant une paix entre le Grand-Seigneur et la République de Venise, Gentile alla peindre un grand nombre de tableaux. Le sultan lui demanda de représenter la fameuse Venise, en dessin, et de lui faire le portrait d'un grand nombre de personnages. Entendait-il parler d'un homme remarquable par sa beauté, il en demandait le portrait à Bellini. Il le consultait même, en lui accordant le droit de parler librement.

Ce Mohammed n'était musulman que de nom. Il était poète, musicien, savait plusieurs langues, admirait la beauté, et donnait en même temps la preuve d'un caractère féroce et cruel. Le portrait qu'en a fait Bellini est daté de décembre 1480. Le regard est très expressif; les traits sont de la plus grande finesse.

Bajazet fit vendre à l'encan nombre de ces tableaux. Un magnifique album de Bellini nous est revenu de cette manière. Il y a aussi un immense rouleau, que l'on conserve au Louvre, et sur lequel se retrouve la spirale de sculptures qui ornait la colonne de Théodose, laquelle fut détruite dans les premières années du xvie siècle. On y voit le triomphe de Théodose, lorsqu'il rentre à Constantinople après qu'il eut battu les Barbares. Une copie, exécutée à la fin du xviie siècle pour en faire des gravures, se voit à l'École des Beaux-Arts.

La place Saint-Marc, avec la procession formant *le Vœu du marchand de Brescia*, montre une composition que l'on peut considérer comme le point de départ de la grande école vénitienne (1496). Une autre représente le miracle d'une Croix retirée de l'eau par un prieur, sujet mouvementé signé en 1500 avec la mention de l'auteur, Gentile Bellini, *chevalier, qui, par une pieuse affection pour la Sainte-Croix, a exécuté ce travail avec plaisir*.

Comme les grands artistes de tous les temps qui ont passé leur vie entière à l'étude de leur art, sans prétendre tout inventer au début, Bellini perfectionnait de plus en plus sa manière, jusqu'à sa mort (1507). Le tableau représentant *le Prédicateur de Saint-Marc à Alexandrie*, que l'on voit à Milan, fut terminé par son frère. La ville d'Alexandrie est une sorte de Venise orientalisée. On y voit une église rappelant Saint-Marc; il y a des obélisques, des colonnes avec spirales, et des costumes orientaux qui témoignent du séjour de l'artiste à Constantinople.

Après Mohammed le dilettante, les artistes de l'ouest ne devaient plus venir chez les sultans. Les peintres vénitiens et leurs imitateurs, se servirent donc longtemps des personnages et des costumes que Bellini avait pu représenter, dans des conditions qu'aucune protection n'a pu depuis leur faire obtenir.

Le Saturne tunisien. — La Tunisie devient de plus en plus importante comme élément d'étude pour l'archéologie romaine. On peut s'en convaincre en lisant le compte rendu du Congrès de l'Association française, tenu à Tunis en 1896.

D'après M. J. Toutain, le Saturne africain n'est ni le Cronos grec, ni le Saturnus agricole du culte latin. Il n'est que la transformation adoucie et romanisée du Baal des Phéniciens, le dieu de Carthage.

Le dieu africain, tel que nous le révèlent, à défaut de textes, les monuments épigraphiques et figurés, n'est pas un dieu local, comme celui des cités grecques, ou un dieu politique comme Auguste pour les cités grecques, c'est le Dieu tout-puissant, universel, tel que les peuples de l'Orient ont toujours voulu se le figurer.

Les fidèles de ce dieu étaient des indigènes ; c'est ce qu'établissent les stèles de ce dieu retrouvées un peu partout. Les sanctuaires du Saturne africain sont des enclos sacrés au centre desquels se trouve l'autel. Plus tard, sous la conquête romaine, les édifices dédiés à Saturne se rapprochent de la forme monumentale, mais l'idée première subsiste et nous reporte aux « hauts lieux » des prophètes hébreux. — Les sacrifices humains propriatoires, signalés par les historiens, étaient une pratique à laquelle les fidèles de Saturne, sujets de l'Empire, restèrent toujours étrangers, quoi qu'en ait dit Tertullien. Les offrandes des riches consistaient en sacrifices de bœufs et de moutons ; celles des pauvres, en fruits de la terre. Les idées que ces peuples avaient de la divinité facilitèrent grandement leur conversion au christianisme. Les prêtres du dieu n'étaient pas des personnages de marque au point de vue romain, mais des indigènes initiés chaque année et recrutés dans une classe dont l'ambition était fort modeste.

M. Hannezo énumère et décrit les divers pavements découverts jusqu'en 1895 dans les ruines de l'antique Hadrumète, « qui semble avoir été le siège d'une remarquable école de mosaïstes aux premiers siècles de notre ère. »

Annales de la Société d'émulation de l'Ain, 29ᵉ année (Bourg, Francisque Allombert). — M. Sommier a réuni les matériaux pour l'histoire des verriers-vitriers de l'an 1300 jusqu'à nos jours. On y verra que l'industrie du verre et l'art de la verrerie ont eu des moments de réelle prospérité dans le département de l'Ain, bien que ces industries y aient disparu aujourd'hui.

M. J. Brossard donne la 3ᵉ partie du « Regeste » ou Mémorial historique de l'église de N.-D. du Bourg, depuis les temps les plus reculés jusqu'à nos jours.

M. Philipon a entrepris de détailler l'histoire du second royaume de Bourgogne. Il fixe la localité où mourut Charles le Chauve à Brios ou Bricoscis, dans la Maurienne au pied du versant français du mont Cenis.

Société scientifique, historique et archéologique de la Corrèze (Brive. Marcel Roche). — Les coutumes du vieux Collonges y sont sérieusement étudiées. La légende du Puy de Vézy offre un caractère païen, mais l'éditeur de la fable de *lo Fotulièro* reconnaît dans celle-ci un caractère celtique.

« On chercherait en vain en Grèce et en Italie, dit-il, et même en Allemagne, les korrigans bretonnes, les femmes vertes de Glenfilas (Écosse), la main rouge de la forêt de Glenmore (Écosse), les phoquessirènes des îles d'Iona et de Colonsay, ni le singe Spunkee, allumeur malicieux de lueurs trompeuses, courant le long des marais. *Lo Fotulièro de' la Croso de Coummer* « la fée de la crose (le ravin) de Commer » est de la famille des fées celtiques dans le genre fantastique et monstrueux. La bague de la fée de la Limousette fait aussi l'objet de récits intéressants, comme peuvent en raconter ceux qui décrivent les traditions populaires de leur propre pays.

Mémoires de la Société académique d'archéologie, sciences et arts du département de l'Oise (Beauvais, 1896). — M. Hargen publie une statuette gallo-romaine en plomb de Hébé, trouvée à Saint-Félix. Le chanoine Eugène Müller raconte une *Course archéologique* des plus intéressantes, illustrée de nombreuses vignettes. De nombreuses pièces justificatives accompagnent une bonne étude sur la Jacquerie, de 1358 à 1368.

Société académique de Boulogne-sur-mer, 5ᵉ volume (C. Hamain). — M. Edm. Rigame donne de nombreuses recherches sur les premiers comtes de Boulogne et des remarques sur la vie de Saint-Vulmer.

Société des antiquaires de l'Ouest (tome VIII, nᵒ 3). — M. le colonel Babinet étudie la question de l'emploi du canon dans l'armée d'Édouard III (Crécy, 1346), et dans celle du prince de Galles (siège de Romorantin, 1356).

M. l'abbé Collon nous parle des reliques de sainte Victoire Marose, conservées au trésor de l'église cathédrale de Poitiers. M. B. Ledain publie d'anciennes chroniques qui relatent l'occupation de Poitiers en 1372 par Duguesclin.

Mémoires de la Société d'émulation du Doubs, 6e série, 10e volume (Besançon, Dodivers et Cie). — M. Alfred Vaissier publie une figuration inédite de dieux mânes au musée des antiquités de Besançon. M. E. Ron publie le *Blason d'un roi des Ribauds Bourguignons* et le *Roman du duc Jean sans Peur*.

Archives de la Société royale d'histoire romaine. — M. P. Savignoni publie les Archives historiques de la commune de Viterbe. M. G. Tomassetti fait une étude de la Campagne romaine. De nombreuses images symboliques, des blasons, des sceaux de Rome font l'objet d'une véritable collection de gillotages que nous devons à M. V. Capobianchi.

Académie des sciences de Munich. — Parmi les nombreux mémoires publiés par cette savante académie, nous avons remarqué une importante étude de M. G. F. Unger sur les Macchabées.

Bulletin de l'Académie royale des sciences de Belgique, 1897, no 1. — La grotte du mont Falhise (Anthée), creusée dans le calcaire carbonifère, avec une entrée regardant le nord-nord-est, a fourni de nombreux ossements d'animaux, un *coup de poing* de 137 millimètres de hauteur sur 86 millimètres à sa plus grande largeur, et 30 millimètres à sa plus grande épaisseur.

Cette grotte a été habitée par l'homme pendant l'époque du quaternaire inférieur, dit M. Julien Fraipont, peut-être à diverses reprises et à de longs intervalles. Il y a laissé des reliefs de ses repas, consistant en débris d'ours, d'hyène, de cheval et de bœuf. L'hyène venait, pendant l'absence des habitants de la caverne ronger les os abandonnés sur le sol après les repas. Plus tard des néolithiques sont venus dans la grotte, soit pour y séjourner temporairement, soit pour y enterrer leurs morts et y faire des repas funéraires.

Les anciens palais impériaux au Japon. — Un volume japonais qui donne un compte rendu de l'exposition de Kyoto de 1895, nous fournit quelques détails sur les anciens souverains du Japon et sur leurs palais.

Le siège du gouvernement avait été souvent transporté d'une ville à l'autre. Les premiers empereurs se faisaient remarquer par leur excessive simplicité, mais les relations avec la Chine changèrent cet état de choses. Après avoir régné à Nara, ils choisirent pour capitale Heiankyo, la citadelle de la tranquillité (de 782 à 1186 ap. J.-Ch.), maintenant Kyoto. Soixante-dix-sept empereurs s'y succédèrent.

Un modèle de l'ancienne ville de Nara fait voir une cité rectangulaire dont les murs mesuraient 5.259 mètres du nord au sud, et 4.524 mètres de l'est à l'ouest. Des fossés et des palissades formaient l'enceinte, les tours crénelées et les tours flanquées n'ayant été connues que plus tard.

Journal de la Société anthropologique de Tokyo, décembre 1896. — Nous avons en France des étudiants qui lisent couramment la langue japonaise, que l'on enseigne à l'École des langues orientales. Ils trouveront dans ce Journal d'anthropologie des études de M. S. Wada sur un sarcophage, de M. N. Ono sur des bijoux japonais et de M. D. Sato sur des massues de pierre sculptée, ornées de gravures en creux.

Découvertes à Landrecies. — En démolissant les remparts de Landrecies, on a découvert les vestiges du château fort qui a donné naissance à cette ville. On ne peut nous dire si ces vestiges seront conservés. A Gisors et à Conches, les ruines sont placées de manière à servir à décorer le paysage, ce qui en a assuré la conservation. Espérons qu'il en est de même à Landrecies.

Découvertes près de Laon. — Des fouilles récentes, faites aux environs de Laon, dans un terrain appartenant aux hospices de cette ville, ont mis à jour les vestiges d'une villa romaine dans laquelle, nous assure-t-on, il a été recueilli une grande quantité d'objets précieux, entre autres un très grand vase et une magnifique statue en métal, qu'on dit être du bronze. Si notre correspondant est bien informé, l'administration du Musée de Laon aurait immédiatement acquis la statue.

RÉPONSES

Le chef breton Caradoc. — Un correspondant nous demande quelques détails sur le chef Caradoc, mentionné en même temps que Cymbeline (n° 3), et désire surtout savoir si l'on connaît des monnaies de ce prince breton.

Nous accueillerons volontiers tous les renseignements complémentaires qu'on voudra bien nous donner sur Caradoc et sur tous les chefs gaulois ou bretons, dont nous serons toujours heureux de nous occuper tout spécialement. En attendant, disons que Caradoc n'est autre que Caratacus ou le Cataractacus des historiens romains, le même prince qui se défendit vaillamment pendant neuf années contre les Romains et, dit-on, qui, trahi par une princesse d'une tribu voisine, finit par succomber. Osto'rius Scap'ula le fit prisonnier et le mena à Rome.

Comme on le menait à travers la ville, il fut frappé des splendeurs qui se déroulaient devant lui : « Hélas ! s'écria-t-il, comment un peuple qui possède de telles richesses peut-il envier mon humble cabane en Bretagne ? » L'empereur, ajoute-t-on, fut touché de cet appel, et le fit remettre en liberté.

Le deuxième volume de John Evans (1890, pl. xx, n° 8) fait voir une monnaie qui est très peu connue, et qu'on peut attribuer à ce modeste héros. L'effigie est celle d'un homme jeune encore dont la tête est couverte d'une peau de lion. On n'a que le commencement de l'inscription : CARA..., qui est peut-être insuffisante pour l'attribution proposée.

Cette monnaie a été trouvée à Guildford. Nous ne nous rappelons pas de l'avoir vue dans la collection du British Museum.

Selon la *Triade Galloise* (n. 28), Caradoc ou « Caradwg ap Bran ap Llyr Llediaith » était un des trois grands *rois des batailles*, élus au rang de souverains par le vote de toute la Bretagne. (V. *Notes and Queries*, n° du 1er mai.)

Monnaies des Parisii. — Un autre correspondant exprime quelques doutes au sujet de l'attribution aux Parisii des médailles trouvées en Grande-Bretagne, et décrites par le spécialiste que nous venons de nommer. « Le cheval du revers », fait-il observer, « est purement armoricain ». Il serait intéressant de faire l'inventaire de toutes les monnaies semblables à celles-ci et de dresser une carte géographique des lieux où elles ont été trouvées. La carte géographique de la Gaule, avec les monnaies gauloises principales exposées, est déjà un très heureux commencement qu'on peut étudier au Cabinet des Médailles de la Bibliothèque nationale. D'ailleurs, nous le répétons, l'*Archaeologia* accueille avec une faveur spéciale tout ce qui concerne la numismatique gauloise ou bretonne.

Monnaies de Commius l'Atrébate. — La première partie de la biographie de Commius est bien connue, jusqu'au moment de la dernière grande guerre (liv. VIII), où, vaincu et ayant échappé avec peine aux assassins envoyés par Labiénus, il fit promesse de se retirer, mais à la condition de ne jamais se représenter devant aucun Romain. Il est plus difficile de dire à quelle époque se rapporte l'anecdote racontée par Frontinus (l. II, c. XIII), lorsque Commius s'enfuit en Bretagne, où il put échapper en faisant hisser les voiles de ses embarcations encore à sec, ce qui fit croire à ceux qui étaient au loin, qu'il avait déjà pu prendre la mer. Des auteurs de mérite, M. John Evans en particulier, croient que Commius passa en Bretagne, cette fois pour y séjourner. Sa haine des Romains, qu'il avait d'abord favorisés au moment des deux invasions de César en Bretagne, put le faire choisir à nouveau comme chef des Belges établis au sud de l'île.

MACON, PROTAT FRÈRES, IMPRIMEURS

VASE D'ARGENT

Trouvé dans les fouilles d'Alise-Sainte-Reine

(Musée de Saint-Germain)

VERCINGÉTORIX
ET LES MÉDAILLES D'ALISE

« Trop souvent on a, jusqu'à ce jour, considéré nos ancêtres les Gaulois comme ayant été de vrais sauvages, sans culture aucune, et absolument étrangers à toute idée de science ou d'art. Je ne crains pas d'affirmer que ceux qui s'en tiennent à ce jugement sont dans l'erreur la plus profonde. Il suffit d'examiner la série des monnaies laissées sur les champs de bataille autour d'Alesia pour acquérir la conviction que les Gaulois n'étaient nullement privés d'un certain sens artistique, même assez notablement développé. Il y a mieux : à mesure que l'on remonte plus haut avant l'époque de la conquête, on constate, en étudiant la numismatique gauloise, que, dès le début, l'art de la gravure des coins avait atteint, chez ce peuple, une perfection qui se rapproche même de l'art grec. J'en citerai pour exemple certains statères d'or des Carnutes et des Turones, dont le style est des plus remarquables. Dans la série provenant d'Alise, je me contenterai de mentionner la charmante monnaie de cuivre du roi carnute Tasgetius, et le statère d'électrum de Vercingétorix. Cette fois il ne s'agit plus d'une tête de fantaisie burinée par un habile graveur, mais bien d'un véritable portrait, qui reste le même dans ses moindres détails, sur tous les exemplaires connus, et parmi lesquels il n'y en pas deux qui sortent du même coin [1]. »

C'est ainsi que M. de Saulcy appréciait la belle médaille de Vercingétorix qui fut trouvée dans les fouilles d'Alise-Sainte-Reine, et que nous reproduisons en agrandissement sur notre planche IV. L'album des *Médailles Gauloises* de M. de la Tour, qui marque un progrès si important dans l'étude de la numismatique gauloise, donne de très bons dessins de plusieurs pièces à la même effigie.

On doit reconnaître que la numismatique a été ici d'un très grand secours à l'archéologie. A l'époque des discussions passionnées entre les partisans d'Alise et ceux d'Alaise, on n'avait pas des connaissances suffisantes sur les antiquités des différentes époques antérieures à Jules César, ou contemporaines, pour reconnaître de prime abord l'antiquité plus reculée des découvertes faites à Alaise. M. de Saulcy s'est montré plus d'une fois bon observateur. Mais les recherches faites à Alise-

---

1. F. de Saulcy, *Journal des Savants*, 1880.

Sainte-Reine lui ont permis d'établir la question dans des termes qui n'ont plus été sérieusement contestés depuis. Voici ces conclusions sur les monnaies qui lui ont été soumises à la suite des recherches minutieuses auxquelles on se livra alors.

Trois catégories constituent l'ensemble des monnaies romaines : la première de ces catégories contient 104 deniers d'argent de la République frappés à Rome. Le plus récent de ces deniers à été émis en l'an de Rome 700.

La deuxième catégorie contient 26 deniers de la même classe, frappés dans l'Italie méridionale, et dont le plus récent est de l'an de Rome 665.

Enfin la troisième catégorie comprend 4 deniers frappés en Espagne, pendant la guerre de Sertorius, et antérieurs à 682.

Le siège d'Alésia n'a eu lieu qu'en l'an de Rome 702 ; donc toutes les monnaies romaines retrouvées dans les fouilles d'Alise sont antérieures à cette dernière date, ce qui devait être nécessairement, s'il y avait identité entre le site d'Alise et celui d'Alésia.

Passons aux monnaies gauloises. En voici l'énumération :

Arvernes, monnaies anépigraphes	19
Arvernes, avec nom de chef, dont une pièce de Vercingétorix et 63 d'Epasnactus	85
Aulerkes Éburovikes	5
Bituriges avec ou sans légendes	39
Bucios ou Lucios (pièce unique)	1
Cadurkes	1
Carnutes, anépigraphes	12
Carnutes, avec légendes	31
Carnutes, de Tasgetius	1
Éduens, anépigraphes	27
Éduens, avec légende	2
Éduens, de Dumnorix	19
Éduens, de Litavicus	1
Helviens	4
Lemovikes	5
Leukes	1
Denier de la ligue contre Arioviste	2
Mandubiens	32
Massaliètes	2
Pétruconiens	4
Pictaves, anépigraphes	2
Pictaves, au nom du chef Verotal	11
Rèmes	2
Santones	1
Senones	7

Nombre total :   362

« Une simple observation est à faire tout d'abord sur la liste qui précède. Le quart à peu près de la totalité des monnaies gauloises sorties des fouilles est composé de monnaies des Arvernes. Si l'on veut bien se rappeler que l'attaque du camp des deux légions commandées par Reginus et Rebilus fut conduite par l'Arverne Vergasivellaunus, on n'aura pas de peine à se rendre compte de ce fait important que 104 monnaies arvernes ont été retirées des fossés de ce camp. Sur ce nombre, 63 pièces étaient frappées au nom d'Epasnactus. Or il se trouve que ce chef, après avoir fait sa soumission aux Romains, a émis un nouveau numéraire empreint de types qui n'ont plus rien de commun avec ceux qui caractérisent la numismatique gauloise. Pas une seule des 63 pièces d'Epasnactus n'est empreinte de ces nouveaux types *romanisés,* s'il m'est permis de m'exprimer ainsi : il est donc facile de conclure de ce fait que l'événement, quel qu'il soit, qui a fait perdre ces monnaies dans un combat où les Arvernes étaient en majorité, est antérieur à l'année dans laquelle Epasnactus se soumit aux Romains. Enfin la présence d'un statère d'électrum, frappé au nom de Vercingétorix lui-même, achève, à mon avis, de démontrer l'identité de l'Alésia de César et d'Alise-Sainte-Reine. »

Cette médaille, si heureusement agrandie par nos artistes en phototypie, se voit aujourd'hui, avec les autres médailles décrites ici par F. de Saulcy, dans la *Salle de Numismatique* de Saint-Germain. Comme le dit si bien l'explorateur, le caractère individuel de l'effigie de Vercingétorix ne peut se méconnaître, et, dans sa simplicité originelle, ce portrait est d'autant plus précieux qu'il se présente à nous sans les ornements bizarres qu'il est de tradition d'ajouter, comme si la physionomie du chef gaulois ne nous intéressait pas plus, telle que la médaille le faisait voir à ses contemporains, qu'avec des additions théâtrales ou fantaisistes.

MÉDAILLES GAULOISES

MÉDAILLES DE L'EMBOUCHURE DE LA SEINE

Les médailles gauloises ont un intérêt particulier pour nous. Aussi reproduisons-nous avec reconnaissance celles dont on nous envoie des fac-simile.

La première en date est celle que nous avons citée plusieurs fois, et qui a été trouvée à Oudalles (Arrondissement du Havre).

Médaille d'or, Oudalles.

Depuis longtemps, elle a été attribuée aux Bellovaques. Mais voici plusieurs fois que celle-ci est recueillie chez les Calètes. Une médaille, presque en tout semblable, a été retrouvée plusieurs fois dans le Sud-Est de la Grande-Bretagne. De cette dernière nous publions (PL. VI, B, B*) un spécimen sur lequel nous reviendrons tout spécialement.

Dans un rayon très restreint, avoisinant Harfleur, trois autres médailles d'or ont été retrouvées.

Médaille d'or,
Épouville.

Médaille d'or,
Gonfreville-l'Orcher.

Les deux premières ont été recueillies à moins de dix kilomètres l'une de l'autre, l'une à Épouville, l'autre à Gonfreville-l'Orcher.

Une troisième provient du grand camp de Sandouville. M. Déliée, ancien notaire à Manéglise, l'a possédée dans sa collection et nous ne savons où elle est passée.

Médaille d'or, camp de Sandouville.

Ces quatre monnaies gauloises d'or ont donc été recueillies dans la région nord de la Basse-Seine, chez les Calètes.

La quatrième, qui est en argent à bas titre, montre un type absolument différent, celui de la tête casquée qu'on a qualifié de type armoricain. Elle a été recueillie au lieu dit *la Pierre Grise*, à Collemoulins.

Médaille d'argent, Collemoulins.

Il y a encore ici un cheval en course, et au-dessus un conducteur. Le cheval est androcéphale, ce qui rapproche encore cette monnaie de celles de la presqu'île armoricaine.

La dernière est en bronze, trouvée à deux kilomètres de la précédente, à Saint-Martin du Manoir.

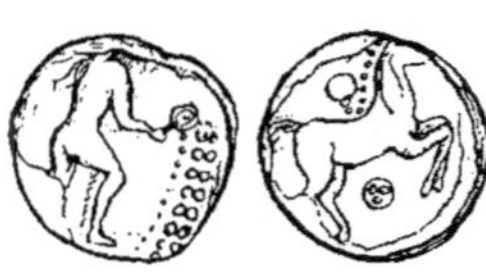

Médaille de bronze, Saint-Martin du Manoir.

Celle-ci est la plus soignée de toutes, comme exécution, et semble se rapprocher, comme époque, des médailles contemporaines de la conquête, si l'on peut en juger sur des indices aussi vagues que le grènetis, qui se remarque aussi sur les médailles de Dumnorix et de Vercingétorix.

Sauf la médaille de Sandouville, que M. Déliée avait acquise, et celle d'Orcher, entrée dans le cabinet de M. Toutain-Mazeville, toutes ces pièces avaient été acquises au moment de leur découverte par Blanchet, le fondateur du petit musée et de la bibliothèque de Montivilliers, où on les a soigneusement conservées [1].

MONNAIE DES PARISII

On jugera mieux des similaires à retrouver par la publication que nous faisons du spécimen de la monnaie d'or attribuée aux Parisii, qui est reproduite directement, d'après le beau spécimen conservé au Musée national de Saint-Germain (Pl. vi, AA*). Le cheval est, nous a-t-on écrit, armoricain.

Il s'agit de le comparer avec d'autres types semblables, et surtout bien indiquer les localités où les découvertes ont été faites. Nous espérons que nos correspondants nous favoriseront de quelques observations à ce sujet.

MÉDAILLE D'OR TROUVÉE SUR LES DEUX RIVES DE LA MANCHE

Les collectionneurs de plusieurs pays réclament, pour leur région, l'origine de cette magnifique monnaie d'or (Pl. vi, BB*), qui est loin d'être rare. On l'a trouvée plusieurs fois chez les Calètes, chez les Bellovaques, jusqu'auprès de Gand, de ce côté de la Manche et du détroit.

Au sud de l'Angleterre, on l'a trouvée à Barden, près Tonbridge Wells, près Gravesend, Godalming, Leatherhead, à Wildhall près Hatfield, à Stoke, Suffolk, sans parler de plus de quinze découvertes semblables, que nous résumerons en citant celles de Thanet et celle de Colchester.

Quelques autres, la face tournée vers la droite, ont été recueillies dans les mêmes régions.

Lorsque cette belle pièce a été décrite, on cherchait à voir partout, suivant en cela Édouard Lambert, une imitation d'une effigie d'Apollon. Il y a ici une personnification que nous ne chercherons pas à démontrer, mais qui nous semble bien plutôt se rapporter à une Cérès ou à une divinité féminine quelconque. La coiffure est très soignée et paraît maintenue par un peigne se terminant de chaque côté par un ornement en faucille.

Le revers paraît tout symbolique. On peut y voir un cavalier dirigeant un coursier au milieu d'emblèmes divers, qui peuvent se rapporter aux champs célestes parcourus par ce cheval.

Quelle que soit l'origine première de cette belle monnaie, on a toujours été d'accord pour la considérer comme très ancienne. Elle se rapproche plus que les

---

1. Ch. Rœssler, *Tableau Archéologique de l'arrondissement du Havre*, par classes de monuments et par époques successives, pl. 1.

autres que nous avons publiées (p. 117) d'un type commun à plusieurs contrées, que ce type soit belge, comme on est d'abord tenté de le croire, ou qu'il soit plus celtique. Or, nous ne désespérons pas de voir l'archéologie nous fournir bientôt des dates plus précises. Il est utile d'abord de bien localiser les constatations de découvertes. Jusqu'où, au juste, à l'ouest ou à l'est de la Seine et de l'Escaut, en a-t-on recueilli des exemplaires ?

MÉDAILLE ATTRIBUÉE A CYMBÉLINE

Le *British Museum* possède une jolie monnaie de cuivre, qui a été attribuée au chef breton Cymbéline. La reproduction photographique au double de la grandeur permet d'en étudier ici tous les détails (Pl. vi, cc*).

Ce qui mérite surtout l'attention, c'est l'avers de la médaille, qui nous a paru incomplètement figuré sur les planches qu'on a publiées. Un cavalier, revêtu d'une cuirasse semblable à celle de la médaille de *Dubnoreix* et coiffé comme l'effigie de la médaille *Carmanos*, brandit à la main droite une arme de jet à *amentum* attachée à une chaîne terminant une longue courroie. Celle-ci est très longue et descend jusqu'à la jambe gauche du cheval, passe à droite, puis remonte sous la selle.

Il y avait donc encore au premier siècle une cavalerie semblable à celle des *Proto-Celtes* des vallées du Danube, dont on a fait remonter la date à plusieurs siècles avant César.

On se demandait encore, il y a quelques années, en quoi consistait l'*amentum*, et quelle en était la puissance. « Je fis faire, de concert avec le général de Reffye, des essais sur ce modèle, figuré sur une amphore antique, dit M. Alexandre Bertrand[1]. Le résultat fut qu'un javelot qui, lancé par une main peu exercée, portait seulement à 25 mètres de distance, conservait par la main, à l'aide de l'*amentum*, le même degré de puissance jusqu'à 65 mètres. »

L'*Histoire des Douze Césars* nous apprend qu'un fils de Cymbéline, du nom de Adminius, ayant été chassé par son père, quitta son pays, suivi d'un petit nombre de partisans, et se rendit aux Romains, ce qui fit proclamer par Caligula la conquête de toute la Bretagne. « Tous nos exploits, dit Suétone en parlant de Caligula (XLIV), se bornèrent à recevoir la soumission d'Adminius, fils de Cynobellinus, roi des Bretons; ce jeune homme, chassé par son père, étant venu chercher un refuge auprès de lui, avec une suite peu nombreuse. Alors, comme s'il eût subjugué la Bretagne tout entière, il écrivit à Rome des lettres fastueuses, et il enjoignit aux courriers de se rendre en char au Forum et au Sénat, et de ne remettre

---

1. *Les Celtes dans les vallées du Pô et du Danube*, p. 190.

ces dépêches aux consuls que dans le temple de Mars, en présence de tous les
sénateurs. » Ceci devait se passer en l'an 40 de notre ère, et lorsque en 43, après
le voyage de Bericus qui avait été aussi renvoyé du pays à la suite d'une insurrection, Aulus Plautius débarqua dans le pays, il vainquit d'abord Cataratacus,
ensuite Togodumnus, fils de Cynobellinus, qui était mort, et prit Camulodunum,
la cité royale de Cynobellinus.

La monnaie que nous publions a été trouvée à Sandy, dans le comté de Bedford ;
plusieurs similaires ont été recueillies près Biggleswade, dans le même comté ;
près de Dorchester, comté d'Oxford, et près d'Abingdon, Berkshire.

Le revers de cette monnaie est aussi très intéressant. Nous allons prochainement le publier à nouveau, le spécimen que nous avons sous les yeux (Pl. vi, c*)
n'étant pas très net.

MÉDAILLE D'ARGENT A L'EFFIGIE : DVBNO

Cette très jolie reproduction, au double (Pl. vi, DD*), porte à l'avers l'effigie
d'un prince avec la première partie du nom : DVBNO, que l'on complète par
(DVBNO) VELLAVNVS, car rien n'autoriserait l'assimilation de cette monnaie à
une série des DVBNOREIX essayée par d'anciens auteurs.

La tête porte un diadème. J. Evans émet l'hypothèse que ce Dubnovellaunus
était l'un des princes qui recherchèrent la protection d'Auguste, en même temps
que Tiridates et Phraates. Dion Cassius rapporte que lorsque Auguste projeta
d'envoyer des armées en Bretagne, des ambassadeurs vinrent lui demander la paix.
Strabon même rapporte que, quelques-uns ayant obtenu l'amitié d'Auguste, ils
déposèrent leurs offrandes au Capitole, et établirent entre les deux pays des relations suivies. Plus tard il aurait été dépossédé d'une partie de ses États par Cymbéline.

Cette monnaie, ainsi que plusieurs autres semblables, a été ramassée dans le
comté de Kent.

Le revers représente un griffon, dont les ailes sont pointillées, comme si on avait
voulu en signaler la grande légèreté. Le treillis sur lequel il passe figure aussi sur
d'autres monnaies.

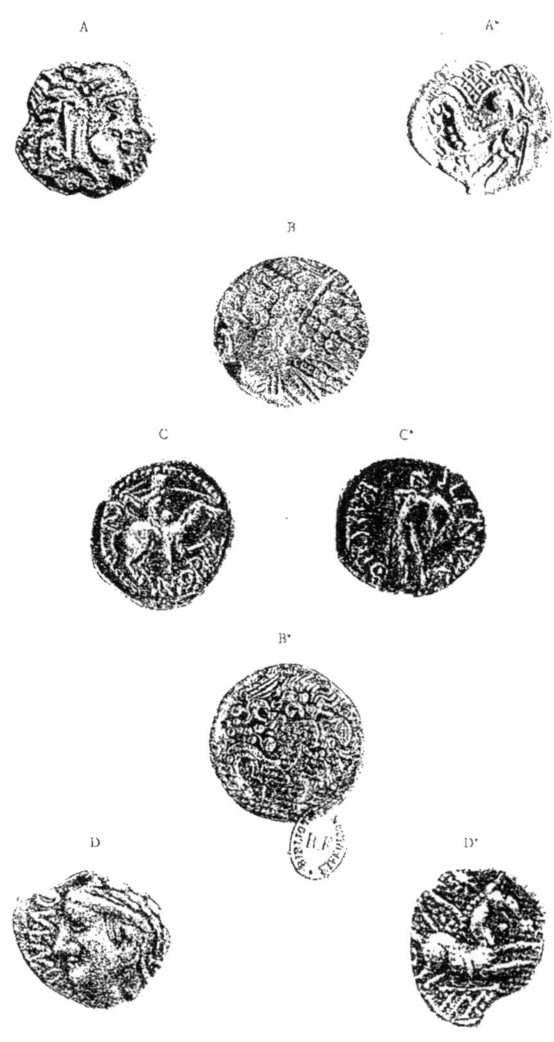

MÉDAILLES

Musée de Saint-Germain et British Museum

A, A*. B, B*, Or, grandeur réelle. — C, C*, Bronze, grandeur doublée.   D, D*, Argent, grandeur doublée.

LE TRÉSOR D'HILDESHEIM

La pièce capitale du trésor d'argenterie d'Hildesheim est la coupe figurée pl. VII. On y voit Minerve assise sur un rocher. Vêtue d'une longue tunique et du péplos, coiffée d'un casque à triple aigrette, la déesse est représentée sous son aspect pacifique, comme protectrice des arts utiles à l'humanité. Comme elle s'appuie du bras gauche sur son bouclier, elle étend la main droite sur un objet où l'on a reconnu l'araire, d'une simplicité primitive, qui fut seule en usage chez les anciens, et dont plusieurs traditions mythologiques attribuent l'invention à Minerve elle-même. Sur le rocher, en face d'elle, on voit la chouette, son oiseau favori, et une couronne faite avec le feuillage de l'olivier, l'arbre précieux que, dans sa dispute avec Neptune, elle fit sortir du sol stérile de l'Attique. Toutes les parties en relief ont été dorées au feu, à l'exception des chairs.

« Cette patère, dit M. François Lenormant[1], est sans contredit un des morceaux les plus parfaits d'argenterie antique que l'on connaisse jusqu'à présent. La finesse de l'exécution égale la pureté du style et la vigueur du modelé. Les œuvres du siècle d'Auguste ont quelque chose de plus lourd et une saveur moins hellénique. Aussi, pour ma part, je n'hésite pas à croire la patère d'Hildesheim un peu antérieure. Elle me frappe par la parenté de son style avec celui du petit nombre de morceaux du dernier siècle de la République qui subsistent à Rome. Malgré la différence des procédés, elle a surtout un air de famille très marqué avec le vase d'argent du palais Corsi, à Rome, représentant le jugement d'Oreste par l'Aréopage, où Winckelmann a reconnu l'un des chefs-d'œuvre, très exactement décrits par Pline, de Zopyre, fameux ciseleur contemporain de Pompée. En revanche, c'est tout à fait l'art du temps d'Auguste que nous offre une autre patère dont l'*emblema* montre un buste d'Hercule enfant, entièrement de ronde-bosse. Le jeune dieu, en se jouant et le sourire sur les lèvres, étouffe les serpents que la jalouse Junon a envoyés dans son berceau pour lui donner la mort. Cette tête d'enfant est une étude de nature, étonnante par la vérité et la vie. Le caractère en est si individuel, que plusieurs savants de l'Allemagne la considèrent, non sans vraisemblance, comme un portrait. »

Viennent ensuite deux patères se faisant pendant, dont les médaillons centraux

---

1. Gazette des Beaux-Arts, 2, Période 2.

sont décorés des bustes des deux grandes divinités de la religion phrygienne, la déesse de la Terre et le dieu de la Lune. La représentation de Cybèle est caractérisée par ses attributs ordinaires, la couronne de tours et le tympanum ou tambourin étoilé. Quant au dieu, reconnaissable au premier coup d'œil au croissant lunaire qui se dessine derrière ses épaules, il porte un bonnet phrygien semé d'étoiles, et un collier semblable au *torques* gaulois. Ces deux patères portent la signature de l'artiste qui les a exécutés ; il s'appelait Lucius Manlius Boccus.

Au point de vue de l'art, le grand cratère est des plus remarquables. Des rinceaux ciselés avec un goût exquis courent sur la panse et l'enveloppent comme d'un filet aux larges mailles. Les tiges de ce feuillage léger et fantastique reposent sur des chimères et des griffons accroupis autour de la base. Au milieu des arabesques se dessine une troupe de génies enfantins, nus et sans ailes, qui armés de tridents, comme s'ils avaient à lutter contre des monstres marins, poursuivent joyeusement des crevettes et des équilles. « Les fresques de Pompéi, dit justement M. Frœhner, avec leurs motifs de décoration souvent surchargés, sont loin d'atteindre à la même hauteur d'esprit, de grâce et de simplicité. » La liberté de la fantaisie ornementale, le dessin des arabesques, tout, jusqu'à la nature de l'exécution, rappelle dans ce cratère les fines ciselures de certaines cuirasses italiennes de la Renaissance. »

Le mot *Renaissance* fut d'abord, en effet, prononcé au moment de la découverte où rien n'indiquait un milieu romain, et les animaux fantastiques du cratère tels qu'ils apparaissent d'abord réunis, peuvent certainement suggérer à la première idée la représentation d'aigles à deux têtes.

Cette découverte fut d'ailleurs des plus fortuites. Des soldats étaient occupés à creuser le sol de place en place pour y installer ce qui était nécessaire aux exercices de leur tir.

A une profondeur de trois mètres, la pioche mit au jour de nombreux fragments d'un métal oxydé, ressemblant à des morceaux de cuir. L'officier commandant le détachement fut aussitôt appelé, et reconnut que ce métal n'était autre que de l'argent. Il fit fouiller avec précaution, et bientôt on découvrait un dépôt de cinquante-deux vases et ustensiles antiques. Les deux plus grands vases étaient retournés et, formant comme une cloche, recouvraient tous les autres qui étaient entassés pêle-mêle. Les pièces d'applique s'étaient détachées, et le tout formait un amas confus d'anses, de pieds et de feuilles ciselées, empâté dans le limon.

Les premiers qui virent ces vases d'argent les prirent pour des œuvres de l'école italienne. Mais bientôt d'habiles archéologues y reconnurent l'orfèvrerie romaine. Le plus grand des morceaux, le cratère, pesait 44 livres avec son pied, lorsqu'il était monté, ainsi que l'apprend une inscription qu'il porte à l'intérieur et qui a été gravé au pointillé.

Sur l'un des vases on a trouvé la signature : Marcus Aurelius C.....

Ce morceau, ainsi que plusieurs autres, dénote le style du iie siècle.

Deux coupes cependant sont remarquables : l'une quoique moins profonde que celle d'Alise-Sainte-Reine, que nous avons représentée pl. v, offre avec celle-ci plusieurs points de ressemblance. Elle est ornée d'une guirlande de feuilles de laurier et de baies, mais on n'y voit pas, comme à la suivante, ces bords et ces anses qui s'harmonisent si bien sur la coupe d'Alise. L'autre est une délicieuse petite coupe sur les flancs de laquelle court un feston de fleurs et de fruits, soutenu à ses deux extrémités par des thyrses dressés, d'où partent aussi des bandelettes qui viennent se nouer. « Je ne connais pas, dit M. Lenormant, de vase antique en métal d'un sentiment plus original et qui rappelle davantage, en sortant des données habituelles, l'art *Louis XVI* dans ce qu'il a fait de plus gracieux et de plus élégant. C'est bien là le côté de l'antiquité qu'avaient deviné, plus encore qu'inventé, les artistes de cette époque si charmante et qui dura si peu. »

Vingt-sept des vases portent des inscriptions microscopiques indiquant le poids de la pièce ou donnant la signature de l'artiste. Cette découverte a fourni trois noms nouveaux d'orfèvres romains à joindre à ceux que l'on connaissait déjà :

MARSUS, LUCIUS MANLIUS BOCCUS et MARCUS AURELIUS C....

Toutes les soudures sont faites à l'étain. Le relief de la patère de Cybèle a une doublure de plomb qui soutient la mince feuille d'argent repoussé. Les vases à boire sont pourvus d'un double fond au moyen d'une cuvette mobile, précaution que l'on observe dans toutes les pièces analogues connues, et qui était indispensable pour les rendre propre à contenir des liquides. En effet, la feuille d'argent qui formait les parois extérieures du vase devait être la plus mince possible dans toutes les parties destinées à être repoussées au marteau, afin de faciliter le travail de l'artiste. Cette opération pouvait entraîner quelques fêlures, et la pesanteur des liquides qu'ils étaient destinés à contenir eût suffi pour en occasionner d'irréparables.

La niellure en relief et des inscrutations d'émail forment de fines et élégantes guirlandes de feuillage sur un grand nombre de pièces. On peut s'étonner de n'en avoir pas jusqu'alors rencontré plus d'exemples, car Pline cite un artiste nommé Teucer qui, dans le dernier siècle de la République romaine, s'était fait une réputation spéciale par ses inscrutations d'émail dans les pièces d'argenterie.

Lorsque cette belle découverte commença à être connue, on crut qu'une telle quantité d'argenterie n'avait pu appartenir qu'à un grand personnage romain. On cita même le nom de Varus, qui avait péri avec toute son armée dans la célèbre expédition contre les Germains, où il se montra si téméraire et si imprudent. Cependant la localisation géographique n'est pas favorable à cette première hypothèse, et après avoir donné d'abord à l'ensemble de la découverte le nom de *Trésor de Varus*, les savants allemands se contentèrent de le désigner sous le nom de *Trésor d'argenterie de Hildesheim*. Il est, en effet, pour ainsi dire impossible de donner une explication complètement satisfaisante de toute cette série d'objets, qui ne sont pas contemporains l'un de l'autre. S'agit-il d'un butin pris sur l'ennemi, d'un trésor amassé par plusieurs générations dans la famille de quelque grand personnage? On ne peut facilement répondre à ces questions. « Quand le style de la plupart des vases ne serait pas aussi manifestement postérieur au temps d'Auguste, a dit M. Lenormant, il suffirait du nom du ciseleur Marcus Aurelius C..., inscrit sur une des pièces pour établir que l'enfouissement n'a pu avoir lieu qu'après le siècle des Antonins. » Mais l'étude de ces belles pièces n'en est pas moins des plus intéressantes, et s'il n'est pas facile à tous les amateurs d'aller les étudier où nous les avons vues et examinées pendant quelques jours, au Musée Royal de Berlin, ceux-ci apprendront avec plaisir qu'il leur suffira de faire le voyage de Saint-Germain, où on peut examiner de belles reproductions en fac-simile dans l'une de vitrines de la « Salle de comparaison ».

UN GLADIATEUR MÉDECIN

INSCRIPTIONS DU MUSÉE D'AIX

L'étude de la Province Romaine nous met souvent en présence de monuments qui ont été élucidés par des hommes d'un véritable savoir épigraphique. Parmi ceux-ci, on peut citer l'ancien conservateur de la Bibliothèque d'Aix, M. Rouard. Nous lui empruntons l'étude suivante sur le curieux monument du jeune médecin gladiateur :

L'inscription que nous allons décrire, et que nous croyons l'épitaphe de *Sextus Julius Felicissimus*, a été trouvée à Aix, dans les premiers jours de janvier 1839, dans l'enclos de l'ancien couvent des Minimes, occupé aujourd'hui par les Dames du Saint-Sacrement. Peu de jours après, elle fut transportée au Musée par les soins de l'administration municipale, à qui Mme la Supérieure s'était empressée d'en faire l'offre généreuse, sur le vœu que nous lui en avions exprimé, et d'après l'importance que nous paraissions y attacher.

Le hasard, comme il arrive presque toujours, en amena la découverte, occasionnée par les travaux nécessaires à la plantation d'un bosquet. De nombreux débris d'architecture, tels que des chapiteaux, des fragments d'architraves, de soffites, de colonnes de marbre de diverses couleurs, etc., qui ont dû appartenir à quelque temple ou édifice important, furent aussi trouvés entassés pêle-mêle avec l'inscription. La plupart ont été donnés également et transférés au Musée.

On voit que ce quartier, et particulièrement cet enclos où s'élevait la cathédrale primitive, pourrait être exploré avec succès. De tout temps, on y a trouvé de nombreux débris d'antiquités, et c'est aux environs que Peiresc avait reconnu les vestiges d'un amphithéâtre, ainsi désignés par un voyageur qui les avait remarqués en 1588 :

« Il y a, hors la ville, quelques antiquités découvertes qui paraissent ; il semble que c'était le lieu où l'on faisait combattre les bêtes, où l'on jouait jeux des anciens Romains ; cela est fait en forme d'arc, comme celles de Languedoc... » (Journal d'un voyage en Provence et en Italie, fait en 1588 et 1589, publié en 1836 dans la *Revue rétrospective*.)

Cette citation se trouvera justifiée par l'inscription elle-même, qui rappelle ces jeux, et qui peut-être n'avait pas été placée sans motif dans le voisinage de l'amphithéâtre.

Le cippe sépulcral sur lequel elle est gravée, est une pierre froide, taillée en parallélogramme, d'une belle conservation, excepté dans sa partie inférieure, où un éclat de la pierre a fait disparaître quelques mots assez importants. Sa hauteur est de 1 mètre ; au-dessus est un trou destiné à recevoir un crampon de fer qui consolidait sans doute l'urne ou le buste placé sur le cippe. La face principale a 62 centimètres de largeur, et chaque côté 57. Excepté un léger encadrement, il n'y a d'autre figure que celle du *Niveau* parfaitement sculpté sur le côté gauche, et celle de l'*Ascia* sur le côté droit, qui offre, en outre, une seconde inscription de huit vers appartenant, selon nous, au même personnage que la première. Celle-ci, qui occupe presque toute la façade principale, se compose de onze vers hexamètres, écrits à la suite les uns des autres, sans séparation, et formant quatorze lignes, suivies de quatre autres, pour les noms propres, etc.

Ces lignes ne sont pas toujours parfaitement droites. Les lettres, quoique pressées et parfois inégales, sont d'une assez belle forme et doivent appartenir au IIIe ou au IVe siècle au plus tard.

L'époque que nous croyons pouvoir lui assigner nous semble confirmée par le style et les pensées, et même par les fautes contre la langue et contre la prosodie que l'on y trouve ; fautes qui, d'ailleurs, ne sont pas rares dans les inscriptions latines en vers de toutes les époques.

En la donnant, nous séparons les vers que l'ouvrier, pressé par l'espace, n'a point distingués sur la face principale, tandis qu'ils le sont dans l'inscription latérale :

1	PAVLO SISTE GRADVM IVEN[i]S PIE QVAESO VIATOR
2	VT MEA PER ⊲ TITVLVM NORIS SIC INVIDA FATA
3	VNO MINVS QVAM BIS DENOS EGO VIXI PER ANN[o]S
4	INTEGER INNOCVVS SEMPER PIA MENTE ⊲ PROBATVS
5	QVI DOCILI LVSV IVVENVM BENE DOCTVS HARENIS
6	PVLCHER ET ILLE FVI VARIIS CIRCVMDATVS ARMIS
7	SAEPE FERAS LVSI MEDICVS TAMEN IS QVOQVE VIXI
8	ET COMES VRSARIS COMES IIIS QVI VICTIMA SACRIS
9	CAEDERE SAEPE SOLENT ET QVINOVO TEMPORE VERIS
10	FLORIBVS INTEXTIS REFOVENT SIMULACRA DEORVM
11	NOMEN SI QVAERIS TITVLVS TIBI VERA FATETVR

SEX. IVL. FELICISSIMVS ⊲

SEX. IVLIVS FELIX

ALVMNO INCOMPAR*abili*

FELICITAS...

Vers 1. *Paulo siste gradum,* etc.

Cette formule se trouve souvent, avec quelques variantes, en tête des épitaphes antiques comme des épitaphes modernes. Mais les anciens, qui plaçaient, en général, les tombeaux sur les chemins, avaient plus de raisons que nous de s'adresser au voyageur. La nôtre s'adresse particulièrement au *jeune et pieux voyageur*, car c'est un jeune homme, mort à dix-neuf ans, qui parle. — *juvens* pour *juvenis*.

V. 2. *Ut mea per*, etc. La figure d'un cœur ou plutôt d'une feuille, que l'on voit ici, comme sur beaucoup d'inscriptions païennes et chrétiennes, n'est guère employée que comme ornement ou remplissage. C'est une feuille de lierre qui, sur les vases grecs et, dans le principe, sur les épitaphes, était sans doute un signe d'initiation et se rattachait aux mystères de Bacchus. Elle paraît souvent dépourvue de son pétiole, dont la présence l'a quelquefois fait prendre pour un cœur percé par une flèche.

V. 3. *Uno minus quam bis denos ego vixi per anns* — pour *annos*. *Per bis denos annos minus quam (præ) uno.*

V. 4. *Integer, innocusu*, etc. On retrouve ce vers, moins le premier mot, dans une autre inscription découverte à Aix.

V. 5. *Qui docili lusu*, etc. — *Lusus, us*, comme *ludus, i*, jeu, divertissement, étude, académie, école. — *Harenis* pour *arenis*. On affectait quelquefois l'aspiration, surtout dans le Bas-Empire, et l'on trouve *have* pour *ave*, *hac* pour *ac*, *hornamentis* pour *ornamentis*, etc. *Arenæ* a presque ici la signification de *ludus*, et s'entend spécialement du Champ-de-Mars, du Gymnase et du Cirque et même des exercices auxquels on s'y livrait.

V. 6. *Pulcher et ille fui.* Nous croyons que le sens doit s'arrêter là. *Variis circumdatus armis*, sous diverses armures, etc. Ceci rappelle la jolie épigramme de Martial pour la statue du gladiateur Hermès, épigramme qui peut servir à commenter notre inscription, comme la plupart de celles du livre *De spectaculis*, dont plusieurs sont postérieures à Martial.

> *Hermes martia sæculi voluptas,*
> *Hermes omnibus eruditus armis,*
> *Hermes et gladiator et magister...* L. v, ep. 24.

V. 7. *Sæpe feras lusi, medicus tamen*, etc.

Ludere feras ne peut que signifier chasser, combattre les animaux dans les jeux du Cirque, ou plutôt de l'Amphithéâtre, bien qu'il ne se trouve pas dans les meilleurs lexiques. Notre jeune homme aura donc figuré dans ces jeux, combattu, tué... *quoique médecin*, dit-il, avec une intention sans doute épigrammatique. D'ailleurs, il y avait des médecins particuliers attachés à ces jeux et aux écoles de gladiateurs : deux marbres du temps des empereurs en font mention. Il se sera distingué dans ces chasses prodigieuses qui avaient lieu dans l'arène, où l'on plantait même des arbres, afin qu'elle ressemblât à une forêt. C'était ce qu'on appelait *venatio amphitheatralis*, chasse de l'Amphithéâtre, pour laquelle les Romains étaient pas-

sionnés. Non seulement les spectateurs y prenaient part en lançant des traits du
haut des gradins, mais, outre le combat des bêtes entre elles ou contre les hommes
nommés *bestiarii*, on permettait quelquefois au peuple d'entrer dans l'arène, et d'y
tuer des bêtes fauves qu'on y lâchait exprès, comme des sangliers, des cerfs, des
daims, et de les emporter. Le Code Théodosien contient un titre *De venatione fera-
rum*, qui peut donner une idée de l'immensité de la dépense occasionnée par ce
genre de spectacle. (L. XV, t. XI).

Quant aux hommes qui y combattaient spécialement les animaux féroces, les
uns y étaient condamnés, et ce supplice fut souvent infligé aux premiers chrétiens ;
les autres, comme les gladiateurs, embrassaient cette profession, soit par instinct
naturel de férocité, soit par l'appât d'un salaire qui était très considérable ; d'autres
s'y livraient par pure ostentation de force et d'adresse. Si des chevaliers, des sénateurs descendaient eux-mêmes dans l'arène, comme gladiateurs, on concevra sans
peine que le désir d'enlever les suffrages de la multitude déterminait bien d'autres
citoyens à combattre les bêtes féroces ; et parmi ces derniers, il faudra mettre notre
Felicissimus, que son âge et la variété de ses fonctions ne permet guère de compter
au nombre de ceux qui en auraient fait profession.

V. 8. *Et comes ursaris*, etc., pour *ursariis*. — *Ursarius* ne se trouve que dans
le Glossaire de la basse latinité de Ducange. C'est donc un mot à ajouter à nos
dictionnaires classiques et d'antiquité. Cependant Spon, dans ses *Recherches
curieuses*, etc., p. 58, et dans ses *Miscellanea*, p. 40, cite une inscription de
Langres, où on lit ces mots : OPVS QVADRATARIVM | AVGVRIVS CATVLLINVS | VRSAR.
D. S. P. D. Mais il ne l'explique pas dans le premier ouvrage, et se contente de
dire dans le second : VRSAR, *quid sit hæreo*.

La signification d'*ursarius* semble déterminée ici par ce qui précède. Il s'agit,
sans doute, de ceux qui étaient chargés de garder ou de dresser les animaux destinés aux jeux de l'Amphithéâtre, et particulièrement les ours. Ces derniers, de
même que les lions, étaient souvent apprivoisés aussi chez les particuliers, *uti etiam
nunc fit animi causa*, dit Pignorius, *De servis*, qui cite à cette occasion Manilius et
Sénèque. Le nom d'*Ursarius* a dû même s'appliquer, par extension, à des fonctions
plus relevées, comme on le voit d'après ce passage de la *Vie* de saint Anselme,
archevêque de Cantorbéry, écrite par le bénédictin Eadmer, son disciple :
*Ursarii Dei boni angeli sunt : sicut enim ursarii ursos, ita angeli malignos dæmones
a sua sævitia coercent*, etc. V. S. Anselmi opera, a Gerberon edit. Paris, 1721, p. 5.

Victima dans ce même vers pour *victimas* est bien hardi ; mais les inscriptions,
surtout depuis la Décadence, admettent souvent le barbarisme en faveur de la
mesure.

Quelques écrivains divisent les prêtres de cette époque en trois classes : les
prêtres principaux, *antistites sacrorum*, *pontifices* ; les prêtres ordinaires, *sacerdotes*, et
les prêtres inférieurs, *ministri*, au nombre desquels il faut compter ceux qui con-

MINERVE

du Trésor d'Hildesheim

Musée de Berlin

(Fac-simile au musée de Saint-Germain)

duisaient les victimes à l'autel et qui les immolaient. On appelait spécialement ces derniers, dont Felicissimus paraît avoir fait partie, *popæ victimarii* et *cultrarii*.

V. 9 et 10..... *et qui novo tempore veris.*
Floribus intextis refovent simulacra Deorum.

Malgré la faute de quantité du vers précédent, où le poète s'est permis de faire brève la dernière syllabe de *novo*, celui-ci est digne de Virgile ou d'Ovide, par sa pompe et son harmonie, aussi bien que par l'expression.

Ce vers est encore remarquable en ce qu'il semble indiquer une époque de l'année où l'on couronnait généralement de fleurs les statues des Dieux. Les anciens calendriers romains qui nous restent ne la mentionnent pas d'une manière précise. Les *Fastes* même d'Ovide ne nous ont rien offert de très satisfaisant à ce sujet. Mais le passage suivant de Suétone, où il est dit que l'empereur Auguste voulut que les dieux Lares, dont les statues se voyaient dans les carrefours, fussent solennellement ornés de fleurs deux fois l'année, semble expliquer heureusement notre vers : *Compitales Lares ornare bis anno instituit vernis floribus et æstivis.* — In Cæs. August. 31.

D'ailleurs, les fêtes de Flore, *Floralia*, commencées dès le 28 avril, s'étendaient jusqu'au moins suivant, et venaient se confondre avec les *Compitalia* célébrées le 2 mai en l'honneur des dieux Lares des carrefours *in compitis* (*ubi viæ competunt.* Varron). Or, parmi les dieux Lares, qui, comme les dieux Pénates, étaient les dieux tutélaires des familles, des localités, les *patrons* en un mot, on comptait non seulement les douze grands dieux, mais encore Janus, Harpocrate, Priape, etc., dont les statues se voyaient au coin des rues et sur les grands chemins.

V. 11. *Nomen si quæris titulus tibi vera fatetur.*

SEX. JUL. FELICISSIMUS.

Ce dernier vers se lie fort bien au nom placé immédiatement au-dessous, écrit en grandes lettres, et séparé, d'une manière frappante, du nom de Sex. Julius Felix, qui vient après.

Titulus doit s'entendre de toute l'inscription, comme dans le second vers, et particulièrement de la ligne qui suit, et non point du nom qui aurait pu être écrit sous le buste ou sur l'urne placée probablement au-dessus du cippe. Telle est l'opinion la plus vraisemblable.

Sex. Julius Felix aura élevé, adopté ce jeune homme, et lui aura donné son nom, selon l'usage. Les surnoms de Felix et de Felicissimus sont communs dans les inscriptions des premiers siècles. On trouve même dans Gruter un Julius Felix Campanianus et un Julius Felicissimus. Quant au nom de Julius, on le lit encore plus fréquemment dans les inscriptions de la Narbonnaise, et l'on n'en sera point surpris, en se souvenant que les colonies d'Aix, d'Arles, de Narbonne, etc., avaient été fondées ou renouvelées par Jules César, et par Auguste, qui leur avaient donné leur nom ; d'où beaucoup de colons l'avaient pris, sans doute. Nous possédons nous-même un joli autel votif à Bacchus, trouvé en 1834, dans le canton d'Aix, au delà du quartier de Saint-Mitre, et tout près d'Éguilles, avec cette inscription inédite en beaux caractères :

LIBERO

PATRI

C. IVLIVS

PATERNVS

Au-dessus de l'autel, qui a 45 centimètres de hauteur, est une espèce de cuvette pour les libations, soutenue par deux rouleaux.

Alumno incomparabili, A son élève incomparable.

L'acception ordinaire d'*alumnus* est nourrisson, enfant de tout âge, libre ou esclave, que l'on a élevé et entretenu dès sa tendre jeunesse. Il se dit aussi de celui qui est allaité, relativement à sa nourrice (Dig., lib. XXXIII, t. 2, l. 34). On trouve beaucoup d'inscriptions, même en vers, consacrées par leur maîtres à des élèves qui s'étaient déjà distingués par leurs talents, et qui ont été enlevés à la fleur de l'âge comme Felicissimus. Il est à remarquer que la plupart des inscriptions en vers de cette époque, et même des temps postérieurs, ont pour sujet des enfants ou des personnages qui avaient été l'objet de l'affection populaire dans les jeux publics ou sur la scène.

Felicitas... Ce dernier mot de l'inscription, qui malheureusement est ici tronquée, est le moins facile à expliquer, ou du moins à compléter. *Felicitas*, dans l'endroit où il est placé, ne doit pas être un nom propre, un membre de la famille Felix. D'ailleurs, il n'est précédé d'aucun prénom. Il nous paraît être ici l'expression d'un vœu que la lettre qui suit caractériserait, sans doute, si elle était entière ; mais en l'état où elle est, il est impossible de la reconnaître, d'autant que l'expression de ce vœu, à la fin d'une inscription, est tout à fait insolite sous cette forme.

Ce mot, peu usité ici, nous paraît amené par ceux de Felix et de Felicissimus. C'est une espèce de pointe, un jeu d'esprit tout à fait digne de cette époque, où l'on cherchait à briller partout et avant tout. Il nous serait facile de citer plusieurs traits de ce genre dans des inscriptions contemporaines et d'aussi mauvais goût.

Mais ce vœu de bonheur, indiqué par *Felicitas*, s'adresse-t-il au défunt ou au voyageur ? Il existe beaucoup d'exemples d'inscriptions, particulièrement d'inscriptions en vers, qui finissent par un vœu analogue ; ainsi, on lit, à la fin de plusieurs épitaphes : *Vale, viator, et abi in rem tuam. — Vivite felices, moneo, mors omnibus instat. —Vivite felices animæ. — Vivite felices, qui legitis*, etc. Nous avions donc pensé que notre épitaphe devait se terminer par ces mots : *Felicitas tibi, viator*, d'autant que la disposition de la pierre s'y prête parfaitement.

Toutefois, les restes de la lettre qui suit *Felicitas* ne permettent pas d'y voir un T : ils semblent plutôt convenir à un P, qui même pourrait être seul, et suivi d'un point, d'après la disposition de la ligne. Dans tous les cas, il peut être l'initiale du mot *perpetua*, et nous terminerons l'inscription par *Felicitas perpetua*, que nous appliquerons au défunt, bien que cette formule puisse paraître exclusivement chrétienne au premier aspect.

On trouve sur plusieurs épitaphes païennes : *Perpetuæ securitati* (Orelli, 4448), *Perpetuæ æternitati* (Id. 4452), et enfin dans Gruter : MCVII. 2) D. M. *perpetuæ felicitati Auri. Vtelliæ*, etc. Ce qui nous détermine, sauf meilleur avis, à voir, dans cette formule, un dernier vœu de Julius Felix en faveur de son élève.

Nous hasarderons donc cette traduction :

« Arrête un peu tes pas, je t'en prie, jeune et pieux voyageur, afin que tu connaisses, par cette inscription, ma malheureuse destinée. J'ai vécu vingt années moins une, pur, inoffensif, toujours d'une piété éprouvée ; formé sans peine dans les écoles aux exercices de la jeunesse, j'ai été beau et instruit. Sous diverses armures, j'ai combattu les animaux sauvages, et cependant j'étais médecin. J'ai aussi vécu le collègue des *ursaires*, comme aussi le collègue de ceux qui frappent les victimes dans les sacrifices, et qui, au retour du printemps, couronnent de guirlandes de fleurs les statues des Dieux. Si tu veux connaître mon nom, l'inscription te dit la vérité :

SEX. JUL. FELICISSIMUS.
SEL. JULIUS FELIX
A SON ÉLÈVE INCOMPARABLE
FÉLICITÉ...

PARTIE LATÉRALE DE L'INSCRIPTION DE FELICISSIMUS

1	TV QVIQVMQVE LEGIS TITVLVM FERALE SEPVLTI
2	QVI FVERIM QVÆ VOTA MIHI QVÆ GLORIA DISCE
3	*Bis* DENOS VIXI DEILETIS MENSIBVS ANNOS
4	*Et* VIRTVTE POTENS ET PVLCHER FLORE IVVENTAE
5	*Ut* QVI PRAEFERRER POPVLI LAVDANTIS AMORE
6	*Quit* MEA DAMNA DOLES FATI NON VINCITVR ORDO
7	*Progenies* HOMINVM SIC SVNT VT *milia* POMA
8	*Quæ matura* CADVNT AVT *immatura* leGVNTVR.

Quoiqu'il y ait des exemples d'inscriptions sépulcrales appartenant à des personnages différents, réunies sur un même cippe, cette partie de la nôtre s'applique

évidemment au même individu, tant à cause de l'ensemble des idées, que d'après
le troisième vers où il est encore fait mention de son âge. C'est une seconde
inscription ajoutée à la première. Aussi les noms propres et la dédicace ne sont-ils
pas répétés.

Il est inutile de nous arrêter sur quelques irrégularités de syntaxe que tout le
monde reconnaîtra. Cette partie de l'inscription est coupée, après les deux premiers
vers, par la figure de l'*Ascia* qui fait pendant à celle du *Niveau* placée sur le côté
opposé. L'une et l'autre sont sculptées d'une manière remarquable, et n'ont souffert aucune altération.

L'*Ascia*, d'où vient la formule *sub ascia, ab ascia, dedicavit*, souvent gravée en
toutes lettres sur les tombeaux, est une petite hache, doloire ou sarcloir, dont la
forme varie, et dont la figure remplace quelquefois la formule. Elle paraît avoir
été empruntée des Gaulois par les Romains qui en font usage, surtout dans nos
contrées, et aussi au delà des Alpes, quoi qu'on en ait dit, mais plus rarement. On
en a donné vingt explications différentes qu'il ne nous appartient pas de discuter ;
mais la plus probable nous paraît être celle qui en fait une prière, une recom-
mandation de respecter, d'entretenir le tombeau ; de ne pas en laisser encombrer
les environs, d'empêcher les broussailles de le cacher, et de rendre ainsi la terre
légère aux cendres du défunt.

Quant au *Niveau* avec son aplomb, *Libella cum perpendiculo*, on le rencontre plus
rarement, et toujours avec l'*Ascia* dont il paraît compléter la formule. Sa signification n'est pas plus claire. Sans entrer dans une discussion qui nous entraînerait
trop loin, nous ferons observer qu'on le trouve ici sur le tombeau d'un jeune
homme qui a été ministre des autels et qui est mort à dix-neuf ans, comme on le
voit sur le cippe grec d'Aurelius Dioclides, mort à dix-sept ans, et qui paraît avoir
été également employé dans un temple (V. la gravure de ce cippe, trouvé dans les
fondations de Saint-Victor de Marseille, en 1799, qui a été publiée par M. de
Saint-Vincens, et fait suite ordinairement à la Notice sur son père). D'un autre
côté, nous avons vu l'*Ascia* et le *Niveau* réunis sur les tombeaux de la colonie
d'Arles ; et sur celui d'Æbutius Agathom, sextumvir de la même colonie, *Nautæ
Ararico*, c'est-à-dire entrepreneur, constructeur ou négociant, faisant partie de la
compagnie de la navigation de la Saône ; enfin curateur du trésor de *Glanum*
(Saint-Remi) (V. le Recueil de toutes les inscriptions antiques d'Arles, par le
P. Dumont, publié par M. de Lagoy, à la suite de l'Histoire d'Arles, par M. de La
Lauzière, numéros 109, 115 et 177). On y trouvera les figures de l'*Ascia* et du
Niveau, dont la plupart des antiquaires ont négligé de faire mention, même en rap-
portant ces inscriptions.

Il est temps de revenir à celle de Felicissimus. Au-dessous de l'*Ascia*, l'inscription continue :

V. 3. *Bis denos vixi deiletis mensibus annos*. — *Deileis* pour *deleitis*. J'ai vécu vingt
ans, moins quelques mois. Ce qui ressemble beaucoup aux vingt années moins une
de la première inscription, et ce qui est ici la même chose, selon nous.

Les premières lettres des vers qui suivent, comme dans celui-ci, et enfin des mots entiers ont à peu près disparu. Mais on peut suppléer les lettres facilement.

Il est indifférent de lire *et* ou *ut* au commencement du cinquième vers.

V. 5. *Ut qui præferrer populi laudantis amore*, que l'on pourrait traduire : J'ai été préféré, j'ai été porté aux nues par les applaudissements du peuple qui me chérissait, rappelle les premiers vers de l'inscription placée sous la statue d'Ursus Toquatus, qui, dans le siècle des Antonins, joua le premier en public à la balle, avec des boules ou des globes de verre :

> *Ursus Toquatus vitrea qui primus pila*
> *Lusi decenter cum meis lusoribus*
> Laudante populo *maximis clamoribus.*   (Gruter, 637, 1.)

Ce vers rappelle aussi le fragment de l'épitaphe d'un histrion rapporté dans l'*Anthologie* de Burmann, l. IV, ép. 356.

> Laudatus populo, *solitus mandata referre,*
> *Adlectus scenæ, parasitus Apollinis idem,*
> *Multarum in mimis saltantibus utilis actor.*

Il semble prouver encore que Felicissimus avait paru sur la scène, ou du moins dans les jeux publics.

V. 6. Qu*it mea damna doles ?* pour *quid.*

V. 7. Progenies *hominum sic sunc ut* mitia *poma.*

Nous proposons de suppléer le premier mot de ce vers, qui manque, moins la dernière lettre, par celui de *progenies*, qui s'emploie très bien au pluriel, et qui satisfait au sens et à la mesure, quoiqu'il puisse paraître un peu long pour l'espace à remplir sur la pierre. Mais, dans cette inscription même, l'ouvrier a plus d'une fois réduit ou pressé les lettres à cause du défaut d'espace. On pourrait toutefois hasarder *infantes* au lieu de *progenies.*

L'avant-dernier mot de ce vers, dans la ligne qui suit, ne peut être que *mitia* ou un adjectif équivalent tout aussi court, et nous avons dû nous rappeler les *mitia poma* de Virgile.

V. 8. Nous avions restitué de deux manières différentes ce huitième et dernier vers, dont il ne reste que trois mots, et nous hésitions entre ces deux leçons :

> *Præmatura cadunt, aut tempestiva leguntur,*
>
> Ou *Quæ matura cadunt, aut immatura leguntur.*

Une épigramme que nous avons trouvée dans l'*Anthologie latine* sous le nom d'Epictète, quoique probablement apocryphe, semble devoir faire donner la préférence à la dernière leçon. Il serait, sans doute, facile de remplacer l'une et l'autre par quelque chose de mieux.

Au reste, voici l'épigramme que l'on trouve dans l'*Anthologie* de Burmann, liv. III, ép. 96, et dans la collection de tous les poètes latins, dite *Pisaurensis*, t. IV, p. 488, class. 8ª., ep. xl.

> *Poma ut in arboribus pendentia, corpora nostra,*
> *Aut matura cadunt, aut cito acerba ruunt.*

Version littérale de la seconde inscription de Felicissimus :

« Qui que tu sois, toi qui lis cette inscription sépulcrale, apprends qui j'ai été, quels furent mes vœux et ma gloire. J'ai vécu vingt années, moins quelques mois.

« Puissant par ma valeur et beau de tout l'éclat de ma jeunesse, je l'emportais *sur mes rivaux* aux applaudissements du peuple qui me chérissait. Pourquoi déplorer ma perte ? L'ordre du Destin est immuable.

« Les enfants des hommes sont comme les fruits des arbres : les uns tombent dans leur maturité ; les autres sont cueillis avant le temps. »

NOTE

SUR LE CALENDRIER BASQUE

« C'est un principe de bons sens, a dit Dom Calmet, de n'imposer aux choses, aux personnes, aux animaux, que des noms qui marquent leur nature, leur origine, leur perfection, leurs propriétés, en un mot des mots significatifs. »

Telle est justement la marche propre et comme caractéristique de la langue basque. Nous allons le prouver.

Il ne faut que parcourir les noms des mois pour y trouver des expressions significatives.

URTARIL. Janvier, se décompose très naturellement en ces trois radicales : *urte,* année ; *ar,* saisir ; *il* (lune) — c'est-à-dire lune qui saisit l'année.

ILBATZ. Autre nom du même mois, signifie incontestablement lune au mois sombre.

OTSAIL. Février, n'est autre chose que *Otz-il,* la lune du froid. Si l'on remarque que le mois de janvier répond mieux à ce nom, il y a place pour une observation intéressante : ce déplacement d'un mois se répète à la fin de l'année, où décembre n'a pas de nom basque, ou ce nom a été perdu et remplacé par celui de l'avent latin. Faut-il conclure que des calculs de temps par mois ont fini par amener une divergence avec les saisons annuelles ? Y a-t-il là une voie menant à un indice chronologique dont l'archéologie pourrait tenir compte ? A-t-on compté d'abord l'année par treize mois lunaires, puis déplacé le treizième mois ? Nous soumettons cette suggestion aux savants lecteurs de l'*Archaeologia.*

EPAIL. Mars, signifie lune de la coupe ou de la taille, et peut s'entendre, selon le climat, ou de la coupe des arbres, ou du fauchage des prés.

JORRAIL. Avril, littéralement lune de sarcler, soit les arbres, soit les moissons les plus considérables, comme le froment, l'orge, le seigle, etc.

OSTARO. Mai, signifie l'époque de la feuillaison.

ERREARO. Juin, signifie saison brûlante.

EKAIN. Aussi juin, paraît être une contraction de *eki-gain,* qui dénote la plus grande élévation du soleil.

UZTAIL. Juillet, lune de la moisson.

AGORIL. Août, formé de *agor*, tarir, et de *il*, lune.

IRAIL. Septembre, se compose de *ira* ou *iraiz* (fougère), avec *il*, et avertit le laboureur qu'il faut songer à s'approvisionner de fougère pour l'hiver; ou bien il se compose de *iraul-il*, par quoi l'on exprimerait qu'il s'agit d'entreprendre le labeur de la terre.

URIL. Octobre, selon la force du mot, est la lune des eaux ou de la pluie.

ACIL ou ACI-IL. Novembre, lune des semailles; *açaro* ou *aci-aro*, saison des semailles.

LOTAZIL. Équivalent de *loeco*, *lotceco*, *lotaco* ou *lotazco-il*, paraît inviter au repos ou au sommeil. Cette attribution convient parfaitement au dernier mois de l'année. Mais le mot basque est perdu dans la plupart des provinces, et on désigne généralement décembre par le nom *abendo* lequel, comme nous l'avons fait remarquer à propos de février, n'est autre que l'*adventus* latin.

Le Basque a donc son messidor, *utza-il*, son thermidor, *erre aro*, son pluviôse, *ur-il*, et plusieurs autres noms de mois, qui ne cèdent ni en force, ni en justesse aux dénominations du calendrier républicain.

Le nom de la semaine, *aste*, signifie commencement. Il faut remarquer que le retour de la lune était l'objet de réjouissances; et ce temps de fête ne revenant que de mois en mois, pouvait bien se prolonger de trois jours comme nos solennités. Dans cette hypothèse, le premier jour eût pu être appelé *aste-lehena*, premier du commencement ou de la nouvelle lune; le second eût pu être dit *aste-artea*, le milieu de la néoménie, et enfin le troisième, *aste-askena*, le dernier de la néoménie.

Cette hypothèse explique les trois mots basques que nous venons de nommer, et qui sont précisément les noms des trois premiers jours de la semaine.

La solennité de la lune étant passée, le mot *aste* ou commencement n'était plus de saison; ainsi l'on aurait continué en disant : quatrième, cinquième, sixième, etc. de la lune ou en toute autre manière.

Igandia ou *egandia* est visiblement : *egun-andia*, le grand jour.

Ces quelques mots sur le calendrier basque encourageront peut-être des savants à étudier plus spécialement le calendrier de chaque langue peu connue, et de noter soigneusement tout ce qui diffère avec notre calendrier actuel. C'est une étude qui offre plus d'intérêt qu'on ne s'y attend, et qui nous aidera peut-être à retrouver quelques éléments qui échappent aux classifications établies.

P. ETCHEBERRI.

MUSÉES, CHRONIQUE, BIBLIOGRAPHIE

École du Louvre. — Dans la seconde leçon de mai, M. Salomon Reinach a étudié à nouveau les autels gallo-romains du Musée de Cluny, et a montré, à l'aide des projections photographiques, que le dieu cornu était accroupi et qu'il portait sur les cornes des couronnes votives.

Le mot de CERNUNNOS semble bien plutôt un qualificatif qu'un nom, et se traduit par *le cornu*. La racine *kern* (noyau) ne paraît pas exactement trouvée ici pour désigner une semence, non plus que l'analogie avec un dieu *kernenus* de la Hongrie. Quant à l'autel de Sauvigny-lès-Beaune, où figurent douze dieux gallo-romains, on n'a pu réussir à faire entrer dans la série le dieu cornu à tête de serpent cornu. « Il est donc impossible de forcer la serrure de la mythologie gauloise au moyen d'une clé romaine. »

Des sculptures où l'on voit des enfants jouer avec les serpents, un serpent associé avec Mercure, une déesse d'un très bon style (Sommécourt, Marne), tenant une corne d'abondance et un panier où se trouve ce serpent, un autel où le serpent est le personnage principal, tout cela ne répond pas à l'idée qu'on se ferait de la figuration d'un principe malfaisant. Il s'agit plutôt d'un génie local, dans le sens le plus étendu du mot, non comme dieu ayant son histoire, sa légende, mais comme une personnification symbolique soit de la cité, soit du pays, soit des mânes des ancêtres.

Le grand vase ou chaudron de Gundestrup montre aussi ce serpent (Pl. III). Grande a été la surprise des savants lorsque M. Sophus Müller est venu annoncer sa découverte à Saint-Germain où, disait-il, il savait être le mieux renseigné à cet égard. Ce mélange d'attributs, en apparence si dissemblables, ces têtes barbues qui rappellent les ornements des angles de quelques chapiteaux du onzième siècle, amenèrent plus de questions que de réponses satisfaisantes. M. Reinach ne partage pas les idées qui ont été émises sur la date à accorder à ce vase, ni sur la relation que celui-ci peut avoir avec les sculptures de l'arc d'Orange, qui ne peuvent pas remonter plus haut que l'an 21 ou 25 de notre ère.

Le professeur cherche plutôt ses analogies dans les sculptures sur ivoire du milieu du ve siècle.

Une comparaison des plus intéressantes a été faite par M. Reinach au moyen du monument découvert en Hollande, il y a vingt-cinq ans, et acquis récemment par le musée de Leyde. Un costume collant et des animaux fantastiques du même genre que ceux de Gundestrup offrent un premier point de repère. Cette plaque de Ruhrmond n'a pas été jugée antérieure au ve siècle par les savants du Rhin. Mais si l'on n'a pas été d'un accord unanime sur les dates, faute de séries assez nombreuses, on a cru pouvoir admettre que chacun de ces monuments avait été fabriqué dans le pays où il avait été découvert.

En Gaule, la sculpture est d'autant plus importante que, dans chaque région, celle-ci se manifeste avec un caractère local très prononcé, tandis que la poterie et la verrerie gallo-romaine montrent les plus grandes similitudes avec ce qui se trouve en Italie, en Espagne et dans les autres provinces romaines.

La divinité Rosmerta est spéciale à la Gaule. On la voit sur l'autel en pierre, à trois faces, découvert à Paris en 1786. A gauche, se trouve un Mercure, avec tous ses attributs, et, à côté, Apollon faisant vibrer les cordes de la lyre et portant un carquois.

Le moulage du musée de Saint-Germain a heureusement conservé la forme de l'autel gallo-romain détruit pendant le siège de Strasbourg. Le dieu au marteau est accompagné d'un chien cerbère, à trois têtes. A sa droite, une divinité féminine plus jeune s'appuie sur une corne d'abondance. Cet autel est donc dédié à un dieu qui règne sur les régions souterraines et sur les régions infernales, en même temps qu'il préside à la distribution des richesses de la nature.

La très jolie statuette du dieu au marteau, trouvée à Vienne (France) et malheureusement disparue, ne nous est connue que par un dessin, mais on peut reconnaître que ce dieu porte sur les épaules une tête de loup, et non de lion. La main droite présente un petit vase, et la main gauche tient un très long bâton, auquel pouvait s'adapter le barillet avec ses annexes, que le dessin représente derrière la tête du dieu au bout d'un autre fragment de tige. Ici on reconnaît le dieu de la foudre.

Une sculpture du musée de Genève montre un cylindre au-dessus de la tête, ce qui rappelle le Sérapis dont Bryaxis avait créé le type. Il ne s'agit pas d'un dieu sylvain ou bûcheron. Le grand clou qu'il porte sur la poitrine rappelle la *cérémonie romaine* de la *clavification*, qui devait préserver les édifices de la foudre.

Ce dieu au marteau nous a laissé son nom sur l'autel de Sarrebourg, consacré au dieu Sucellus, que l'on voit accompagné d'un corbeau.

Le Mercure de Beauvais est barbu, caractère tout gaulois.

Un autre Mercure assis, trouvé en Hollande, avec la désignation de *Mercure Arverne*, pourrait bien avoir été une copie plus ou moins éloignée du fameux Mercure, sculpté par Zenodore pour les Arvernes, pour lequel la somme considérable de 400.000 sesterces fut payée.

Les stèles des Pyrénées ont fourni à M. Hübner l'occasion d'une intéressante observation. En étudiant les divinités recueillies en Espagne et dans les Pyrénées françaises, il a constaté qu'il n'y avait pas entre elles le moindre rapport. M. Hirschfeld a revendiqué pour les Ligures les divinités dont les piédestaux ont offert la figure de la croix gammée, du *svastika*. Ici il ne peut plus être question des Ibères, ce qui est une indication très utile.

Si nous avons bon souvenir, l'étude de la géographie des épées à antennes avait fait déjà pressentir, il y a quelques années, une conclusion semblable.

M. Molinier continue l'étude des sculptures des monuments français.

Les projections de M. Robert font voir de très beaux morceaux, où le mouvement est parfois remarquable.

Le professeur s'est occupé particulièrement des détails de Saint-Pons, puis des belles sculptures d'Arles, où il y avait de si beaux ateliers. L'église de Saint-Trophime a fait l'objet d'une étude très détaillée et d'un examen critique des idées émises par M. Vöge.

Bulletin de la Société archéologique, scientifique et littéraire du Vendômois, tome XXXV. — On y trouve une très bonne étude de M. l'abbé Blanchard, sur Guillaume du Bellay, vice-roi du Piémont, dont le tombeau fut élevé en 1557 dans la cathédrale du Mans. Une ancienne estampe reproduit un bon portrait de ce personnage. La sculpture de la statue couchée du Mans a été attribuée à Jean Cousin par Léon Palustre. D'autres y ont cru reconnaître la perfection de l'école de Jean Goujon, sans doute par la similitude qu'elle offre avec la statue de l'amiral Chabot, conservée au musée du Louvre.

Mémoires et documents publiés par la Société savoisienne d'histoire et d'archéologie, t. XXXV, 2e série, t. X. — M. F. Mugnier y étudie la Mission de Bassompierre en Valteline. *L'Art d'Amours*, de Jakes d'Amiens, manuscrit de la Bibliothèque de Chambéry, a été en partie reproduit par la photographie et commenté par M. J. Perpichon.

Une photographie, envoyée par un correspondant, le capitaine Césaire Carbon, a permis de reproduire, par l'héliogravure, l'effigie de Thomas de Savoie, mort en 1325, et dont le monument se voit dans la cathédrale d'Amiens, comme le monument identique de l'évêque Simon de Goucans. Dans une niche profonde, une ogive dentelée en fleurons, abritait, l'une la statue couchée du chanoine, l'autre celle de l'évêque. Le soubassement se compose d'une série de niches encadrant des figurines de chanoines et de moines pleurants.

Société d'histoire et d'archéologie de Châlon-sur-Saône, t. VIII, 2e partie (Chalon-sur-Saône, Louis Marceau). — M. L. Bidault a rédigé un volumineux et intéressant rapport sur les Sépultures mérovingiennes de Noiron-les-Citeaux. Il y signale des pointes de flèches en silex, des amulettes diverses, un fossile, une pierre de forme bizarre, et avec des monnaies de Tibère, de Claude, de Constantin, des médailles gauloises à l'épigraphe des chefs séquanes Quintus et Tocirix, et de Doci avec l'exergue : Sam. F.

Les Dolmens et les Tumulus au Japon. — M. W. Gowland, qui a fait une étude spéciale des Dolmens et Tumulus du Japon, y a constaté la présence continuelle du fer et la coutume de l'inhumation.

Le défunt était étendu vêtu de ses ornements; les armes de guerre et de chasse, les mors et harnachements de cheval étaient placés à côté. On trouve généralement des sabres, des pointes de lance et de flèche, souvent plaquées de cuivre revêtu d'or, des bracelets et des anneaux d'argent ou de cuivre doublé d'or. Quelquefois, mais rarement, on y recueille des cuirasses et des casques de fer. Très souvent on rencontre des perles rondes, cylindriques ou recourbées, de verre, de stéatite, de cristal de roche, de jaspe, etc.

Dans les dolmens, la céramique est surtout représentée par des assiettes recouvertes, des tasses, des vases à provisions, dont beaucoup en forme de tonneau. A l'extérieur des tumulus, quelques figures, plus ou moins grossières, rappellent les serviteurs et les chevaux qui, dans les temps très anciens, prétend-on, étaient enterrés vivants avec le chef.

Quant aux dates de ces monuments, M. Gowland estime approximativement l'érection des dolmens au commencement de notre ère, et leur cessation au viie siecle. Ceux qui les ont bâtis sont les ancêtres des Japonais d'aujourd'hui. Ils semblent avoir quitté le continent asiatique et traversé la presqu'île de Corée longtemps avant ces époques, mais ce n'est qu'alors qu'ils réussirent à repousser les aborigènes à l'extrémité nord du pays.

En résumé, l'âge des dolmens au Japon est caractérisé par une période de civilisation déjà très avancée.

A propos de l'autel gaulois de Reims. — Permettez-moi de faire une citation qui complètera peut-être la mention sommaire que l'*Archaeologia* a faite de l'autel de Reims, où le dieu cornu figure le même personnage que le Cernunnos du musée de Cluny.

« On tire l'étymologie de ce nom de la forme chaldaïque *karnaïn*, mot qui désigne les deux cornes; *karan*, en hébreu, désigne celui qui porte des cornes : d'où il est permis de conclure que le mot oriental a été transmis sans altération avec le symbole qui s'y rattache. Le rat, animal dont la demeure est souterraine, indique un véritable *Pluton*, dieu des richesses, et c'est sous cet aspect que nous apparaît le *Cernunnos* de Reims. Souvent, sur les monuments grecs, Pluton porte la corne d'abondance. » (Édouard Lambert, *Essai sur la numismatique gauloise du nord-ouest de la France*, 2e partie, Paris, Bayeux, 1864.)

Dans nos campagnes, il y a des traditions d'anciennes sculptures semblables à celles de Reims et de Paris, mais qu'on a brisées avec encore plus de précipitation que les *vases des sorciers* qui font tourner le lait des vaches. « C'est le diable! » s'écrie-t-on, sans considération pour l'excentrique antiquaire, qu'on accuserait presque de chercher à réhabiliter cette personnification de l'esprit du mal. Car, pour nos paysans, ce n'est pas l'*adversaire* des anciens Livres sacrés, mais bien un démon actif et infatigable, souvent fascinateur, qui ne se contenterait pas du rôle négatif que la théologie chrétienne veut lui imposer.   CALOUET.

Cernunnos ou Gernunnos. — L'autel de Reims, si intéressant à étudier, a donné lieu récemment à des rapprochements étymologiques des plus intéressants, étant admis qu'il s'agit du même dieu que le Cernunnos du musée de Cluny. Un dieu bienfaisant, distribuant les dons de la nature, faisant germer les graines, voilà ce qu'un savant a cru voir dans la racine de ce mot, traduite par *kern*, semence.

Le sens moderne n'est pas celui-là. Le sens ancien diffère également. La Bible gothique, dite de Ulfilas, qui date environ de l'an 360 de notre ère, donne partout pour : graine, semence, *grain à semer*, sêths, sêds, seiths. Par contre, on trouve :

Taíhundtaíhund mitadê Kaúrnis.

(*Dix dizaines de mesures de froment*).

(Ulfilas. St Luc, XVI, 7).

c'est-à-dire que le vieux gothique *kaúrn* se rapproche des mots gothiques modernes : *korn* et *corn*, dans le sens de grain, provision, devenu si général aujourd'hui.

Nous ne garantissons pas, bien entendu, la parenté de *Cernunnos* et de *Kaùrn*. Mais elle serait plus vraie qu'une parenté avec *kern*, qu'on trouve toujours avec le sens de noyau, sens qui ne parait pas applicable ici.

D'ailleurs on peut aller loin avec les étymologies. En sanscrit (nous en demandons pardon aux étudiants de l'école de Schleicher) *girna* signifie : blé à moudre ou moulu. Le lithuanien *girna*, pierre à moudre, accentue encore le sens probable appliqué à l'idée de nourriture préparée, qu'elle soit broyée par l'animal ou qu'elle soit préparée par les instruments de l'homme.

Si l'on pouvait risquer cette parenté hypothétique, en attendant que d'autres découvertes viennent la confirmer, nous proposerions de traduire le C, non par un son de K mais par celui de G, et de lire Gernunnos. On a, en effet, souvent confondu le G et le C : Gaius, Caius, Macistratos, Magistratus; Carmanos et Garmanos pour en revenir aux Gaulois avec les médailles de Commius. G. DECAUX.

Les vases peints gallo-romains du musée de Roanne. — Ces vases ont tous été recueillis dans le sol même de la ville de Roanne. M. Joseph Déchellette les a décrits avec une grande exactitude et en a publié de très bons dessins de M. Pillard[1].

Ils nous aideront à comprendre ce qu'on doit entendre par *vases peints*, dénomination qui est souvent prise dans un sens plus restreint.

La couleur est d'une nuance rosâtre assez claire, et l'épaisseur des vases à peu près égale à celle des vases samiens. Les formes, qui n'offrent pas une grande diversité, peuvent se ramener à trois types bien définis. Au premier appartiennent une série de bols ou de jattes à peu près hémisphéroïdaires, dont la lèvre est renforcée d'un rebord arrondi. Les dimensions sont communément celles de nos écuelles, mais on rencontre aussi de petites tasses et de grandes jattes, comparables à nos saladiers. Le second type est une sorte d'*olla* globulaire, quelquefois pourvue de couvercle. Enfin nous grouperons dans une troisième série un certain nombre de vases à liquides,

assez variés de formes, mais se rattachant au type du *guttus* ovoïde. Les plats, les assiettes, les soucoupes, si abondants dans la céramique ancienne, ne sont pas représentés dans notre collection. Une autre particularité de ces vases, c'est l'absence d'anses ou d'oreillettes sur tous les exemplaires, quelle qu'en soit la forme.

Leur galbe, quoique simple, est marqué d'une recherche incontestable d'élégance, mais ils empruntent tous leur originalité à la décoration, obtenue par l'application de couleurs ocreuses, soigneusement lustrées. On distingue trois groupes :

1° Vases recouverts extérieurement d'un engobe blanc, qui laisse à nu la partie voisine de la base, et dont le champ est limité par deux zones rouges ou brunes.

2° Vases semblables aux précédents, mais avec addition de dessins géométriques de couleur brune, bistrée ou violacée, tracés au pinceau sur le fond blanc de l'engobe.

3° D'autres vases entièrement recouverts d'un engobe blanc, avec ornementation géométrique particulièrement soignée et ne présentant pas de bandes circulaires rouges.

Il faut remarquer que si les tessons de la seconde série, à couverte blanche unie et bandes de couleurs vives, semblent être les plus communs, un examen attentif permet souvent d'y retrouver les linéaments presque invisibles d'une ornementation peinte qui s'est effacée avec le temps. C'est que l'engobe, bien que mince, est très adhérent à l'argile, tandis que les dessins offrent si peu de solidité que non seulement l'action de l'humidité du sol mais encore celle de la lumière lui est funeste

La recherche de la variété apparaît dans le tracé du décor, tempérée cependant par l'observation systématique de certaines règles de composition qui impriment comme un air de famille à tous les produits de cette fabrication. Le peintre évite les redites, se plait à l'invention et marque chaque pièce d'un caractère d'individualité propre, tout en lui conservant certains traits de ressemblance avec ses congénères. Ce système ornemental, sobre à la base et à l'orifice du vase, prend comme le vase lui-même toute son ampleur à la panse, où s'étale, répété en nombre impair, le motif principal.

[1]. *Revue Archéologique*, 3ᵉ série, tome XXVI.

M. Déchelette a fait remarquer avec beaucoup de justesse qu'il faut rejeter ici toute hypothèse d'influence hellénique ou asiatique. « Les Grecs ont sans doute, dit-il, connu la poterie géométrique, mais sans nous arrêter à en noter les caractères, il nous suffit de recourir à la chronologie pour lui refuser tout droit de paternité sur les vases gallo-romains. En effet, ce style géométrique, contemporain de la période mycénienne, disparaît vers le VIIe siècle au plus tard pour faire place au style figuré. Comment donc les potiers grecs, venus soit à Lezoux, soit dans toute autre région de la Gaule, à une époque voisine de la conquête romaine, y auraient-ils introduit un style archaïque qui leur était à coup sûr bien moins connu qu'il ne l'est à nous-mêmes.

« On sera fortement tenté de ne pas recourir à une filiation aussi lointaine que l'influence orientale si l'on songe que, en réalité, le style géométrique n'est d'aucune nationalité, qu'il est le patrimoine commun de tout art primitif, qu'il apparaît non seulement sur les antiques poteries asiatiques, mais sur les vases du Mexique et du Pérou, comme sur les poteries de la Kabylie.

« Or les Gaulois connaissaient, eux aussi, cette décoration rudimentaire, et la plupart des motifs qui ornent nos bols gallo-romains dérivent de ceux que nous trouvons tracés à l'ébauchoir, sur les poteries celtiques, notamment les lignes ondulées, les bâtons rompus, les chevrons et les damiers. Il semble que cette céramique peinte soit née de la combinaison de deux procédés déjà connus. En effet, les vases à engobe uni, rouge, brun ou blanchâtre ne sont point rares à l'époque de l'indépendance. D'autre part, un grand nombre des poteries de cette époque présentent la décoration linéaire incisée dont nous parlons.

« La présence des vases peints dans les *oppida* gaulois tels que Bibracte et le Crêt-Châtelard, opposée à leur rareté dans la province romaine, est un témoignage en faveur de leur origine celtique. Cette fabrication se perpétua et peut-être même se perfectionna, après l'invasion, luttant contre la concurrence des procédés nouveaux, et conservant ses caractères originaux, tels que la simplicité des formes, la rareté des anses et l'habitude de ne pas estampiller les pièces, pratique opposée à celle des potiers romains.

« Nous jugeons donc inutile de recourir à une inspiration venue du dehors pour expliquer l'origine de la poterie peinte à l'époque gallo-romaine ; nous la considérons comme nationale autant par sa naissance que par ses ascendants, et si inférieur qu'ait été le génie artistique de la Gaule, comparé à celui des civilisations orientales, nous croyons qu'on le rabaisserait à l'excès en lui refusant la paternité de cet art céramique, dont le thème décoratif, réduit à de simples combinaisons linéaires, sans représentation figurée, n'est à tout prendre que la caractéristique d'un art encore primitif. »

RÉPONSES

L'arc d'Orange. — Une lettre que F. de Saulcy adressait à A. de Caumont me paraît avoir bien établi la question :

« On avait à peu près *unanimement reconnu* que cet arc devait dater tout au plus de l'époque des Antonins. Caristie, Mérimée, Vitet et bien d'autres avaient admis et propagé avec leur incontestable talent cette vérité qui n'en était pas une.

En 1856, Ch. Le Normant, dans un voyage en Provence, étudia avec soin les bas-reliefs en question, et la présence du nom de Sacrovir sur le bouclier de l'un des vaincus fut le trait de lumière qui lui suggéra l'idée que cet arc avait été élevé à Tibère, à la suite de la répression de la grande insurrection gauloise fomentée par l'Éduen Sacrovir et le Trévire Florus. Une lecture faite par notre éminent confrère, dans une des séances publiques de l'Académie des Inscriptions et Belles-Lettres, fut consacrée à l'étude de l'arc d'Orange à ce point de vue tout nouveau.

Je ne vous parlerai pas, mon cher camarade, de l'attribution saugrenue déduite de la présence du nom *Mario*, que l'on a pris pour un datif, et qui n'est qu'un nominatif appartenant à un pauvre Gaulois vaincu dont on a gravé le nom sur son bouclier en le faisant entrer dans la composition du même trophée, où se lit le nom de Sacrovir. Marion, Dacurdus, Judillus (?)

(la première lettre de ce nom est perdue) sont les compagnons de Sacrovir, qui périrent avec lui dans l'incendie de la ferme où ils s'étaient réfugiés après leur défaite. Si Le Normant avait deviné juste, l'événement célébré par l'érection de cet arc tombait sur l'an 21 de l'ère chrétienne, et le *héros* que la colonie d'Orange entendait célébrer c'était Tibère.

Les appréciateurs des détails architectoniques au point de vue de la chronologie, ne cédèrent pas un pouce de terrain. L'arc était à trois portes, donc postérieur à Antonin. L'ornementation, d'ailleurs, présentait de tels caractères qu'il n'y avait pas à s'y tromper. L'École avait prononcé; son jugement était-il sans appel? C'est ce que vous allez voir.

Et d'abord rappelez-vous, mon cher Caumont, le magnifique tombeau de saint Remi, classé par les architectes à la même basse époque des Antonins. Il est aujourd'hui clair comme le jour, grâce aux formes orthographiques de l'inscription IVLIEI, SVEIS pour *Julii*, *suis*, que ce tombeau est du temps de la République. Personne n'oserait plus le contester. Si l'on s'était si largement trompé sur l'âge de ce tombeau, n'était-il pas possible que l'application des mêmes règles malencontreuses eût fait commettre une erreur semblable touchant l'arc d'Orange.

Et d'abord, l'arc à trois portes est-il bien postérieur aux Antonins? Il eût été bon de le démontrer autrement que par une hypothèse que l'on érigeait carrément en principe. C'eût été bon, sans doute, mais c'eût été bien imprudent. Voici pourquoi :

Il existe de beaux et rares deniers émis par le triumvir L. Vinicus, vers l'an 16 avant J.-C., portant d'un côté la tête d'Octave, et, de l'autre, un arc de triomphe érigé en l'honneur de ce prince. Or, cet arc est à trois portes, ni plus ni moins. Voilà donc un argument architectonique de l'Éccole bon à jeter aux oubliettes. Vous voyez, mon cher Caumont, que vous avez raison de penser qu'à quelque chose la numismatique est utile.

Une fois l'appréciation de l'âge de notre monument dégagée des prétendues impossibilités architecturales sur lesquelles on spéculait, il devenait plus important que

jamais de lire l'inscription de l'architrave; car là, mais là seulement, se trouverait le mot de l'énigme.

Un membre de l'Université, M. Herbert, il y a quatre ou cinq ans, aborda résolument ce problème dont il avait entrevu toute l'importance, et, après de longs tâtonnements, il publia son travail qui aboutissait à de telles impossibilités épigraphiques, que ce travail ne porta la conviction dans l'esprit de personne.

Il est certain cependant que M. Herbert avait parfaitement retrouvé le mot AVGVST du texte à reconstruire. Là, malheureusement, se bornait son *ben trovato*.

Le Mémoire de M. Herbert m'était inconnu, il y a bien peu de semaines, et ce n'est qu'à la gracieuse obligeance de notre savant confrère, M. Alexandre, que j'ai dû de pouvoir l'étudier à loisir, lorsque déjà mon déchiffrement était opéré.

J'arrive au plus vite à celui-ci. Dans les derniers jours de septembre, je passai quelques heures à Orange afin de revoir l'arc et le théâtre pour lesquels je professe une admiration passionnée. Longtemps je restai les yeux fixés sur les trous de crampon dont l'architrave est criblée. Tout d'un coup je crus reconnaître le mot AVGVST. J'y regardai à dix reprises, toujours ce mot me sautait aux yeux, et je ne doutai plus de sa présence.

Aussitôt rentré à Paris, mon premier soin fut de recourir au magnifique atlas de Caristie, car j'espérais bien que cet artiste éminent n'aurait pas négligé de recueillir une copie de l'ensemble de ces trous énigmatiques. Je ne me trompais pas. Je pris aussitôt un calque de cette précieuse copie et je me mis à l'œuvre.

J'acquis immédiatement la certitude que les lettres de bronze avaient été forgées, et non coulées, car la position et le nombre des crampons, pour chaque lettre, variaient suivant le caprice du forgeron, ce qui excluait absolument l'idée d'un modèle adopté par un mouleur.

Je ne vous dirai pas, mon cher Caumont, par quels tâtonnements j'ai dû passer, avec une sorte de rage curieuse, afin d'arriver au résultat que voici : la première ligne portait :

TI. CAESARI DIVI AVGVSTI. FIL, DIVI, IVLI. NEP.
COS. III. IMP. VIII. TR. POT. XXIII.

Les deux premiers mots de la seconde ligne sont certainement PONT MAX.

Quant à tout le reste, c'est encore lettre close pour moi, et cela tient à ce que je n'ai pas une confiance absolue dans la copie que j'ai entre les mains.

Voici pourquoi :

M. Herbert a publié, de son côté, une copie de trous des crampons de l'inscription, et tôt ou tard ce moulage se fera pour le musée de Saint-Germain.

Maintenant examinons, dans l'inscription ainsi restituée, les chiffres qui peuvent nous conduire à la date précise du monument.

COS   IIII
IMP   VIII
TR   POT. XXIII.

nous mènent tout droit, et avec une unanimité parfaitement curieuse, à l'an 21 de l'ère chrétienne, date de la défaite de Sacrovir. Donc, Ch. Le Normant avait une fois de plus fait preuve d'un tact exquis et d'une sûreté de vue merveilleuse.

On m'a objecté qu'il était étrange que le nom AVGVSTVS ne se trouvait pas après le titre de DIVI. IVLI. NEP (*oti*). Je réponds que la présence de ce nom serait bien plus étrange encore que son absence puisque sur toutes les monnaies (sans exception) de Tibère, frappées à Lyon au type de l'autel de Rome et d'Auguste, ce nom manque toujours. Voilà encore un nouveau service rendu à la science épigraphique par notre chère numismatique. »

L'arc d'Orange. — L'étude particulière que M. Alexandre Bertrand a faite de l'armement gaulois a déterminé ce savant à voir dans les sculptures de l'arc d'Orange un souvenir des victoires de Marius.

« S'il est démontré que les armes composant les trophées de l'arc d'Orange sont des armes cimbres, *Kimriques*, comme aurait dit Amédée Thierry, peut-on hésiter à voir, dans l'arc d'Orange, un souvenir élevé en l'honneur du sauveur de la patrie romaine !

L'arc d'Orange, ajoute-t-il, est comme un commentaire des divers récits de la bataille de Verceil. Nous y retrouvons les casques, le bouclier oblong, les selles des chevaux richement ornées, la longue épée de fer. Les souvenirs et les impressions des petits-fils des vainqueurs y sont fixés sur la pierre.

Que l'arc d'Orange ait été élevé ou non en l'honneur de Marius, il nous paraît, en tous cas, démontré que les armes qui y sont représentées sont les armes qui composaient l'équipement des Cimbres, et que les Romains des derniers temps de la République et du commencement de l'Empire considéraient comme des armes gauloises par excellence. Les vieux Celtes, les Celtes du *Celticum*, avaient un autre armement. » (*Revue Archéologique*, 3e série, 24-25, p. 160 à 169.)

DE VILLE.

L'arc d'Orange. — Plusieurs archéologues croient encore y reconnaître des trophées de la victoire de Marius sur les Cimbres. Il est certain que les armures montrent bien des détails tout aussi cimbriques que gaulois, comme le prouve la planche publiée dans le numéro 3 de l'*Archaeologia*. Cependant les probabilités en faveur d'un souvenir de la victoire des Romains sous Tibère (an 21) paraissent très grandes, même sans parler des noms de *Mario* et *Sacrovir* qu'on y a gravés.

CAMUL.

Amor, mosaïste romain. — Il n'y aurait rien d'impossible à ce que Amor *discipulus*, qui travailla avec Sennius Filix à la grande mosaïque de Juliobona, fût natif de Carthage. De nos jours, on trouve assez de mosaïques romaines en Tunisie pour permettre cette supposition. Mais je crois qu'elle a été trop facilement adoptée lorsque la lettre F, inscrite de cette manière : |‹, fut prise pour un K. Longpérier avait proposé la lecture *Caii filius*, supposant que Amor travaillait comme simple disciple (Voir n° 1). Mais il est souvent difficile, quand on parle de personnages si anciens, de résister au plaisir d'ajouter quelque chose de nouveau. Ainsi une inattention d'imprimeur a fait écrire : **ET AMORCK DISCIPVLVS**. Si cette lettre |‹ devait être lue K, comment lirait-on donc l'inscription alsacienne publiée par le colonel de Morlet :

BIILLA DALLOMARIKIL

Ferait-on un kilogramme de cette pauvre Bella ?

Et dans l'inscription de Géraumont :

PRO SALVTE EMERITI FILI SVI

(Pro salute Emeriti fili sui), verrait-on un Kilian émérite ?

Sans multiplier ces citations, je crois que l'opinion de Longpérier semble plus facile à accepter, et que *Amor CF discipulus* peut se lire *Amor Caii filius discipulus*.   G. D.

Maisons des Templiers. — M. Bourgeois a signalé une maison de Templiers à Crépy. Une estampe de la Bibliothèque nationale la désigne sous le nom de *Commanderie du Temple, à Crépy.*

Ce dessin se rapporte à trois arcades d'une maison située à Crépy, rue Holand. M. Grave leur avait reconnu un caractère religieux et leur avait assigné pour date la fin du XIIIᵉ siècle, à cause des ogives trilobées avec trèfles dans le tympan commun. C'était, en effet, la façade d'un édifice dont e dessin trouvé portait au bas le titre de *Commanderie du Temple, à Crépy.*

Le second étage, superposé au premier, se compose d'ouvertures plus allongées, surtout celle du milieu, en rapport avec le développement médian du pignon au sommet duquel l'ogive se porte à la rencontre d'un cercle en œil-de-bœuf, au milieu duquel se trouve une petite rosace en feuille de trèfle.

Au rez-de-chaussée, on voyait au contraire trois arcades en plein cintre appuyées sur des chapiteaux qui devaient avoir été appuyées sur des colonnes, probablement supprimées à l'ouverture de deux fenêtres modernes et à angles droits, entre les chapiteaux des deux arcades extrêmes.

La partie latérale que le monument nous présente à l'Orient ne contient qu'une porte roman à deux vantaux, et, au niveau du dernier étage de fenêtres ogives de la façade, une fenêtre simple et longue rappelant l'époque romane, aussi bien par les arcades du rez-de-chaussée et les modillons du toit et du pignon, tandis qu'un pan de mur en ruine, vers le couchant, porte encore des arcades ogives qui avaient pu faire partie d'une galerie plus ou moins prolongée. (*Congrès archéologique de Senlis.*)

Dans l'ouvrage de Ch. Nodier et Taylor, on voit un édifice semblable, avec la même appellation.

A Caudebec-en-Caux, un bâtiment, aussi des dernières années du XIIIᵉ siècle, ou du commencement du XIVᵉ, montre une double façade à deux étages de fenêtres ogives. L'intérieur a été rebâti, mais on y voyait encore, vers 1872, des gros chapiteaux qui m'ont paru fort curieux. J'ai transmis, dans le temps, un petit dessin de cet édifice à A. de Caumont qui l'a reproduit dans la dernière édition de son *Abécédaire*, mais avec des indications incomplètes, car les boutiques dont il est question n'ont été évidemment ménagées que bien postérieurement à la construction de l'édifice.

Mais en quoi tous ces bâtiments se rapportent-ils vraiment aux Templiers ? C'est ce que les historiens locaux seuls peuvent nous dire.   C.R.

Églises antérieures au Xᵉ siècle. — Un ancien manuscrit de l'abbaye de Saint-Gall reproduit un plan d'église du milieu du neuvième siècle. Votre *Bulletin monumental* français l'a cité en 1868. On peut d'ailleurs en avoir une idée suffisante par la copie réduite et la note que j'adresse avec ces lignes (Voir le nᵒ 6).

     Schintz.

Violons. — Pour arriver au véritable violon moderne, il faut descendre jusqu'en 1520. L'école de Crémone acquit alors une supériorité que personne ne lui conteste, avec Andrea Amati, Gasparo de Salo et Gian Paolo Magini, qui ont créé notre violon actuel.

Le *Joueur de Violon*, par Raphaël, dit M. Gruyer, nous transporte en 1518. A cette date, le violon, si imparfait qu'il fût encore, n'en était pas moins le roi des instruments. Déjà le violon que Joan Kerlino confectionnait en 1449, à Brescia, par ses voûtes fort élevées, et le son doux et sourd qui en sortait (Fétis), avait été le précurseur du véritable violon de Mittenwald qui se vend encore avec l'étiquette de Jacob Stainer. Mais si la tradition se continua avec Pietro Dardelli (Mantoue, 1500), avec Duiffoprugar, natif du Tyrol italien, établi à Bologne vers 1510, avec Linarello à Venise, Zanetto et Morella à Brescia, la grande école du violon devait être révélée à Crémone.   Julio.

Administration et Gérance

GRAVILLE, 13, rue Spontini, Paris.

MACON, PROTAT FRÈRES, IMPRIMEURS

BUIRE GALLO-ROMAINE

(Collection de M. FRÉDÉRIC MOREAU).

ANTIQUITÉS DU MUSÉE CARNAVALET

Il ne saurait être question, dans un court article comme celui-ci, de décrire toutes les antiquités historiques du musée de la ville de Paris. Ce musée lui-même, par les souvenirs qui y sont associés, mérite un long mémoire et, si nous ne nous trompons, la collection publiée par la *Société de l'Art français* contient une étude très intéressante de M. Jules Cousin qui ne laisse rien à désirer sous plus d'un rapport. Notre but est des plus modestes; nous cherchons seulement à rattacher les sculptures et les fragments de sculpture antique qu'on y voit à l'étude, suivie par l'*Archæologia*, des monuments de l'ancienne Gaule.

Que de choses ont été dispersées dans d'autres musées, qui devraient se trouver rassemblées ici ! Mais s'il faut aller les étudier dans d'autres collections formées plus anciennement, les points de comparaison n'en existent pas moins autour de nous, et ceux-ci suffisent à faire autour de Paris un voyage archéologique des plus intéressants.

Sans parler des instruments primitifs de pierre ébauchée ou plus ou moins taillée et polie, nous voyons ici de belles armes de bronze qui ont été recueillies dans le lit de la Seine et qui continuent la série des objets appartenant à cette civilisation si remarquable qui a été révélée par le *bel âge du bronze* en Europe, cette époque de la *Tène,* où d'éminents archéologues voient le développement réel de notre antique héritage, à notre tour transmis par les Européens à tant d'autres nouvelles nations, encore restées jusqu'à nos jours entravées par les étroites limites de l'industrie primitive de l'âge de la pierre. L'époque mégalithique se manifeste aux environs de Paris par les dolmens de Meudon et d'Argenteuil. Ce dernier a fourni au Musée de Saint-Germain une hache de silex dans sa gaîne en bois de cerf. On remarque aussi, en entrant dans cette riche collection, les immenses pierres de l'allée couverte de Conflans Sainte-Honorine, qui a été reconstituée, sous sa forme originelle, dans les fossés du château.

Il n'est donc plus nécessaire de faire le long voyage de la Bretagne pour trouver ce genre de monuments. A mesure que les études d'archéologie se développent, d'ailleurs, — et nous assistons à un véritable mouvement d'études de ce genre on peut le dire —, on est surpris de voir combien il y a d'époques représentées autour de Paris. Et le Paris antique, si timidement figuré par Dulaure au moyen de quelques groupes de cabanes, s'étend de plus en plus sur une carte archéologique, qui finira par nous montrer un grand centre, beaucoup plus ancien que les Mérovingiens. On recherchera même bientôt à débrouiller les légendes historiques dont souriaient nos prédécesseurs, et des dates de plusieurs siècles avant notre ère ne nous sembleront plus si impossibles qu'on l'avait cru longtemps. Après l'étude des périodes héroïques, que l'archéologie nous fait connaître depuis très peu d'années seulement, cette science merveilleuse nous apprendra aussi à discerner les intéressantes manifestations de la vie civile, souvent oubliées par des chroniqueurs, trop habitués qu'ils sont à ne voir dans l'histoire qu'un côté, celui des batailles, qu'une dénomination, celle du personnage le plus fameux d'une époque.

Au milieu de notre planche VI, nous avons représenté la curieuse médaille d'or attribuée depuis longtemps aux *Parisii*, et dont la date est certainement beaucoup plus ancienne que les guerres de César. La numismatique nous montre aussi des monnaies d'un autre type que l'on peut attribuer au vieux chef atrébate Camulogène, qui livra à Labiénus une si terrible bataille lorsque ce lieutenant voulut se frayer un chemin pour aller rejoindre son général, dont la situation était devenue si critique. Les autres héros de cette guerre des Gaules se retrouvent peu à peu sur des monnaies patiemment recueillies de tous côtés, et bientôt l'historien pourra écrire des récits où tous ces personnages seront représentés, à leur grand avantage, avec une fidélité inconnue jusqu'ici.

Après le sanglant combat de la plaine de Grenelle, les Parisii reprirent sans doute peu à peu leurs occupations et leur commerce fluvial et maritime, si bien décrit par Pline et Strabon. Ils développèrent leur batellerie, dont ils se sont toujours montrés si fiers. Sous Tibère, nous les voyons élever, dans leur île principale, des autels à Jupiter et à leurs divinités locales, que les sages mesures d'Auguste avaient fait entrer peu à peu dans le Panthéon romain (Musée de Cluny). Ils fabriquent des figurines en terre cuite de Vénus Anadyomène, de Junon-Lucine, et semblent prendre plaisir à les conserver auprès du foyer domestique. A l'ancien art de la céramique polychrome, ils substituent l'industrie des vases en terre fine enduite d'un vernis brillant comme celui de la cire à cacheter, et où on vient appliquer des sujets moulés à part. De nombreux débris semblables ont été recueillis par les archéologues parisiens, en dépit de la précipitation des entrepreneurs qui n'ont pas le loisir de favoriser ce genre d'explorations. Des débris de grands édifices, des colonnes, des chapiteaux, des stèles à personnages viennent montrer l'importance rapide que Lutèce acquit sous les empereurs. Un peu plus tard, nous voyons ces débris transformés en matériaux nouveaux, en sarcophages chrétiens; puis le plâtre vient en honneur avec ses moulures si faciles, et ses croix gammées si caractéristiques. Après les sépultures de guerriers francs, qui semblent faire longtemps comme une classe à part, au milieu de populations ayant plus ou moins gardé leurs anciennes coutumes, l'empire de Charlemagne vient recommencer une nouvelle architecture et supprimer les inhumations habillées. Ici s'arrête la tâche présente de l'archéologie. Les chroniqueurs la reprennent sous une autre forme, et nous font souvent connaître des personnages qui se rapprochent insensiblement de nos contemporains. A l'étude des débris des monuments et du mobilier de la vie privée, il faut substituer celle des anciens textes : l'archéologie et l'épigraphie font place à la paléographie et à l'histoire.

Suivons l'ordre qu'on observe en commençant par l'entrée de la rue de Sévigné.

Voici les silex taillés des sablières de Levallois Perret, et les ossements des animaux quaternaires. Des haches polies en silex et autre pierre dure, proviennent du lit de la Seine. On voit des cornes de cerf qu'on a creusées pour y emman cher des outils de pierre. Saint Denis, les bruyères de Sèvres, la station préhistorique de la Varenne-Saint-Hilaire, celle de Choisy-le-Roi, le lit de la Seine à Charenton, au Pont-au-Change, au Petit-Pont, aux berges d'Issy, ont fourni un riche contingent où nous retrouvons avec plaisir le nom d'un explorateur dont les travaux ont été pour beaucoup de nous une véritable initiation aux antiquités des Parisii, celui de Louis Le Guay.

La collection de M. Reboux offre d'importantes séries remontant à l'époque quarternaire.

La direction du Musée Carnavalet a eu la bonne pensée de présenter aux visiteurs des échantillons des diverses couches tourbeuse, graveleuse et sableuse des limons parisiens. On en a recueilli rue des Colonnes, près de la rue du Quatre Septembre, rue Buffon, rue d'Arcole. Dans l'île de la Cité, la couche tourbeuse est à douze mètres de profondeur. On reconnaît aussi des fragments du Dolmen de Meudon.

L'Aqueduc d'Arcueil est figuré par une coupe prise au jardin de l'hospice La Rochefoucauld. A vingt mètres de profondeur, cette coupe montre les Catacombes.

Deux grandes pierres proviennent des arènes de la rue Monge.

SALLE II. — Portion de la rigole en béton qui amenait à Lutèce les eaux de Rungis. Portions de gradins avec fragments de grandes inscriptions. — Amphithéâtre de la rue Monge. — Seuil d'une porte de l'arène. — Moulures d'une corniche, os d'animaux et céramique.

Briques romaines. Portion du radier d'un canal d'égout antique, rue Soufflot. Petite rigole d'aqueduc en béton, rue Soufflot.

Abaque, chapiteau (carlovingien ?), provenant des fouilles de l'Hôtel-Dieu.

Fragment de maçonnerie d'un édifice romain de la Cité.

Chapiteau romain trouvé rue Galande.

Pierres provenant d'un édifice démoli pour fournir des matériaux au rempart romain de la Cité.

SALLE III. — Fouilles du Palais de Justice en 1847. Plafond d'un édicule romain. Fragments de sculptures.

Salle IV. — Meules romaines provenant des fouilles de l'Hôtel-Dieu. Sarcophage romain avec squelette découvert, rue des Gobelins, en novembre 1892.

Fragments de bas-reliefs funéraires romains, trouvés rue Saint-Martin, près de la rue de Rivoli en 1853.

Bas-relief funéraire romain trouvé en 1844, rue de Constantine.

Meules antiques, provenant des fouilles de l'Hôtel-Dieu, 1887.

Grand sarcophage creusé dans des pierres provenant d'un édifice démoli. Bas-relief avec dédicace *sub ascia*, époque romaine, employé dans une substruction. Cimetière chrétien du quartier Saint-Marcel (ive et ve siècles).

Salle V. — Panneaux ornés provenant de sarcophages mérovingiens.

Borne milliaire avec inscription au nom de Maximin Daza (année 307), creusée pour former un sarcophage chrétien (quartier Saint-Marcel).

Panneaux ornés provenant de sarcophages mérovingiens en plâtre. Cimetière de Saint-Pierre, à Montmartre.

Partie antérieure du sarcophage romain trouvé rue des Gobelins en 1892.

Panneaux ornés de sarcophages mérovingiens en plâtre. Cimetières de Saint-Pierre et Saint-Paul (Sainte-Geneviève), Saint-Marcel.

Tronçon et demi-tronçon de colonne romaine. Fouilles de la caserne de la Cité.

Portion du couvercle d'un sarcophage chrétien d'enfant. Ornements en croix gammées et oiseaux symboliques. Saint-Marcel.

Base de colonne et fragments d'époque romaine. Fouilles de l'Hôtel-Dieu.

Portion d'architrave d'un édifice romain, creusée en auge pour servir de sarcophage. Cimetière chrétien du ive ou ve siècle, boulevard Arago.

Salle VI. — Sarcophage taillé dans des pierres provenant d'un édifice démoli avec restes d'une inscription (Saint-Marcel).

Croix et oiseaux symboliques. Cimetière Saint-Vincent (Saint-Germain-des-Prés).

Stèle romaine, taillée et utilisée pour couvrir un sarcophage, ive ou ve siècle (Saint-Marcel).

Tronc d'une statue romaine. Hôtel-Dieu, 1887.

Sarcophage en pierre blanche, xe siècle. Cimetière Saint-Marcel.

Salle VII. — Panneaux ornés provenant de sarcophages mérovingiens en plâtre. Saint-Vincent (Saint-Germain-des-Prés).

Petit sarcophage provenant d'un cimetière romain, rue Nicole.

Sarcophage carlovingien en pierre blanche. Cimetière Saint-Marcel.

Fragments de sculptures romaines. Fouilles de l'Hôtel-Dieu.

Base de pilastre d'un édifice romain, rue Gay-Lussac.

Couvercle de sarcophage avec restes d'inscriptions (vers 750). Place Saint-Germain-des-Prés.

Panneaux provenant des sarcophages carlovingiens en pierre blanche. Saint-Marcel.

Sarcophages mérovingiens en plâtre, Saint-Marcel.

CAVE. — L'ancienne cuisine de l'hôtel Carnavalet a été disposée en crypte. On y voit des sarcophages et des moulures des sarcophages du IVe au Xe siècles, provenant du cimetière Saint-Marcel.

Dans le caveau, moulages des squelettes découverts dans la première fouille des arènes en 1870.

SALLE VIII. — Nombreux matériaux de construction de l'époque romaine. On y voit les tuiles et les conduits de chaleur qui entretenaient une température régulière, malgré l'absence de cheminées. Les foyers étaient alors entretenus dans les parties basses ou latérales des maisons, dans des hypocaustes. Deux tronçons de colonne en marbre antique, provenant d'une basilique chrétienne de la Cité. On doit se rappeler que Notre-Dame de Paris a succédé à plusieurs autres églises chrétiennes bâties l'une près de l'autre.

Partie inférieure d'une colonne romaine en marbre. Hôtel-Dieu, 1887.

Couvercle de sarcophage avec inscriptions de la fin du Xe siècle, Saint-Marcel.

Tronçons de colonne en marbre. Basilique mérovingienne de Saint-Pierre et Saint-Paul (Sainte-Geneviève).

Fragments de moulins romains. Hôtel-Dieu.

Moulins à bras romains. Fouilles de la rue de la Montagne-Sainte-Geneviève.

Meules de provenances diverses.

Fragments de sculptures d'époque romaine. Palais de Justice 1847.

Sculptures de l'époque mérovingienne. Hôtel-Dieu.

Ornements du cimetière Saint-Vincent (Saint-Germain-des-Prés).

SALLE IX. — Jolie statue de divinité en marbre. Un enfant donne à manger à un oiseau.

Portion de la frise d'un édifice triomphal, avec sculptures d'armures et attributs guerriers. Fouilles de la caserne de la Cité.

Fragment d'un chapiteau romain. Trouvé rue Gay-Lussac, 28.

Partie supérieure d'un petit cippe romain. Caserne de la Cité.

Portion d'un fût de colonne. Génie de Mars, portant la Cnémide. Génie de Mars portant l'épée.

Sculptures de trophées attachés à un arbre. Couronnement d'un cippe. Tambour de colonne orné de feuilles. Stèle représentant Mercure avec tous ses attributs, le caducée, la bourse, le *pétase* et les pieds ailés. Fragment d'un bas-relief romain. Linteau d'une architrave. Hôtel-Dieu.

Petit bas-relief laraire (?). Jardin du Luxembourg.

Grand Dolium sphérique en terre rouge.

Épitaphe païenne du IIIe siècle sur pierre triangulaire. Quartier de Saint-Jacques.

Bas-relief représentant le dieu à trois visages des Gaulois. A la main gauche il paraît tenir soit une tête de bélier (?), soit une tête d'oiseau ; de la main droite semble tenir une grue ou un cygne. Fouilles de l'Hôtel-Dieu.

Portion de pilastre sculpté. Fouilles du collège Sainte-Barbe.

Épitaphe d'Ursinien, vétéran du corps des Ménapiens. Cimetière chrétien du IVe au Ve siècle. Quartier Saint-Marcel.

Grande statue brisée, ayant vraisemblablement représenté la Nymphe de la Seine. Portion d'un fût de colonne orné. Hôtel-Dieu.

Bas-relief représentant le dieu Mercure. Fouilles de Saint-Germain-des-Prés.

SALLE X. — Sculpture du IIIe siècle. Cippe funéraire de Germinius, tailleur d'habits. Cimetière païen du IIIe siècle. Quartier Saint-Jacques.

Sculptures trouvées au cimetière romain de la rue Nicole.

SALLE XI. — Poteries. Remarquer une très jolie bouteille à une anse en terre blanche avec un décor brun à rinceaux (IVe siècle) trouvé aux arènes.

Trésor de monnaies romaines : 8 Antonin, 23 Hadrien, 41 Faustine-mère, 58 Faustine jeune. Jardin du Luxembourg.

Grand Dolium en terre blanche.

Jolie bouteille à une anse en verre. Sépulture du VIIe siècle, près Saint-Germain-des-Prés. Ce spécimen nous montre les véritables progrès que la verrerie faisait en adoptant des procédés qui semblent inconnus aux gallo-romains.

Belle lampe à suspension.

Fioles en verre du cimetière chrétien de Saint-Marcel.

Urne ronde et nombreux vases. Cimetière païen du faubourg Saint-Jacques.

Curieuse empreinte du visage d'un petit garçon, formée par le ciment glissé entre les fentes d'un couvercle trop étroit, ce qui a permis d'obtenir des épreuves du masque d'un petit Parisien de l'an 350 environ. L'enfant était très gentil ; l'expression de la physionomie est des plus douces.

Baguette de verre, tordue à son extrémité.

Les découvertes de M. Landau, dans ses terrains de la rue Nicole, nous remettent dans la série des mobiliers funéraires tels qu'on les trouve sur tous les points de la Gaule romaine. Mais à Paris le cimetière romain de l'époque chrétienne est plus riche que dans les autres localités qui nous sont connues. Le cimetière du quartier Saint-Marcel offre des fibules, des plaques de coffrets, une marque en pierre.

Les fouilles de l'Hôtel-Dieu (1867) nous ont donné un grand bidon de voyage en forme de couronne, avec une inscription sur chaque face.

Une statuette de bronze a été trouvée dans le jardin du Luxembourg. A côté, on voit, dans la même vitrine, deux autres Mercure et un Jupiter.

Le lit de la Seine a fourni un contingent d'épées, de style en bronze, trois belles lames d'épées, une faucille. Des pointes de lance proviennent de Villeneuve-Saint-Georges, du pont d'Austerlitz. Une sépulture de la Varenne-Saint-Maur (1880) a donné une épée, un fer de lance et une ceinture en maillons de fer.

Les fouilles de la première église Sainte-Geneviève ont présenté, dès 1764, des vases de terre rouge, à anse, avec ornements blancs.

Salle XII. — Détails de l'ancienne église de Saint-Vincent, bâtie vers l'an 550. Fragments de colonnes, de chapiteaux, etc. Ceci vient compléter les renseignements de Gislemar, le seul auteur qui ait donné une description de cet édifice disparu.

Mais au milieu de la salle, on remarque une pièce des plus précieuses; la petite statue équestre de bronze de l'empereur Charlemagne, que l'on croit bien contemporaine de ce prince.

Dans les montres, une grande boucle en fer, avec plaque d'argent, des pointes de lances, des haches, des francisques, des angons, des épées, des sabres, en partie recueillis dans le lit de la Seine, rappellent les analogues des cimetières des Francs. L'époque mérovingienne nous fait voir aussi une cuve fragmentée, recueillie dans les fouilles de l'Hôtel-Dieu. On y lit encore : ...VS VIVAT IN DEO..... Un hipposandale, des lampes et des crépis coloriés accompagnent les fragments d'un édifice romain découvert dans la rue Gay-Lussac.

L'archéologie des premiers siècles est donc bien représentée au Musée Carnavalet. Le goût parisien des visiteurs n'y approuve pas toujours l'exposition d'ossements, peut-être un peu nombreux. Mais cette collection est encore à l'état de formation, et il y a bien des détails qui ne sont encore que provisoires.

H. PRÉVOST.

LE VASE DE GUNDESTRUP

Plusieurs lecteurs nous demandent quelques détails sur les circonstances de la découverte du grand vase de Gundestrup, en partie reproduit sur notre planche III. Nous les empruntons à nos savants confrères de Copenhague.

A la fin de mai 1891, un grand vase d'argent fut tiré du fond d'une tourbière à Gundestrup (canton d'Aars), vers le milieu de la partie septentrionale du Jutland. Il reposait entre 0^m60 et 0^m90 sous la surface de la tourbe.

A l'intérieur de la coupe, ou plutôt de la partie inférieure qui était seule intacte et placée sur sa face convexe, étaient posées l'une sur l'autre douze plaques carrées, dont l'assemblage avait formé la partie supérieure, puis une plaque ronde qui avait revêtu le fond à l'intérieur, enfin deux fragments du bord.

Lors du dépôt, ces différentes parties étaient déjà séparées. Il manque une des plaques extérieures, la plus grande partie du bord, les deux oreilles dont le vase devait être pourvu, ainsi que toutes les bandes de soudure entre les diverses parties. Il ressort pourtant des circonstances de la trouvaille qu'elle comprend tout ce qui avait été déposé. Le vase, à en juger par d'évidentes et nombreuses traces d'usure, n'était dès lors plus neuf.

L'analyse botanique a permis de constater qu'il avait été déposé sur un fond de tourbe desséchée et déjà ferme, et que la couche recouvrant le vase s'était formée à l'air et non dans l'eau. On est tenté de supposer que le dépôt ayant été fait à découvert était consacré aux dieux, comme c'était l'usage dans l'antiquité.

Le fond du vase a 0^m69 de diamètre et 0^m21 de haut, les plaques qui formaient la partie supérieure de 0^m20 à 0^m21 de haut, sur 0^m245 à 0^m26 de large pour celles de l'extérieur, — 0^m40 à 0^m43 pour celles de l'intérieur. Ce vase a été reconstitué conformément à d'autres mieux conservés du même genre, et en se guidant d'après les restes des soudures, les trous des rivets, etc.

Le vase, fait d'argent embouti, est très mince au fond, un peu plus épais ailleurs. Les plaques ont été décorées en les travaillant par-dessous au repoussé et en les retouchant par-dessus. On trouve dans les concavités du revers des restes d'un mastic de résine et d'écorce de bouleau.

L'argent, titré à 970, a un poids total de 8.885 grammes. Les plaques extérieures et celles du fond ont été couvertes d'une légère feuille d'or qui paraît avoir été appliquée par simple pression et qui est en partie usée. Comme l'or est évalué au 3/000, on peut en y ajoutant les restes de dorure l'évaluer à 5/000. Aussi la trouvaille, ayant été revendiquée par le Musée National en vertu des dispositions sur le *Danefæ*, l'inventeur reçut une indemnité de 1188 kroners (1.651 fr.)

A l'intérieur des fragments de bordure, on trouve des restes d'un anneau de fer qui servait à fortifier l'orifice; en outre, sur tous les bords, aussi bien du fond que des plaques carrées, on voit des restes de soudure, consistant en un alliage de 916/000 d'étain et 24/000 d'argent. Les yeux de cinq des grandes têtes en relief à l'extérieur sont encore pourvus de globules de verre rouge bleu, fixés par derrière sur un morceau de métal appliqué.

Les détails de la décoration indiquent que le vase n'a pas été fait par un seul orfèvre. L'habileté technique n'était donc pas l'apanage d'un seul artiste, et le style adopté pour cette œuvre fut en honneur pendant un certain temps et dans un certain rayon.

Notre planche reproduit deux des plaques intérieures.

Le personnage assis qui tient de la main droite un torque et qui, de la main gauche, serre le cou d'un serpent à tête de bélier, est le dieu gaulois Cernunnos. A droite, on voit un cerf, à gauche, un loup, quadrupèdes qui jouaient un rôle important dans les croyances religieuses de la plupart des peuples anciens. Les autres animaux, au contraire, qui ne sont pas en relation avec le dieu, paraissent avoir été placés là pour remplir les vides, de même d'autres sujets portent tout à la fois des figures religieuses et de simples motifs de décoration. Le lion et l'homme à cheval sur le dauphin sont des sujets fort communs dans l'art antique. Quant aux antilopes, que l'on voit en haut, l'une à droite, l'autre à gauche, elles paraissent souvent dans l'arène chez les Romains.

Notre dernière reproduction montre deux processions, l'une de cavaliers casqués, dont deux sont armés d'une pique; l'autre de piétons portant bouclier et javelot, suivis de leur chef casqué et armé d'une épée, ainsi que de trois musiciens soufflant dans des trompettes de forme gauloise. Dans l'espace vide à droite, on voit un serpent à tête de bélier, reptile fantastique bien connu dans la mythologie celtique.

Le cortège défile devant un personnage beaucoup plus grand (un dieu ou son prêtre), qui tient un homme les pieds en l'air et la tête au-dessus d'un objet oblong que l'on pourrait prendre pour un vase. Cette scène paraît représenter un sacrifice humain.

Autant que l'on en peut juger par les faits constatés jusqu'ici, notre vase doit être de style gallo-romain, sans avoir été fabriqué dans le pays d'origine de celui-ci, la Gaule. On serait tenté de croire qu'il provient d'une contrée plus ou moins éloignée, où ce style s'est propagé et qu'il faut chercher dans la direction indiquée

par ce fait : que les œuvres gallo-romaines les plus ressemblantes aux images de
notre vase ont été trouvées dans le nord de la France, ainsi que les vases en terre
cuite. On peut donc se demander si cette pièce n'a pas été fabriquée dans le pays
même où elle a été découverte.

(E. Beauvois, d'après Sophus Müller).

Le dernier paragraphe de l'extrait précédent pose bien la question sur son véritable terrain. Il faut surtout, croyons-nous, ne pas perdre de vue que le Jutland
est d'un accès très facile par mer. Il y a eu, à ces époques éloignées, des communications beaucoup plus fréquentes qu'on ne le suppose généralement. Mais l'impression de la surprise, qu'on a éprouvée au moment de la découverte de cet
étrange chaudron, est loin d'être effacée. On manque surtout de points de comparaison.

Cependant il paraît qu'il s'agit ici du produit d'une industrie locale. Plusieurs
orfèvres ayant travaillé à ce vase, il y avait donc une tradition de métier qui nous
permet d'espérer des découvertes de monuments similaires.

La date exacte de la fabrication de ce grand vase est plus difficile à fixer. A
moins de compter sur la révélation subite et complète d'un art tout à fait particulier à cette région, (ou à une autre région plus ou moins voisine, d'où on aurait
tiré soit ce chaudron d'argent, soit un modèle qu'on aurait imité), il faut se contenter de procéder par des études d'analogie. On doit même se dire que la question
de la date de cette fabrication paraît moins importante que l'étude des sujets qu'il
reproduit. Si nous insistons là-dessus, c'est que nous avons reçu une telle quantité
de demandes d'explications, avec des critiques si différentes sur les opinions qui
ont été émises à ce sujet, soit dans les revues nos aînées, soit dans les développements que de savants professeurs n'ont pas marchandés — alors que la matière
était si épineuse — que nous voyons qu'il était presque difficile à l'observateur le
plus impartial de ne pas se montrer injuste envers des savants qui n'ont pas ménagé
leurs peines pour rendre abordables des comparaisons nécessitant tant d'études préa-
lables et difficiles.

Mais ceci dit, faisons bien remarquer la situation toute spéciale du Jutland, placé
entre le Danemarck, l'ancienne Gaule Belgique, les contrées germaniques et surtout
entre plusieurs mers qui, de tous temps, ont été parcourues en tous les sens par
les hommes les plus actifs, on peut le dire, du monde entier, les Gaulois, les
Saxons, les Germains, les Scandinaves, etc. Ici, pas de montagnes, pas de falaises,
rien pour opposer une barrière quelconque au commerce ou à la guerre entre voisins. Le pays est ouvert partout ; les habitants de cette étroite région devaient
chercher des débouchés à leur activité dans tous les sens. Qu'y a-t-il donc d'étonnant de trouver chez eux des figurations qui semblent empruntées à tant de traditions différentes ?

Ce serait donc, croyons-nous, une grande erreur que de ranger tout d'abord cette région parmi celles qui subissent l'influence d'un seul milieu. Suivant les circonstances, elle a dû au contraire refléter souvent des impressions parfois dissemblables dans la forme, et on a pu y retenir ce qui pouvait se rattacher à un fonds commun. C'est pourquoi nous n'hésitons pas à accorder le plus grand crédit à ce qui a été écrit par M. Alexandre Bertrand, lorsque ce savant a parlé, à ce propos, des guerriers Cimbres et des diverses traces qu'ils ont laissées, des souvenirs qu'ils ont légués avec leur armement militaire, et qui peuvent se caractériser par leur grande trompette de guerre, ce carnyx que l'on voit figurer sur les trophées de l'arc d'Orange, sur des monnaies de chefs de la Grande-Bretagne et sur la monnaie attribuée à Dumnorix.

M. Salomon Reinach, dont la critique est fort serrée, semble préférer des dates positives, et il cherche à résoudre la question, non par des survivances, mais par l'examen de la facture même du vase, ce qui l'amène à formuler une date d'environ 450 de notre ère, si nous ne nous trompons. Cette date est des plus intéressantes, car elle marque pour des régions maritimes voisines une sorte de réveil dans la vie locale, une indépendance intéressante dans l'interprétation des sujets.

Avec ce que nous possédons comme points de comparaison, on aura de la peine à se mettre tous d'accord. Une stèle archaïque d'un guerrier grec, des barbares germains, foulés aux pieds par des cavaliers romains, montrent un costume semblable à celui du sacrificateur. Les guerriers eux-mêmes ne sont pas ces Germains à tête nue et à longs cheveux auxquels nous sommes habitués ; ils n'ont pas ces armes franques si caractérisées dès Childéric. Leurs casques et les cimiers, leurs boucliers offrent, au contraire, des ressemblances frappantes avec ce qui a été reconnu comme de l'art gaulois très ancien. Les éperons, par contre, sembleraient rapprocher les dates ; mais, en dehors des Romains, qui aimaient à se servir du fouet, nous croyons qu'on pourrait trouver de très anciens éperons. Les têtes, si proéminentes, à longue barbe, offrent au contraire des types qui n'ont absolument rien de classique, ni dans les physionomies, ni dans la forme. On les croirait presque contemporaines de nos chapiteaux du XIᵉ siècle. Les griffons ont des analogues sur des monnaies bretonnes ; les torques en présentent d'indiscutables avec celles des monnaies de la Gaule-Belgique. Parmi les animaux, le sanglier nous ramène dans le même groupe, en même temps qu'il nous rappelle les légendes écrites par les Islandais.

Nous arrivons maintenant, avec des éléments si divers, à une sorte de conclusion. C'est que, dans ce pays des Cimbres, on a semblé avoir voulu raviver un culte très antique, mais avec des formes empruntées à droite et à gauche, que l'on a rapprochées de fragments ou de copies de fragments beaucoup plus anciens, à la suite de nombreux voyages, ou par suite de relations suivies avec les autres pays. Après tout, nos archéologues n'ont jamais entendu nous dire que ces guerriers avaient été copiés d'après nature sur ceux qui furent battus par Marius ; les modèles imités étaient, croyons-nous, beaucoup plus anciens encore. De même, ils n'ont pas entendu nous dire que l'arc d'Orange avait été élevé immédiatement après la défaite des Cimbres. En attendant des dates, qui ne peuvent être définitives sans d'autres découvertes peut-être encore éloignées, nous tenons pour acquis ce qui nous a été enseigné par la comparaison du vase avec les divers éléments tirés de l'étude des armes et des costumes des Gaulois, et de la tradition qui en était restée chez les Romains, et qui fut ravivée à l'occasion de la construction de l'arc de triomphe gallo-romain.

Quant à l'avenir de la question, le voisinage géographique par terre ne nous en apprendra jamais autant, pensons-nous, que l'étude attentive que nous pouvons faire des relations des Jutlandais par la voie maritime. L'influence gauloise ou scandinave nous apparaît surtout, disons-le franchement, comme une désignation chronologique surtout; mais où, et à quelle époque, commençait et où finissait cette influence? Il y a eu, par exemple, au moyen âge, ce qu'on a appelé la ligue hanséatique du Nord, où nous voyons, malgré les guerres, des relations se continuer entre des états gouvernés par des princes ennemis. Longtemps avant, il semble y avoir eu entre les pays maritimes des communications constantes qui ont formé une sorte d'union armoricaine sur les deux rives de la Manche. Jusqu'où cette ligne de communications s'est-elle étendue? Il n'est pas un excursionniste de notre temps qui hésiterait à croire que, dans les temps celtiques comme de nos jours, les côtes du Jutland forment la limite naturelle à la navigation dès qu'on a quitté le Pas-de-Calais, ou la partie facilement accessible des côtes de la mer du Nord. Les configurations géographiques des Romains sont administratives surtout; mais elles ne doivent pas nous égarer dans nos études sur les temps qui les ont précédées.

Le souvenir des invasions maritimes des Saxons doit être rappelé.

La facilité avec laquelle Carausius et ses compagnons se liguèrent avec les pirates saxons, donne bien à entendre qu'il s'agissait de la ruine des organisations municipales des grandes villes peu éloignées du littoral, mais en même temps qu'il y avait plus près de la mer comme une sorte de réveil d'intérêts communs, que des relations, plus ou moins suivies, n'avaient pas manqué d'entretenir sans doute. Et, plus tard, quelle marine côtière voit-on organisée par les Francs? Les invasions normandes ne le diront que trop.

L'archéologie a peut-être un peu manqué à sa tâche, oserons-nous dire, lorsqu'elle s'est contentée de diviser l'histoire des premiers siècles en archéologie romaine et en archéologie franque. Le mot *scramasaxe*, par exemple, qui a eu tant de succès, ne doit pas plus nous éblouir que d'autres expressions plus récentes qui ont été appliquées à des généralisations trop faciles. Sur tout le littoral, on trouve des antiquités dites *franques*, qui sont bien plutôt saxonnes, danoises, ou autre chose. La dénomination de sépultures de *transition*, adoptée provisoirement par l'abbé Cochet, ne sert qu'à montrer l'état incomplet des données qu'il avait pu rassembler, et qui paraissaient déjà trop détaillées à ceux qui n'admettaient même pas d'antiquités franques, et qui, à un autre point de vue, avaient plus raison qu'ils ne se l'étaient figuré d'abord. Entre les Antonins et Childéric, dans le Nord, et Dagobert, dans le Nord-Ouest, il y a eu bien des éléments négligés, bien des documents méconnus.

Lorsque les Romains quittèrent définitivement la Grande-Bretagne, la navigation sur les mers voisines dut subir de grandes transformations, et les établissements du littoral ne tardèrent pas à revêtir une physionomie tout autre. L'archéologie nous révélera peu à peu des circonstances bien différentes.

Si les *Bagaudes* ont été, à diverses reprises, pendant le IIIe et le IVe siècles, en lutte avec leurs administrateurs, ils ont dû finir par adopter une manière de vivre qui leur faisait tourner les yeux vers leurs voisins des côtes. Là nous trouvons au cours du quatrième siècle, non pas un état continuel de ruine et de misère, mais une véritable indépendance politique avec tous ses avantages et tous ses inconvénients. Ces Bagaudes, croyons-nous, devenaient tout autres que les bandes de vagabonds et de fugitifs que les Romains avaient vus partir. C'étaient, après tout, des gens qui se déplaçaient pour échapper aux influences locales sous lesquelles ils avaient succombé mais avec l'espoir, sans doute réalisé pour beaucoup d'entre eux, de trouver ailleurs plus d'indépendance en même temps qu'un nouveau champ offert à leur activité personnelle.

Le Jérémie du cinquième siècle, Salvianus, qui était né aux confins de la Gaule et de la Germanie, et qui résida longtemps en Gaule, nous parle de ces émigrants avec sympathie. Il les connaissait sans doute autrement que par les plaintes des magistrats romains.

« Quoiqu'ils diffèrent des peuples chez lesquels ils se retirent, écrit-il [1]; quoiqu'ils n'aient rien de leurs manières et de leur langage, et en quelque sorte aussi de l'odeur fétide des corps et des vêtements barbares, ils aiment mieux cependant se plier à cette dissemblance de mœurs que de souffrir parmi les Romains l'injustice et la cruauté! Ils émigrent donc chez les Goths, ou chez les Bagaudes, ou chez les autres barbares qui dominent partout, et ils n'ont point à se repentir de cet exil ; car ils aiment mieux vivre libres sous une apparence de servitude que de vivre esclaves sous une apparence de liberté? Ainsi le titre de citoyen romain, autrefois si estimé et si chèrement acheté, maintenant on le répudie ; on le regarde non seulement comme vil et abject, mais encore comme abominable. Et quel témoignage plus manifeste de l'iniquité romaine, que de voir un grand nombre de citoyens d'une naissance honorable, d'une noblesse distinguée, et qui devaient trouver dans le nom romain une gloire, une splendeur éclatante, forcés par la cruelle injustice de leurs persécuteurs de renoncer au titre de Romain? Et de là

---

1. *De gubernatione Dei*, lib. V.

vient que ceux-là même qui ne se réfugient pas chez les Barbares sont contraints d'être barbares, eux aussi ; témoin la plus grande partie des Espagnes et des Gaules, témoins tous ces peuples que notre injustice a déshérités du nom de Romains ».

C'est aux exactions fiscales que Salvien attribue la ruine des Gaulois. Peut-être n'est-ce là qu'un côté de la question. Mais celle-ci demanderait de longues études, et nous ne voulons ici que faire remarquer la prompte assimilation entre peuples voisins que les relations par mer ont dû amener aussi bien au cinquième siècle de notre ère qu'au quatrième ou au cinquième siècle avant.

Ces Goths, dont nous parle Salvien, sont les seuls habitants de l'Europe qui nous aient laissé un monument écrit[1] en leur propre langue au milieu du quatrième siècle. Leur rôle a-t-il toujours été bien compris par les historiens, et reconnu par les archéologues? Nous appelons de tous nos vœux une élucidation détaillée de tout ce que l'archéologie et la paléographie peuvent nous révéler sur les anciens habitants du littoral. Si nous ne nous trompons, il y a là toute une histoire à récrire, tout un monde ancien à reconnaître. La découverte, si inattendue, du grand vase de Gundestrup appelle certainement l'attention des explorateurs sur des faits qui n'ont pas toujours été groupés avec toute la précision désirable.

GRAVILLE.

---

1. Le *Codex Argenteus*, aujourd'hui à Upsal. C'est un manuscrit en vélin pourpre écrit vers l'an 360, en caractères d'argent. L'alphabet, presque runique, mœso-gothique comme disent les savants du nord, le vocabulaire et la grammaire, méritent le plus grand intérêt.

MOSAÏQUES DE SOUSSE

Cette mosaïque mesure à peine un mètre de côté, mais le sujet qu'elle représente : *Virgile composant l'Énéide,* est des plus intéressants.

On l'a trouvée dans le camp du 4ᵉ régiment de tirailleurs algériens à Sousse.

M. Gaucklier, directeur du service des arts et des antiquités de la Tunisie, l'a fait enlever aussitôt pour en assurer la conservation ; il en a adressé une description à l'Académie.

Le poète, vêtu d'une ample toge blanche, à liseré bleu, négligemment drapée, est vu de face, assis sur un siège à dossier, les pieds chaussés de brodequins et reposant sur un degré. Il tient sur ses genoux un rouleau, en partie ouvert, sur lequel est écrit l'un des premiers vers de l'*Énéide* :

> *Musa, mihi causas memora, que numine læso*
> *Quidve.....* [1]

« La main droite posée sur la poitrine avec l'index levé, la tête haute, les yeux fixes, l'air inspiré, il écoute Clio et Melpomène qui, debout derrière lui, lui dictent ses chants.

« Les deux Muses portent dans les cheveux la couronne de lierre et l'aigrette qui les caractérisent, mais elles diffèrent d'attributs et de costume.

« A droite de Virgile, la Muse de l'histoire lui lit un manuscrit qu'elle tient dans ses deux mains. C'est une gracieuse jeune fille, simplement vêtue d'une tunique bleue, flottante, en étoffe légère, sur laquelle est jetée une écharpe jaune clair.

« La Muse de la Tragédie, accoudée à gauche sur le dossier du trône, écoute la lecture avec un geste d'attention. Elle a les traits plus accusés que ceux de sa compagne ; c'est une femme d'une beauté sombre et sévère. Son costume est d'une grande richesse. Elle porte une robe de théâtre frangée, fixée très haut à la taille par une ceinture, et faite d'un épais brocart de pourpre brodé de vert, et tout chamarré d'or. Sur le bras gauche, qui soutient un masque tragique, est jeté un manteau bleu foncé aux plis lourds. Les pieds sont chaussés du cothurne.

---

1. *Énéide*, 1, 8, 9.

La composition est claire et sobre, balancée avec une symétrie qui n'a rien
d'excessif, étant données les variétés des attitudes et la différence des costumes.

« La technique est irréprochable ; sauf quelques smalts bleus, tous les cubes
sont en marbre. La gamme des tons est assez limitée ; mais le mosaïste a su lui
donner une ampleur et un éclat extraordinaires, par la graduation savante des
nuances ou par l'opposition brusque des couleurs complémentaires.

VIRGILE COMPOSANT L'ÉNÉIDE

(Mosaïque romaine découverte à Sousse).

« Ce tableau est donc d'un excellent style qui permet de le dater d'une très bonne
époque, peut-être de la fin du 1er siècle de notre ère. Mais si, au point de vue
artistique, il présente un réel intérêt, la valeur historique est inappréciable. C'est
le premier portrait authentique de Virgile, aucun de ceux qu'on a tenté de lui
attribuer jusqu'ici n'ayant le moindre caractère d'authenticité. Chose étrange,
nous ne connaissons les traits de ce poète si populaire, devenu classique, même

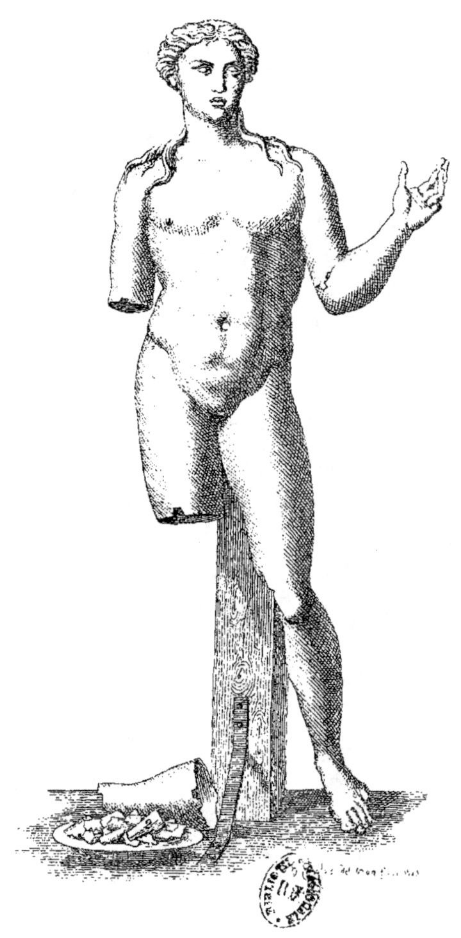

STATUE DE BRONZE

trouvée à Lillebonne. État au moment de la découverte.

Restaurée au

Musée du Louvre.

avant de mourir, que par la courte et vague description de Donat et par quelques vers d'Horace, où l'on a voulu reconnaître une allusion à l'auteur de l'Énéide. pourtant son buste ornait, dès le 1ᵉʳ siècle, écoles et bibliothèques publiques. Alexandre Sévère allait jusqu'à placer sa statue dans l'un de ses oratoires, et sa gloire, trouvant grâce devant les Pères de l'Église, conserva son éclat durant le moyen âge.

« Nous n'avons d'autres images de Virgile que quelques miniatures. La plus ancienne, celle du *Vaticanus*, que l'on croyait datée du IVᵉ siècle, ne remonte en réalité qu'au VIᵉ, c'est-à-dire que la valeur iconographique en est nulle.

« La valeur iconographique de celle de Sousse est-elle beaucoup plus grande ? Ce portrait du poète n'a évidemment pas été fait d'après nature. Nous savons, en effet, que Virgile a séjourné en Sicile, mais il ne semble pas être venu en Afrique. D'ailleurs la mosaïque doit être postérieure au moins d'une centaine d'années à sa mort.

« Le Virgile de Sousse n'est pas un portrait idéalisé. Tel qu'il est, il présente des caractères individuels assez marqués pour qu'on soit autorisé à supposer qu'il ne défigurait pas trop les traits de son lointain modèle.

« On peut conjecturer qu'un portrait idéalisé se présenterait sous un tout autre aspect. Il semble probable qu'on avait copié un portrait plus ancien, montrant sans doute Virgile alors qu'il était parvenu à un certain âge.

« La découverte de Sousse prouve en tout cas, une fois de plus, la vogue dont l'auteur de l'*Énéide* jouissait en Afrique. On le lisait partout, on apprenait ses vers dans les écoles, et l'on s'efforçait de l'imiter. »

STATUE DE BRONZE
AU MUSÉE DU LOUVRE

La statue en bronze doré, trouvée à Lillebonne, représentée sur notre planche VIII d'après le dessin original de E.-H. Langlois, et qui se voit aujourd'hui restaurée au Musée du Louvre, a donné lieu à des observations curieuses sur la manière dont les anciens entendaient le travail de la fonte.

Cette belle pièce a six pieds de hauteur ; elle est composée d'un grand nombre de morceaux de bronze rapprochés au moyen de la soudure.

La composition de ce bronze, d'après l'analyse qui en a été faite peu de temps après la découverte, est de 95 parties de cuivre et de 5 parties d'étain. Son épaisseur n'est pas partout la même ; elle varie de 2 à 12 millimètres[1].

La dorure avait été faite au moyen de feuilles épaisses, et elle est encore demeurée très visible.

Une grande quantité de soufflures, et même de *cheminées*, ont nécessité de nombreux raccommodages. De sorte que la dorure dont on l'avait revêtue était employée autant pour en masquer les défauts que pour la décorer.

« M. Rever[2] pensait volontiers que cette statue est un Bacchus, ayant décoré un temple élevé à ce dieu et que le christianisme aurait fait tomber avec ses idoles, ses décorations et ses ornements. Les cheveux de la statue, séparés au milieu du front, s'enroulent mollement en deux bourrelets qui ceignent les tempes, vont, en descendant, se réunir derrière la tête en un nœud saillant, et reviennent sur les épaules se diviser en plusieurs mèches, dont quelques-unes tombent au-dessous des clavicules. Des formes pleines, arrondies et coulantes, un embonpoint régulier et une pose aisée, offrent assez bien l'image d'un jeune homme dans l'âge accompli de son adolescence ».

Langlois ne partageait pas cette opinion. Il lui semblait difficile de supposer que cette autre statue pût être chose qu'un Apollon. « La dignité froide, la gravité méditative, le geste oratoire, disait-il, paraissent peu propres à caractériser le fils de Jupiter et de Sémélé. »

---

1. F. Rever, Description de la statue fruste en bronze doré trouvée à Lillebonne.
2. *Procès-verbaux de la commission des Antiquités de la Seine-Inférieure*, vol. I, p. 67.

UNE BUIRE GALLO-ROMAINE

La collection Moreau-Caranda possède une belle série de Vases de verre, remarquables pour leur bonne conservation, leur élégance et la variété des formes telles que : Coupes, Gobelets, Carafes, Bouteilles, Verre à boire, Barillets, Fioles, Flacons, Sabliers, Buires, Vases à inscription, Biberons, Urnes cinéraires, parmi lesquelles on en remarque une, avec anse, qui était garnie d'ossements incinérés, au milieu desquels se trouvait un grand bronze de Domitien.

Mais au premier rang se place une magnifique Buire en verre à tête humaine, que les auteurs les plus autorisés, MM. Frohener et Deville désignent comme étant extrèmement rare.

Au surplus, le procès-verbal de cette découverte ayant été fait avec le plus grand soin, il nous suffira de le citer, et de donner une reproduction très exacte de cette Buire à figure humaine (Pl. IX).

PROCÈS-VERBAL DES FOUILLES

Nous terminons l'exercice 1888, en découvrant le 5 décembre dans une sépulture gallo-romaine au grand hôle de Chassemy, une remarquable Buire en verre, représentant une figure humaine.

Elle était accompagnée d'une grande coupe en terre rouge, à bords plats, de 0 m. 30 de diamètre, couverte à l'intérieur d'une série d'ornements très légers qui se répètent, qu'on croit faits au burin. On en retrouve plus tard des imitations à la roulette sur des vases mérovingiens.

Près de cette coupe se trouvait aussi un verre de forme allongée.

Le squelette, dont les ossements étaient bien conservés, reposait dans un cercueil en bois dont les clous de 0 m. 15 recueillis sur place attestent la forte épaisseur.

Cette Buire est intacte et admirablement irisée ; elle nous est signalée par les archéologues les plus autorisés comme très rare, sinon unique, mais n'ayant jamais été rencontrée en France.

En effet, dans l'ouvrage de M. Froehner, la *Verrerie Antique* (description de la collection Charvet), on lit le passage suivant : « Les Vases qui représentent une seule tête sont infiniment plus rares que ceux à deux ; je ne citerai que la tête d'enfant, ornée de deux inscriptions grecques, que la nécropole de l'ancienne Idalium nous a léguée : une tête de jeune Éthiopienne, aux cheveux crépus, à la bouche souriante, et celle d'un Gaulois, tirée du cimetière romain de Cologne. »

Dans l'ouvrage d'Achille Deville, l'*Art de la verrerie dans l'antiquité,* si riche en reproductions, on ne rencontre qu'un seul similaire, pl. LII, fig. A, dont la fabrication, suivant cet auteur, remonterait au règne de l'empereur Tacite.

On paraît croire que notre Buire peut être reportée à un des règnes de Constantin Ier, Valentinien ou Honorius.

FRÉDÉRIC MOREAU.

A Arcy-Sainte-Restitue, la plus importante de toutes les sépultures explorée. par M. Frédéric Moreau, est une fosse creusée en terre à l'emplacement réservé aux personnes de marque. A droite des pieds, il ramassa deux petits vases noirs avec insertions de lentilles de verre, quatre en bas de la panse et un plus fort au milieu de la partie faisant fond, et à gauche une petite hache de bronze, de forme curieuse, percée de trous, emmanchée d'un os assez gros, ornée en haut d'un bout de bronze un peu détérioré et en bas d'une virole de bronze. Il y avait aussi une boule ferrugineuse et un immense collier.

« La plus récente médaille de la suite des monnaies attachées au collier de ce personnage, celle d'Honorius, mort, à Ravenne, en 423, semble autoriser à penser que l'inhumation appartient au courant du ve siècle.

« La hache n'était pas une hache de combat mais, large seulement de 0,045, longue de 0,103, de bronze peu solide, indique un souvenir hiératique. Il s'agissait sans doute d'un prêtre d'une de ces peuplades qui envahirent la contrée vers la fin du ve siècle.

« Si la boule ferrugineuse, ajoute M. Édouard Fleury, et le pectoral ou croissant d'or, sont ou ne sont pas des objets religieux ou de superstition, dont les équivalents se retrouveraient à Rome et en Asie, je laisse la question à résoudre par de plus savants.

« Quant aux deux petits vases noirs à insertions de lentilles de verre, ils sont absolument inédits et inconnus en archéologie qui s'enrichit là d'un type très neuf. »

Le personnage reconnu a été baptisé par un savant du nom de « Souverain Pontife Païen ».

COLLECTION GALLO-ROMAINE

DU MESNIL-SOUS-LILLEBONNE

Le manoir du Mesnil-sous-Lillebonne, situé à peu de distance du théâtre romain, sur le déclivité du côteau est de la vallée menant à la Seine, renferme une petite collection d'antiquités recueillies sur la propriété même, au fur et à mesure que des travaux y étaient exécutés.

La *Revue Archéologique* et les dossiers du musée de Saint-Germain ont bien voulu conserver le souvenir de plusieurs découvertes qui y ont été faites pendant les fouilles de 1873. A cette époque cependant, la collection Montier était déjà formée en grande partie, à la suite des découvertes de 1867 [1]. Plus anciennement encore, on y avait rencontré de fort jolies pièces, dont on trouvera la reproduction dans la *Normandie souterraine* de l'abbé Cochet, et qui sont entrées presque toutes au musée de Rouen. La petite figurine en ambre de l'enfant, représenté assis et pleurant, et les petits biberons témoignent de la sollicitude maternelle des mères gallo-romaines.

Verre mince doublé de plomb.

Ambre.

Terre cuite.

Tous les objets découverts dans ces sépultures ont un cachet romain, mais un romain du Haut-Empire. En effet, il semble que, dès avant le milieu du IIIe siècle, les monuments et les cippes avaient été arrachés du sol pour former une muraille militaire défendant la cité et les approches du château contre une subite irruption d'ennemis arrivant du côté de la Seine. Les sépultures moins anciennes n'ont rien montré que de fort commun, et rien certainement à comparer avec la riche sépulture de jeune femme (date numismatique 394) étudiée à

1. Exploration du Mesnil-sous-Lillebonne. *Recueil des travaux de la Société Havraise d'études diverses,* 1867-1868.

Fécamp, rue Leborgne. Mais ce qui est curieux à noter, c'est que la sépulture à incinération se présente exactement comme celle des habitants du pays, beaucoup plus
anciens, telle qu'elle a été reconnue à Moulineaux et à Saint-Wandrille. Il est vrai
qu'au moment de ces découvertes, l'abbé Cochet, pénétré qu'il était de la préoccupation de trouver du bronze ou de la pierre dans tout ce qui était antérieur à
Jules César, comme la critique d'alors le lui demandait si instamment, a soin de
nous avertir que ses *Gaulois* ne sont peut-être que du premier siècle avant notre ère.
Mais que l'on compare bien le texte du manuscrit de Saint-Wandrille avec les
objets gaulois recueillis au Calidu par le Dr Gueroult, et l'on sera bien plutôt porté
à croire que tout cela indique une très ancienne ville avec oppidum, près de Caudebec, et une fondation plus récente à Lillebonne avant l'arrivée des Romains.

On a contesté la possibilité de la fondation d'une nouvelle ville par Jules César,
comme le veut la tradition écrite au IXe siècle[1]. Cependant si l'on relit attentivement
le livre VIII des *Commentaires*, souvent oublié pour les dramatiques chapitres précédents, on y verra la part que les Calètes prirent à cette dernière guerre et la très
grande probabilité du récit des vieux chroniqueurs.

La sépulture à incinération se trouve donc la même que dans les localités
d'époque nettement gauloise, que nous venons de citer. Le grand vase rustique
contient les autres, et on l'a recouvert d'une soucoupe ou d'une assiette renversée. Mais on y a ajouté des accessoires que n'avaient pas eu les Gaulois. On y
déposait les belles médailles impériales, les coupes et les articles de toilette.
Autour d'eux, on plaçait, dans le coffret funéraire, un nombre plus ou moins grand
de vases à offrande (*bb*, *c*, *cc*).

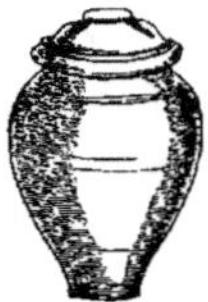

Olla rustique recouverte d'une soucoupe renversée, servant de sépulture.

Ces trois figures représentent la disposition de cinquante-trois des sépultures
explorées. Entre les lignes du cadre figurant le coffret, se trouvent l'*olla* principale
(A), les cruchons à anse (*b b*) et les autres vases à offrande (*c*, *cc*).

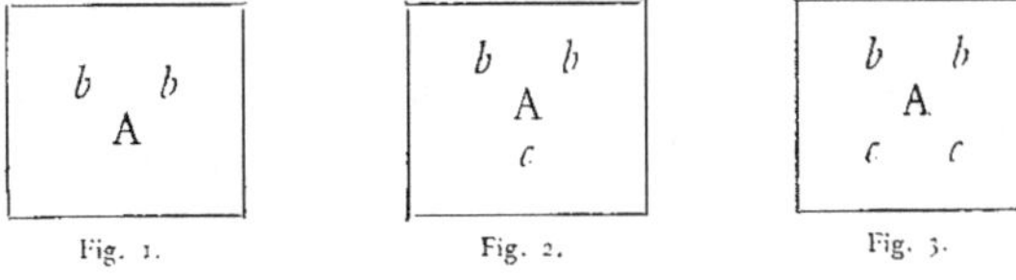

1. Voir page 104. — *L'Architecture carlovingienne.*

Les *ollæ* des trente sépultures figurées par le cadre A *bb* (fig. 1), ne contenaient que des ossements calcinés. L'ancienne existence du coffret était révélée par les clous et par les ferrements recueillis *à l'entour* des vases. Ainsi s'explique le désordre que nous remarquons dans les sépultures : le bois du coffret étant consumé par suite d'un séjour prolongé dans le sol, le terrain s'affaissait et les vases se trouvaient déplacés.

Ce luxe de céramique ne pouvait d'ailleurs être permis à tout le monde. Bien des gens n'avaient même pu, ou n'avaient pas voulu, se procurer un vase entier pour y déposer la cendre de leur parent. C'est ainsi qu'on a rencontré un cruchon dont on avait brisé la tête et l'anse pour en faire une sorte d'olla [1]. Une assiette retournée, un fragment de poterie même, remplissait au besoin le même office. Mais ordinairement, c'était l'olla qui renfermait les cendres du défunt.

Les quinze sépultures figurées au cadre n° 2 (A, *bb*, *c*) avaient des ollæ dans lesquelles on trouvait quelques objets, notamment des médailles.

Outre les médailles, les grandes ollæ des huit sépultures, disposées comme le n° 3, contenaient les objets les plus curieux : les vases en verre bleu, les fibules, le miroir, etc.

Ce qui donne du prix à la collection, c'est la variété des vases en verre qu'on y a rencontrés, c'est surtout leur état de conservation. Cet état serait difficile à comprendre si l'on n'était prévenu que la plupart de ces fragiles objets se trouvaient renfermés dans d'épais vases en terre.

Une baguette de vingt et un centimètres, terminée à chaque extrémité par un.

Baguette de verre.

bouton aplati ; deux vases bleus de douze centimètres, ornés de traits blancs ondulés se succédant en spirale, nous offrent des morceaux supérieurs à ce qui se trouve d'habitude dans ce genre de sépultures. Ici la couleur bleue est très riche, la nuance est presque indigo. Le blanc a été visiblement appliqué sur la surface extérieure au moyen d'une sorte de pinceau.

Deux bulles ont été retrouvées séparément. Elles sont en verre bleu et mesurent un peu plus de quatre centimètres de diamètre. Celles-ci sont creuses et, par la

---

1. Ce vase et quelques autres ont été offerts aux explorateurs qui les ont déposés au musée du Havre. Un essai complet de restitution a même été tenté dans une olla entr'ouverte, et une caisse de verre. En comparant cette restitution à celles des très anciennes sépultures gauloises des régions éloignées de Juliobona, on est frappé de la survivance des usages malgré tant de changements, depuis Hallstatt.

perfection de leur forme, nous donnent une idée très favorable de l'habileté des verriers gallo-romains. La nuance est aussi d'un beau bleu foncé.

Fiole bleue à ondulations blanches.

Une autre petite sphère qui pouvait avoir, dans son intégrité primitive, six centimètres et demi de diamètre, faisait, par sa transparence sur un étamage métallique, l'office de miroir. Un fragment a été analysé par Leudet; on y a reconnu la nature du métal réfléchissant : c'est du plomb pur sans trace d'amalgame. Comment s'est faite l'application, à l'intérieur d'un corps sphérique, de ce plomb ? C'est ce qu'il est difficile d'imaginer autrement qu'en se ralliant à l'opinion émise par l'expert, que le plomb a dû être introduit dans la boule de verre préalablement chauffée et agitée ensuite en tous sens, et par un mouvement giratoire, jusqu'à refroidissement complet [1].

Parmi les objets métalliques, on a cru reconnaître une grande phalère en bronze ; on a retrouvé des plaques de serrure, rondes ou carrées, des ferrements de coffret; un compas de fer de 17 centimètres, avec ses branches plates encore écartées ; un style de même largeur ; un fer de lance mesurant, avec sa douille, 37 centimètres ; une lampe en fer à suspension en bronze ; un miroir plat et circulaire dont les fragments retrouvés sont encore très brillants. Ce miroir avait été brisé avant l'introduction dans l'urne, comme pour figurer le naufrage de la vie.

Agrafe.   Fibule.   Sonnette.

Les agrafes et les fibules, les petites sonnettes se sont retrouvées en bon état. La sonnette donne encore un très joli son; les ardillons de la fibule et de l'agrafe représentées ici jouent encore parfaitement dans leurs charnières.

1. Tableau archéologique de l'arrondissement du Havre. *Recueil des publications de la Société Havraise*, 1867.

Deux cuillères à tige mince et terminée en pointe rappellent ce que disait Martial :

> Sum cochleis habilis, sed nec minus utilis ovis,
> Numquid scis potius cur cochleare vocer ?
> (Ep. XVI, 121).

D'après ce passage, cette cuillère aurait servi à deux fins : à retirer des *vignots* de leur coquille, avec le bout pointu, et à manger des œufs, avec la spatule.

Une autre cuillère, de forme bien différente, ressemble à celle que Thomas Wright avait publiée sous le nom de *ligula*.

Deux lampes en terre jaune vernissée représentent toutes deux un pied droit humain, chaussé de la sandale antique munie de ses attaches. Le gros orteil est percé d'un trou correspondant au creux aboutissant à la partie supérieure de la

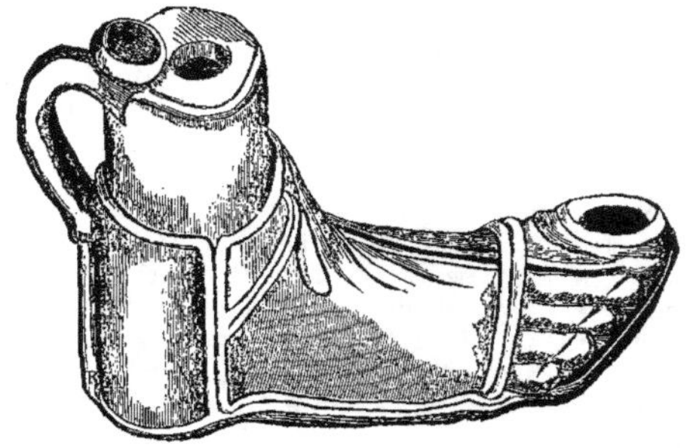

pièce. La longueur est de 40 centimètres, la hauteur de 6. Une anse, étroitement adaptée par derrière, augmente encore cette hauteur de un centimètre.

Une grande amphore de 1 mètre de hauteur sur 2 mètres de tour est venue rappeler celle que Montfaucon a publiée (t. III, p. 69, n° 2). L'extrémité inférieure se termine en pointe, de manière à pouvoir être enfoncée dans le sol. Non loin de Lillebonne, à Cauville et à La Cerlangue, on en avait rencontré de semblables renfermant des sépultures, qui avaient fixé l'attention de A. Deville[1]. Ce savant antiquaire, se basant sur un passage de Pline, avait démontré que ces grands vases n'étaient autres que le *dolium fictile* des anciens, ayant servi à contenir des liquides. Quelquefois on les utilisait pour protéger les vases funéraires contre la pression des terrains ; on en élargissait alors les ouvertures afin de permettre l'introduction des urnes. Le *dolium* du Mesnil était vide. La partie supérieure, déjà enlevée à l'aide d'un burin, a été retrouvée et a pu être rajustée. Comme les anses n'avaient pas été brisées, ce vase se trouve ainsi rétabli en entier.

---

1. *Précis analytique des travaux de l'Académie de Rouen*. Année 1842.

MUSÉES, CHRONIQUE, BIBLIOGRAPHIE

École du Louvre. - - Au mois de juin, les leçons de M. Pottier ont été faites dans les galeries du Musée du Louvre, ce qui a complété les illustrations que les élèves ont pu suivre au moyen des projections.

Pour l'Archéologie nationale, la dernière leçon donnée dans le mois de mai a été consacrée aux monuments où l'on voit représentées des scènes de la vie civile. Les musées de Sens et de Langres nous fournissent de nombreuses indications. Pendant les deux premiers siècles de notre ère, on voit combien Rome a été la grande inspiratrice du travail. Tous les éléments de richesse et de prospérité semblent avoir été régularisés. Le tiers-état, dont le rôle était si effacé avant les Romains, se développa et utilisa la période de paix qui suivit la perte de l'indépendance. Cela ne veut pas dire qu'antérieurement, pour prendre à la lettre le récit de César, le rôle du peuple en Gaule était abolument nul. Les émailleurs de Bibracte étaient certainement des artisans dont le travail et l'industrie comptaient pour quelque chose ; mais ils n'avaient aucune part à l'état politique, pas d'organisation pour défendre les hommes. On ne saurait trop appeler l'attention des historiens et des économistes sur l'étude de cette grande prospérité de la Gaule au Ier et au IIe siècles, et sur la décadence qui fut si rapide et dont les causes ne nous sont connues qu'en partie.

Les projections photographiques ont montré de nombreux cippes conservés dans les collections, où l'on reconnaît les personnages accompagnés des emblèmes de leurs professions.

Au Musée de Mayence, on voit un entrepreneur de batellerie, auprès de sa femme, dont le costume montre une extrême recherche et une imitation des modes romaines, qui se reconnaît aussi dans les vêtements de l'enfant.

A Langres, un chariot gaulois porte un tonneau. La mule est d'un type qui diffère de celles que nous connaissons. Les Gaulois avaient des mules si bien dressées qu'elles étaient un objet d'étonnement pour les Romains. Les Grecs et les Romains transportaient et conservaient leurs liquides dans des grandes jarres, ou *dolia*, tandis que nos ancêtres se servaient de la même barrique que nous.

Sur un bas-relief de Sens, on voit des peintres en bâtiments occupés à terminer la décoration d'une voûte de plafond.

Le forgeron Bellicus porte un *sagum* gaulois, et se reconnaît à son enclume et à son marteau. Le pied gauche est nu.

L'industrie du drap nous a laissé une sculpture des plus intéressantes.

A Pompéi on peut étudier un établissement complet, admirablement bien monté, où l'on peut suivre tous les détails de la fabrication antique.

Le sabotier du Musée de Reims confectionne le sabot, cette chaussure si commode pour les laboureurs, et dont les anciens prêtaient l'usage aux paysans.

A Autun, on reconnaît un éventail circulaire, tout semblable à ceux que les Japonais nous envoient aujourd'hui.

Au Musée de Rouen, on voit, provenant de Lillebonne, un Gaulois à son comptoir, avec des verreries placées sur une étagère du haut.

Sur un autre bas-relief, un cabaretier verse le liquide qu'il tire d'une grande amphore.

Plus loin, un médecin-oculiste examine l'œil d'une femme. Au bas de la sculpture, un enfant malade paraît recevoir les soins du même praticien.

Le Musée d'Épinal montre une boutique, où se remarquent des cornues et divers vases qu'on a pris pour l'attirail d'un pharmacien.

Ces sculptures, et beaucoup d'autres, sont reproduites par les moulages de la *Salle des Métiers*, au Musée de Saint-Germain. En allant les examiner, un historien bien connu, M. Henri Martin, a fait cette réflexion fort juste : « Voilà de l'histoire de France qu'on ne trouve pas dans les livres ; c'est celle de la vie civile. »

La deuxième quinzaine de juin a terminé les cours réguliers.

M. E. Révillout a consacré plusieurs séances supplémentaires à la préparation pour les examens, le 13, le 16 et le 26 juin.

M. S. Reinach a convoqué les élèves au Musée national de Saint-Germain le mardi 14 juin. L'inspection des galeries a clôturé la série des conférences. La dernière leçon au Louvre a montré l'air de famille que l'on remarque entre les Visigoths en Espagne, les Goths ou Lombards en Italie, et même aussi les Germains, les Goths et les Scandinaves dans le Nord-Est. Il y a là des similitudes aussi grandes qu'entre l'art hispano-romain et l'époque romaine en Asie-Mineure, par exemple. Celles-ci peuvent s'expliquer par la communauté de la civilisation romaine. Mais l'embarras est grand quand il s'agit d'expliquer la quasi-universalité du goût dans l'Europe si morcelée au VIᵉ siècle. Dans le monde barbare, les liens sont extrêmement faibles, quelquefois même plus apparents que réels.

L'étude des verreries cloisonnées et les comparaisons et rapprochements qu'elles ont amenés, commence à faire envisager la question sous un jour tout nouveau. On avait par extension appliqué le mot d'art mérovingien à des États de l'Europe très éloignés l'un de l'autre. Or on constate qu'en Hongrie le style mérovingien est établi au moins un demi-siècle avant qu'il ait paru en Belgique ou en France, pays mérovingiens entre tous. Et quand on constate que l'industrie byzantine du IVᵉ siècle est inconnue, on se demande d'où l'on a pu faire venir ces ouvriers qui ont prêté leur industrie aux arts de la nouvelle capitale.

Il semble naturel de se rappeler les importantes explorations qui ont révélé tant de faits curieux dans le sud de la Russie, à Panticappée par exemple. Les magnifiques volumes de la *Commission Impériale Archéologique de Saint-Pétersbourg* sont encore là pour nous rappeler l'intérêt qu'ils causèrent à leur réception [1]. Il y avait là une

sorte d'art gothique grec ; mais lorsque en 376 l'empire gothique périt sous les coups des Huns, les artistes durent se disperser, et ils ont pu porter à Byzance l'empreinte de leur goût, en grande partie grec, mais altéré par des influences diverses, perses et sassanides d'un côté peut-être. Mais il faut tenir compte de l'élément artistique du vieux fond du centre de l'Europe, de cet art de la Tène, de la deuxième époque du bronze, qui s'efface pendant l'influence romaine mais qui reparaît à l'époque mérovingienne.

Les cabochons de corail des sépultures de la Marne semblent déjà frayer la voie à l'industrie du verre cloisonné constatée au mont Beuvray. Au Musée de Saint-Germain on expose la très importante série d'objets antiques recueillis dans les fouilles entreprises et poursuivies avec une patience à toute épreuve, par M. Bulliot, sur le plateau du mont Beuvray, près Autun. Ce qui surpasse toutes les autres découvertes en importance, c'est la constatation de l'art de l'émaillerie appliqué en grand dans l'*oppidum* de Bibracte avant Auguste. Il faut dire « avant Auguste, parce que, parmi l'énorme quantité de monnaies déterrées au mont Beuvray, il n'en est pas une qui soit postérieure au règne de ce grand empereur » (de Saulcy). Ce vaste laboratoire des ouvriers éduens a livré à M. Bulliot tous les secrets de l'art de l'émaillerie à Bibracte, en lui permettant d'étudier non seulement l'atelier, mais encore l'outillage, le four et les produits des ouvriers. Il a été alors démontré en 1867 et en 1869 que « l'émaillerie était pratiquée dans la Gaule avant l'ère chrétienne, et que les Romains, lors de la conquête, trouvèrent cette industrie florissant dans le pays des Éduens [1]. »

Ceci dit encore pour montrer que l'art de Byzance avait été étranger à cette industrie locale, on peut essayer de suivre les développements donnés à l'émaillerie à l'époque romaine et postérieurement suivant les localités et l'état de la civilisation, le remplacement de l'émail, difficile à obtenir, par des cabochons et des verroteries.

L'art du VIIᵉ siècle a été particulièrement étudié par M. F. de Lasteyrie dans son important mémoire sur le Trésor de Guara-

---

1. Voir surtout les Recueils et les Procès-verbaux de la Société d'Études diverses du Havre de 1869-1874 sur cette magnifique série.

1. *Journal des Savants*, 1880, p. 627.

zar, que l'on peut étudier au Musée de Cluny avec les couronnes votives, parmi lesquelles on remarque celle du roi Reccesvinthus, où l'art paraît plutôt aquitain que franc.

Les projections photographiques ont fait voir le détail des collections franques du Musée de Saint-Germain. Les grandes épées de fer montrent encore la parenté avec la civilisation de la Tène ; les franciques recourbées sont bien l'arme de jet qui fut si redoutable entre les mains des compagnons de Clovis.

L'acquisition de la collection Beaudot a fait passer la collection mérovingienne du Musée de Saint-Germain au premier rang parmi les collections publiques de l'Europe. On peut ensuite citer celle de Mayence et celle de Namur.

En général, la chronologie est un peu vague dans toutes les classifications d'antiquités franques, et quand on parle d'époque carlovingienne, si l'on se souvient que vers l'an 800 un concile décida la suppression de l'inhumation du mort habillé, il faut comprendre, par cette expression, la période qui fut contemporaine aux maires du palais.

La forme des armes a paru caractéristique des époques à M. Pilloy de Saint-Quentin. Il y aussi lieu de faire la chronologie des haches à tranchant arrondi, qui sont beaucoup plus rares que les franciques. M. Frédéric Moreau, qui a enregistré avec tant de soin les détails de chacune de ses découvertes de la Fère-en-Tardenois, pourrait, au moyen de ses procès-verbaux journaliers, montrer au juste en quoi consistaient les autres objets rencontrés en même temps et, sans doute par là, quelle date on peut leur assigner.

Le mardi 14 juin, M. Reinach a donné sa dernière leçon d'archéologie nationale dans les galeries du Musée de Saint-Germain. Les principaux monuments de toutes époques ont fait l'objet d'une revue des plus intéressantes.

Le lendemain, M. Pottier terminait son cours dans les salles grecques du Musée de céramique du Louvre. Les statuettes ont fait l'objet de nombreuses comparaisons. Les diverses expressions obtenues au moyen de différences dans la manière de poser les membres et la tête, et de faire dévier l'ensemble de la ligne frontale partageant les statues égyptiennes ou archaïques en deux parties longitudinales égales, ont été étudiées les figurines à la main. La question de la polychromie a été aussi abordée par le professeur. De nombreux fragments, représentant d'anciennes statues célèbres dans l'antiquité, et que nous ne connaissons pas autrement, ont montré des époques où des innovations se produisaient dans le jeu des physionomies et où l'on revenait parfois au style de l'époque classique.

La cathédrale de Rouen. — M. le docteur Coutan a spécialement étudié l'architecture aux XIe, XIIe et XIIIe siècles, dans son intéressant *coup d'œil* sur ce magnifique édifice :

Le parallèle entre la cathédrale et Saint-Ouen est devenu un lieu commun. Les partisans de l'église abbatiale sont nombreux, surtout parmi les touristes français ou étrangers. Je ne crois pas me tromper en avançant que les habitants de Rouen accordent la préférence à la métropole, et je n'hésite point à me ranger parmi eux. Il est facile d'ailleurs de justifier ces opinions contraires. Saint-Ouen passe à juste titre pour le chef-d'œuvre du XIVe siècle. C'est toujours une bonne fortune pour un édifice que d'être la synthèse artistique de son temps. L'église abbatiale a réalisé l'idéal du XIVe siècle. En est-il de même de la cathédrale ? Non, sans doute. Elle ne peut rivaliser avec les incomparables cathédrales de Paris, de Bourges, de Chartres, de Reims et d'Amiens. Si l'unité et l'harmonie lui font défaut, elle s'impose à l'observateur par l'archaïsme de son plan, la singularité de l'ordonnance, l'intérêt et la saveur de ses détails.

PREMIER ARCHITECTE DE LA CATHÉDRALE

Quel est l'architecte auquel on doit le plan de la cathédrale actuelle ?

Tous les écrivains qui se sont occupés de la question ont été unanimes à la résoudre en faveur d'Enguerran, que la *Chronique du Bec* désigne, en 1214, comme maître de l'œuvre de Sainte-Marie de Rouen. Cette attribution, qui remonte aux Bénédictins Mabillon et Duplessis, avait été accréditée par Deville, en 1884, et avait force de chose jugée.

Nous savons aujourd'hui que Jean d'Andeli vivait en 1206 ou 1207, et qu'il est le prédécesseur d'Enguerran, cité seulement vers 1214. Nous devons le considérer comme l'auteur du plan de la cathédrale. — M. Legay est allé plus loin et s'est demandé si son illustre compatriote du XIIIᵉ siècle n'aurait pas construit l'église du Grand-Andely. Cette conjecture a trouvé récemment un défenseur autorisé en la personne de M. Régnier[1]. Le premier, il a reconnu que les églises du Grand et du Petit-Andely sont dues au même architecte et qu'il existe une certaine analogie entre leur étage inférieur et les premières travées de la cathédrale de Rouen. Cette analogie ne peut être fortuite, et l'on doit sans doute à la même main le plan de la cathédrale et celui de Notre-Dame et de l'église Saint-Sauveur des Andelys.

PLAN DE LA CATHÉDRALE

Avant de jeter un coup d'œil sur le plan, nous devons nous demander à quelle époque il appartient. Viollet-le-Duc et, après lui, M. Gonse pensent que la cathédrale de Rouen fut reconstruite dans la seconde moitié du XIIᵉ siècle, sous le règne de Henri II Plantagenet, par l'architecte de la tour Saint-Romain, et qu'elle avait déjà l'étendue actuelle. Cet édifice aurait été détruit par l'incendie de l'an 1200, sauf le clocher, les portes de la façade, et les chapelles du chœur et du transept. Ne pouvant admettre que ces parties soient restées seules debout au milieu des décombres, comme des îlots au sein de l'océan, j'inclinais d'abord à croire qu'elles devaient être reliées entre elles par quelques fragments de muraille échappés au désastre. Il ne faut pas oublier, en effet, qu'une église construite à la fin du XIIᵉ siècle était sûrement voûtée et que les voûtes opposent une résistance efficace à l'action destructive du feu. Je crus, un instant, avoir trouvé la confirmation de la thèse de Viollet-le-Duc dans certains détails d'allure archaïque, tels que les arcs de décharge en plein cintre et la corniche à arcatures, visibles encore à l'extérieur de la nef. Je n'ai pas tardé à reconnaître que l'emploi de ces organes et de ces profils s'était prolongé jusqu'en plein XIIIᵉ siècle[1].

Voici donc la conclusion qui me semble plausible :

La cathédrale de Maurille, simplement lambrissée, sauf le chœur, comme toutes les églises normandes de cette époque, n'avait pas été reconstruite sous le règne de Henri II; elle périt tout entière dans les flammes, l'année même qui mit fin au XIIᵉ siècle. — Jean d'Andeli n'est pas seulement le premier architecte de la cathédrale actuelle; c'est encore à lui que nous devons le plan.

« Ce plan, dit M. Gonse, est superbe sur le papier; c'est un des mieux combinés qu'on puisse voir[2] ». Il dessine nettement la croix latine. Ses dimensions sont très vastes : cent trente-six mètres sur le grand axe et cinquante-quatre mètres sur l'axe transversal. La façade occidentale, avec ses deux tours hors œuvre, dépasse cinquante-huit mètres de largeur. Un tel développement, sans exemple en France, s'observe dans quelques cathédrales anglaises.

La nef, accompagnée de bas-côtés, comprend onze travées barlongues, nombre considérable, qui s'élève jusqu'à douze à Notre-Dame de Laon, et jusqu'à treize à Saint-Remi de Reims. Le transept déborde franchement le périmètre de l'édifice. Son triple vaisseau peut rivaliser avec celui des plus grandes églises gothiques, telles que celles de Laon, de Chartres, d'Amiens et de Reims. Le chœur, de quatre travées, se termine, à l'est, par une abside en hémicycle, pourtournée par un bas-côté. Trois absidioles seulement rayonnent autour du rond-point, et sont séparées par une travée intermédiaire. Ce parti pris est exceptionnel au XIIIᵉ siècle, époque où l'on voit les absides régulièrement entourées d'une ceinture continue de chapelles, en nombre variable, depuis cinq jusqu'à onze, comme à Orléans, jusqu'à treize, comme au Mans. Parmi les

---

1. Congrès de l'Association Normande aux Andelys, séance du 23 septembre 1893.

1. Cf. Enlart, *Monuments religieux de l'architecture romane et de transition dans la région picarde.* « Les corniches à arcatures persistent au XIIIᵉ siècle », p. 19. — « Le tracé en plein cintre est employé jusqu'en plein XIIIᵉ siècle dans les belles corniches de Notre-Dame de Boulogne et de Notre-Dame de Saint-Omer », p. 30.

2. L. Gonse, *L'art gothique*, p. 210.

édifices qui dérogent à la règle générale, et dont le plan absidal est comparable au nôtre, je dois citer, en premier lieu, l'église Saint-Pierre de Lisieux. Le rond-point fut reconstruit vers 1226, avec trois chapelles semi-circulaires et distantes les unes des autres [1]. A Lisieux, comme à Rouen, on fit disparaître, dans la suite, la chapelle de l'axe, pour la rétablir sur des dimensions plus grandes. — La cathédrale de Meaux rentre dans notre cadre. Elle compte actuellement, il est vrai, cinq chapelles rayonnantes, mais deux d'entre elles furent intercalées au XIVe siècle [2]. — La Bourgogne nous fournit un troisième exemple, à Notre-Dame de Semur-en-Auxois [3].

Une autre particularité propre à notre cathédrale, c'est la présence d'absidioles en hémicycle, précédées d'une travée droite et ouvertes sur les bras du transept. Ces chapelles orientées, réminiscence flagrante de l'architecture romane, sont exceptionnelles au XIIIe siècle. Quelques témoins de cette tradition subsistent encore, plus ou moins défigurés, dans plusieurs églises de la province. Seule la cathédrale de Laon, dont le transept a tant d'affinité avec l'école normande, nous en offre un exemple accompli, postérieur à 1205 [4]. — A la naissance du déambulatoire sont plantées deux tourelles d'escalier rectangulaires [5].

1. Cf. Charles Vasseur, *Études historiques et archéologiques sur la cathédrale de Lisieux*, Caen, 1881, et *Bulletin de la Société des Antiquaires de Normandie*, t. X, 1882, p. 445.

2. Cf. Mgr Allou, *Notice historique et descriptive sur la Cathédrale de Meaux*, 2e édition, 1871, p. 15, et Villard de Honnecourt, *Album*, pl. XXVIII, p. 123.

3. L'église Notre-Dame, ancienne cathédrale de Saint-Omer, construite dans la première moitié du XIIIe siècle (Cf. Enlart, *Monuments religieux de l'Architecture romane et de transition dans la région picarde*, 1895, p. 19, 30 et 147), possède également trois chapelles rayonnantes *séparées*. Je dois à l'obligeance de M. Régnier de m'avoir signalé cet édifice, qui présente avec la cathédrale de Rouen des analogies de plan et d'élévation tout à fait frappantes. Cf. E. Wallet, *Description de l'ancienne cathédrale de Saint-Omer*, 1839, et *Congrès archéologique de Paris*, 1867, p. 151.

4. Cf. l'abbé Bouxin, *La Cathédrale Notre-Dame de Laon*, 1890, p. 38.

5. Ces tourelles, en nombre variable, se rencontrent fréquemment dans les églises normandes des XIIe et XIIIe siècles, à la naissance de la courbe de l'abside. On en observe *deux* à Notre-Dame d'Eu, à Sainte-Trinité de Fécamp, à Saint-Pierre de Lisieux, à Sainte-Trinité de Caen, et *quatre* à Saint-Étienne de Caen, à Notre-Dame de Bayeux, à Notre-Dame de Coutances, etc.

Jean d'Andeli commença les travaux par la nef, sans doute parce que l'ancien chœur, protégé par ses voûtes contre l'incendie, avait pu être conservé au culte temporairement [1].

En 1214, Enguerran construisait la chapelle primitive de la Vierge, au moment où il fut appelé à l'abbaye du Bec.

En 1233, Durand, le *machon*, fermait les voûtes de la grande nef.

Le rapprochement de ces dates montre assez quel zèle déployèrent les premiers maîtres de l'œuvre.

LA FAÇADE PRINCIPALE

La façade occidentale de Notre-Dame de Rouen apparaît comme un brillant décor, où se déroule tout entière l'évolution de l'architecture gothique. Le spectateur assiste à sa naissance dans la tour Saint-Romain, à son fastueux déclin dans la tour de Beurre, à sa réapparition dans la flèche centrale, qu'il entrevoit à l'arrière-plan et où Alavoine a ciselé son rêve de fer. L'œuvre primitive était sévère et presque nue [2]. Aussi les siècles suivants ont-ils rivalisé de coquetterie et paré cette nudité originelle du voile transparent de leurs fantaisies brillantes. La morsure du temps a achevé de répandre sur cet ensemble un charme indéfinissable, qu'exaltent les dernières clartés du jour et plus encore les pâles rayons de la lune. C'est alors surtout que la vieille façade revêt un aspect fantastique et surgit, au milieu des ombres environnantes, comme une eau-forte en pierre. « Nulle part, dit M. Gonse, la vision du moyen âge ne vous enveloppe d'aussi pénétrantes impressions. C'est bien là cet idéal romantique chanté par les poètes » [3]. Puisse l'éminent architecte, chargé de la restauration, ne pas substituer au rêve des artistes une réalité trop vivante !

1. D'après M. Saint-Paul, les cathédrales normandes furent commencées le plus souvent par la nef, ex. : Saint-Pierre de Lisieux, Notre-Dame de Sées, Notre-Dame de Coutances.

2. Elle présentait sans doute, toute proportion gardée, une grande analogie avec la façade encore intacte de l'église Notre-Dame et Saint-Laurent d'Eu.

3. L. Gonse, *ouv. cit.*, p. 210.

Le vase antique de Saint-Savin. — Poitiers, Blois et Roy. — Le nom de Mgr Barbier de Montault est si avantageusement connu dans le domaine de la liturgie et de l'archéologie, que nous n'étonnerons personne en disant que son étude sur la coupe de Saint-Savin est des plus intéressantes. S'il est permis de lui faire un reproche, nous dirons cependant qu'il s'est étendu avec une complaisance un peu trop grande sur des témoignages d'archéologues visiblement moins bien renseignés qu'il ne l'est lui-même. Ce joli vase bleu avec *pastillages* et filets blancs ressemble beaucoup à quelques autres qui ont été recueillis en Gaule-Belgique dans des sépultures, les unes à inhumation, les autres à incinération, ces dernières contemporaines ou fort voisines de la période chrétienne. Mais la forme en est un peu différente, et les filets en relief montrent les changements successifs que les verriers apportaient à leur fabrication à mesure que l'art gallo-romain tendait à disparaître. Il s'agit d'un bleu véritable ici. Plusieurs des vases qui ont été cités avec cette appellation (dans la Seine-Inférieure surtout), ne sont, il faut le dire, bleu que comparativement, c'est-à-dire qu'ils sont en gros verre commun. Le vase de Saint-Savin est une exception. On lira donc avec fruit les importants développements de Mgr de Montault, comme aussi les chapitres qui traitent plus particulièrement de l'usage auquel il était consacré et des circonstances de la découverte et de la reconnaissance.

RÉPONSES

Gargantua. — Non loin de Rouen, sur les bords de la Seine, auprès de Duclair, se trouve une roche très élevée, connue sous le nom de *Chaise de Gargantua*, et qui prête, dans la contrée, à de naïfs commentaires sur les habitudes supposées du géant. Une charte du XIᵉ siècle la désigne sous le nom de *Curia Gigantis*, chaise de géant.

Plus loin, près Tancarville, à l'extrémité d'une enceinte retranchée, que l'on croit gauloise, on observe une roche de craie ayant la forme d'un énorme cul-de-lampe, qui est suspendue à une grande hauteur au-dessus du niveau de la Seine. Beaucoup de traditions fabuleuses et le souvenir de Gargantua se rattachent à cette roche que l'on appelle, dans le pays, la *pierre Gante*.

D. C.

Gargantua. — Les monuments celtiques sont presque tous l'objet de traditions fabuleuses. Ils sont, dit-on, l'œuvre d'un être colossal appelé Gargantua. Ils doivent recouvrir de grands trésors; des fées toutes puissantes, des esprits mutins et des revenants habitent près d'eux. Ces contes, tout absurdes qu'ils sont, font encore tant d'impression sur les villageois dans quelques contrées, qu'ils n'oseraient aller la nuit près des monuments celtiques; ils racontent même les aventures surprenantes de ceux qui se sont exposés aux dangers d'une pareille visite. (A. de Caumont, *Cours d'antiquités monumentales*, I, p. 205.)

Monnaies de Commius l'Atrébate. — *L'Atlas des monnaies Gauloises* de M. H. de la Tour reproduit deux monnaies d'argent:

Nᵒ 8680 : Effigie casquée : légende **CARMANOS**. Revers : Cheval en course; légende **COMIOS**.

Nᵒ 8682 : Effigie casquée; légende **GARMANO**. Revers : Cheval en course; légende **COMMIO϶**.

E. J.

Il s'agit ici sans doute de Commius, commandant l'armée venant au secours de Vercingétorix assiégé dans Alésia.

Monnaies de Commius l'Atrébate. — Dans ses ouvrages sur la Numismatique des anciens Bretons, Sir J. Evans cite des monnaies où on lit... COMMIVS, VERICA, COMMI. F., ...INC. COMMI. F., COM.F, EPPI. COM. F. Cet auteur ne repousse pas l'interprétation d'après laquelle les fils de Commius auraient fait frapper ces monnaies. Commius aurait donc régné dans le sud de la Grande-Bretagne, et ses fils lui auraient succédé. Depuis plus de trente ans que cette interprétation numismatique a été publiée, rien n'est venu l'infirmer.   CALOUET.

Peinture de la galerie de Fontainebleau. — Je ne connais pas de copie de cette peinture qui représentait le siège du Havre. M. Léon Palustre et les éditeurs de l'ouvrage illustré sur Le Havre l'ont vainement cherchée, il y a quelques années. Depuis cette époque, en lisant les correspondances du temps d'Élisabeth, qui sont conservées Fetter lane (et non à la *Tour de Londres*, comme on continue de le répéter d'après des ouvrages publiés il y a plus de soixante ans, ou d'après des copies d'anciens catalogues, rapidement faits et qu'on a consciencieusement relevés, et assez exactement traduits), en lisant ces correspondances, j'ai trouvé celles de l'ambassadeur Norris, qui a examiné ce tableau, et en a fait l'objet d'une lettre au Conseil privé.

La peinture représentait trois gentilshommes anglais venant offrir, à genoux, à Charles IX et à Catherine, sa mère, les clés de la ville du Havre. Une inscription latine rappelait ce siège mémorable; mais quelques mots y parurent offensants à l'ambassadeur, qui s'en plaignit, tout en déclarant la peinture magnifique. Charles IX fit repeindre trois mots plus acceptables, en place des autres, et tout le monde parut content.   C. R.

Calvaires gothiques. — Il existe au cimetière de Kirk-Braddan (île de Man) une curieuse croix pattée inscrite, posée sur le sommet d'une pyramide taillée en bois; l'inscription est semi-runique et indique le dixième siècle.   CAMUL.

Chronologie biblique. — Dans le Recueil de la Société d'Archéologie biblique, M. Flinders Petric examine quelques rapprochements chronologiques, et arrive à fixer les dates suivantes :

Exode   Année... 1192 av. J.-Ch.
Invasion du pays de Canaan... 1152
Philistins dans l'Ouest (en y comprenant Samson et Samuel)... 1081-1042
        Saül............ 1042-1026
        David........... 1029-992
        Salomon......... 992-952

M. Petrie ne donne pas ces dates comme absolues, mais il les croit exactes à cinq années près.

Théâtres et amphithéâtres gallo-romains. — Juliobona. — Au sein des murailles extérieures du théâtre, sous le portique de l'ouest et en le démolissant afin de bâtir des maisons particulières, on a découvert, il y a quelques années, entre deux pierres énormes, une médaille de bronze d'Antonin-le-Pieux, comme si quelque ouvrier, occupé aux travaux de ce portique, s'était plu à imiter le soin qu'avait l'autorité publique chez les anciens de placer quelquefois des médailles de plomb dans les murailles, afin de marquer par là l'époque de leur construction.   E. GAILLARD.

Calvaires du XVᵉ et du XVIIᵉ siècles. — Dans le Finistère :

1º Calvaire de Tronoen (1510-1530) en Saint-Jean-Trolimon, à 9 kilomètres de Pont-l'Abbé. Photogravure et notice dans les *Paysages et monuments de la Bretagne* par Jules Robuchon, canton de Pont-l'Abbé, page 44. Imprimeries réunies, 2, rue Mignon, Paris.

2º Guimiliau, à 8 kilomètres de Landivisiau ; 1581. Photographies, Neurden, Paris. Villard, Quimper ; Fougères, Morlaix.

3º Saint-Vénec-en-Briec, 1556, à 14 kilomètres de Quimper. 2 kilomètres de la gare de Quéménéven.

4º N.-D. de Quilinen en Landrévarzec, même date, 11 kilomètres de Quimper. — Photographie et notice chez M. l'abbé Abgrall, aumônier, Quimper.

5º N.-D. des Fontaines en Gouézec, 1554, (Mêmes dates, environ.)

6º Brasparts.

7º Guengat.

8º La Forêt-Fouesnant.

9º N.-D. de Kergoat en Quéménéven.

10º N.-D. de Confors-en-Meilars, à 8 kilomètres de Pont-Croix.

11º Mellac, à 5 kilomètres de Quimperlé.

12º Plougastel-Daoulas, 1602.

13º Plougonven, 1606.

14º Saint-Thégonnec, 1618.

15º Pleyben, 1650.

Signé : OZANNE, architecte à Brest.

Églises antérieures au Xᵉ siècle. — Crypte de Lanmeur, antérieure aux invasions normandes.

                      J.-M. ABGRALL,
                      Chanoine honoraire.

Administration et Gérance,
GRAVILLE, 13, rue Spontini, Paris.

MACON, PROTAT FRÈRES, IMPRIMEURS

PLATEAU D'ARGENT

de Juliobona.

LE TRÉSOR DE GUARRAZAR

AU MUSÉE DE CLUNY

L'intérêt avec lequel nos lecteurs ont accueilli les divers renseignements que nous avons publiés sur le vase de Gundestrup et sur le rôle que les Goths ont joué dans les premiers siècles de notre histoire, nous encourage à dire quelques mots sur les curieuses couronnes gothiques du Musée de Cluny.

On a même élevé quelques doutes au sujet de la découverte de ces précieuses orfèvreries, qui composent le trésor de Guarrazar. Il est certain que de l'Espagne, depuis un certain nombre d'années, on a présenté aux amateurs des antiquités qui demandent un examen sévère. Mais la matière employée ici est si précieuse, qu'il semble difficile d'admettre l'idée d'une fabrication moderne. Il est vrai que les renseignements publiés sur les circonstances des découvertes sont des plus incomplets. Y avait-il des traces d'édifices autour de ces couronnes ; comment avaient-elles été enfouies ? Bien des choses nous sont inconnues à ce sujet, et un archéologue bien difficile ne se déclarera satisfait qu'après un nouvel examen du terrain. En attendant, disons ici en quoi consiste la collection que le public parisien peut examiner au Musée de l'Hôtel de Cluny.

Apportées à Paris au mois de février 1859, c'est-à-dire plus de trois mois après leur découverte, les couronnes de Guarrazar, au nombre de huit, furent immédiatement acquises et placées dans les collections de l'Hôtel de Cluny. Deux ans après, en 1860, de nouvelles fouilles, entreprises au même lieu, produisirent un nouveau résultat, et amenèrent la découverte d'une neuvième couronne, faisant partie du même ensemble, et qu'un courant d'eau souterrain avait portée à travers les terres, à quelque distance du lieu des premières recherches.

La plus grande de ces couronnes est celle du roi goth Reccesvinthus, qui monta sur le trône en 649 et mourut en 672. Elle se compose d'un large bandeau en or massif, haut de dix centimètres, et dont le diamètre dépasse vingt et un centimètres. Ce bandeau, qui s'ouvre au moyen d'une double charnière, est richement encadré par deux bordures cloisonnées d'or, et incrustées de pierres rouges de Carie, de celles qu'Anastase désigne sous le nom de *gemmis alabandinis*, et porte en relief trente saphirs orientaux de la plus grande beauté, enchâssés dans des bordures d'or, et la plupart d'une dimension considérable. Trente perles fines, d'une grosseur non moins notable, alternent avec les saphirs sur un fond d'or incrusté des mêmes picrreries, et vingt-quatre chaînettes d'or, partant du cercle inférieur de la couronne, suspendent autant de grandes lettres en or cloisonnées et incrustées dont la disposition forme les mots :

✠ RECCESVINTHVS REX OFFERET

Chacune de ces lettres se termine en outre par une pendeloque d'or et de perles fines soutenant une poire en saphir rose. La couronne du roi est suspendue par une quadruple chaîne d'un beau travail, qui la rattache à un double fleuron d'or massif enrichi de douze pendeloques en saphir, et ce fleuron lui-même, dont les branches sont ouvertes, est surmonté d'un chapiteau en cristal de roche finement travaillé ; puis vient une boule en même matière, et enfin la tige d'or qui forme le point de départ de la suspension.

La croix qui occupe le centre de la couronne, et se rattache au fleuron par une longue chaîne d'or, n'est pas moins remarquable par l'élégance de sa forme et par la richesse de la matière. Elle est en or massif relevé de six beaux saphirs et de huit grosses perles fines ; chacun de ces joyaux est monté en relief sur des griffes à jour, et le revers porte encore la fibule qui servait à l'attacher au manteau royal.

Le diadème est en or uni à l'intérieur ; mais la face extérieure que décorent les saphirs et les perles fines, montés en relief, se fait remarquer par une ornemenmentation particulière, et dont les feuilles sont remplies par des lames de même matière rouge qui, au premier abord, présente l'aspect de la cornaline.

Les saphirs qui décorent le bandeau, et dont la monture est largement traitée, sont, nous l'avons dit, au nombre de trente, tous d'une belle eau, et plusieurs présentent des traces de la cristallisation naturelle par facettes ; les deux principaux, ceux qui sont placés au centre de chacune de ses faces, n'ont pas moins de trente millimètres de diamètre. Les perles sont également d'une grosseur exceptionnelle, et quelques-unes seulement ont été altérées par les effets du temps. Les chaînes de suspension se composent chacune de cinq beaux fleurons découpés à jour, et la tige qui supporte tout l'ensemble est en or massif.

Le nombre des saphirs qui décorent la couronne de Reccesvinthus, la croix et le fleuron, n'est pas moindre de soixante-six, dont trente d'une dimension hors ligne ; celui des perles est le même. Les pendeloques qui terminent les lettres du diadème sont, en outre, ornées de pâtes d'émail enchâssées dans des bordures d'or.

Dans la description du *Trésor de Guarrazar*, M. F. de Lasteyrie exprime l'opinion que la couronne du roi Reccesvinthus n'a pu être portée. Mais, contrairement à ce qu'il avait cru observer, les chaînes ne sont pas engagées dans le bandeau cloisonné ; elles en sont complètement indépendantes ; les attaches sont soudées dans la doublure intérieure de la couronne, et soudées après coup ; et il en est de même pour les petites chaînettes qui supportent chacune des lettres de l'inscription. Il ne s'agit donc pas d'une simple couronne votive. Les dimensions, aussi bien que la disposition à charnières, disposition qui a pour but d'enlever au métal une partie de sa rigidité et de prendre, d'une manière plus exacte, la forme de la tête, sont des arguments suffisants pour permettre d'affirmer que la couronne trouvée à Guarrazar était bien celle du roi. Le diadème royal consistait donc alors uniquement dans le bandeau lui-même, et ce n'est qu'au moment de la consécration que les chaînes de suspension ont été ajoutées, ainsi que l'inscription commémorative. Quant à la croix qui accompagne la couronne, qui a été trouvée en même temps et qui a évidemment avec elle une origine commune et unique, on ne saurait nier qu'elle n'ait été portée, puisqu'elle conserve encore au revers la charnière et la naissance de l'ardillon qui l'attachait au vêtement.

Le roi Reccesvinthus a conquis une place importante dans la dynastie des rois goths. Associé à la puissance souveraine par son père, en 649, il régna seul à partir de l'année 653, fut sacré à la mort de son père, Chindeswinthe, le 16 octobre de cette même année, par saint Eugène, évêque de Tolède, et mourut dix-neuf ans après, en 672. La couronne, dont nous donnons ici la description, trouve donc sa date précise au milieu du VIIe siècle.

La seconde couronne est celle de **SONNICA**, ainsi que l'indique une inscription gravée, ou plutôt frappée, au marteau sur la croix qu'elle supporte. Elle est de dimension moindre, mais présente une analogie complète dans la disposition générale, aussi bien que dans les détails d'exécution et surtout dans les procédés d'enchâssement des pierreries.

Cette couronne se compose d'un bandeau en or uni, haut de huit centimètres, et portant en relief, comme le diadème de Reccesvinthus, des saphirs, perles fines, pierres diverses et cabochons de cristal de roche, au nombre de cinquante quatre. Huit belles poires en saphir, dont les principales n'ont pas moins de quatre centimètres de hauteur, se rattachent à la partie inférieure du bandeau et forment pendeloques. Cette couronne est à doubles charnières, comme la précédente, et chacun des bords est orné d'un semis de perles d'or, disposées de distance en distance, réunies par quatre, et formant douze groupes. Entre ces groupes de perles, et de chaque côté des charnières, se trouvent des petits anneaux, également en relief, et destinés à maintenir l'étoffe, soie ou velours, qui formait la doublure intérieure, doublure dont la présence est accusée d'une manière plus manifeste encore par l'existence d'un petit rebord formant une légère saillie à l'extérieur de chaque côté du bandeau.

Quatres chaînes en or, à travail de chaînette, suspendent la couronne et se rattachent à un double fleuron d'or à six branches comme celui de la couronne de Reccesvinthus, mais de dimension moindre ; une autre chaîne de même métal soutient ce fleuron et le relie à un large anneau d'or. Du double fleuron descend également une longue chaîne supportant une belle croix que décorent cinq pierres fines, saphirs et autres, alternant avec des pâtes d'émail.

Le revers de cette croix indique l'invocation :

IN DI NOMINE — OFFERET SONNICA — SCE MARIE IN SORBACES

Cette croix a vingt-trois centimètres de hauteur ; la largeur est de dix centimètres et demi. Le fond est uni et la bordure est ornée de filets en relief.

Cette couronne montre des doubles charnières disposées de manière à donner de la souplesse au métal ; les petites bélières, en formes d'anneaux, évidemment destinées au passage des fils retenant la doublure, le rebord extérieur devant avoir maintenu la garniture destinée à préserver la tête, tout concourt à démontrer la destination première de cette couronne.

Sorbaces rappelle le nom de Sorbas, ville située dans la province de Grenade. Cette petite ville est presque complètement oubliée de nos jours ; mais elle était située dans un pays riche, entouré de mines jadis fertiles, dont l'exploitation, délaissée depuis, remonte à une époque antérieure à l'invasion des Arabes. C'est là un motif suffisant pour expliquer le culte rendu par une nombreuse population, et dans une époque de prospérité, à la sainte Vierge sous l'invocation de sainte Marie de Sorbas.

La troisième couronne présente un ensemble de vingt mailles disposées sur deux rangs. Dans chacune des mailles se balance une pendeloque d'or terminée par un saphir, et la même disposition se retrouve à la partie inférieure de la couronne qui supporte dix autres pendeloques de même nature, partant des points d'intersection du dernier cercle. Le nombre des saphirs, des perles fines et coques de nacre, atteint le chiffre de soixante. Trois chaînettes en or suspendent la couronne et la rattachent à un double fleuron surmonté lui-même d'une nouvelle chaîne en même métal, que supporte un anneau d'or. La hauteur du bandeau est de neuf centimètres.

Par une disposition analogue à celle des couronnes précédentes et commune aux neuf couronnes du trésor de Guarrazar, une quatrième chaîne, fort longue, descend du fleuron de suspension et supporte une belle croix en or, à double face, haute de quinze centimètres. Dix-neuf saphirs, pierres diverses et coques de nacre, décorent chacune des faces de cette croix, et trois pendeloques, dont deux se terminent par des saphirs et la troisième par une agate à plusieurs couches, sont suspendues aux bras et au pied de la croix.

La forme de cette couronne et des deux suivantes, leur disposition à claire-voie, aussi bien que le diamètre du bandeau, tout indique une origine purement votive. Il en est de même des croix à double face, qui ne paraissent avoir été faites que dans un but de consécration religieuse.

La quatrième couronne présente, sauf de très légères différences, les dispositions de la précédente, avec dix-huit mailles pour l'ensemble. Vingt-sept saphirs, pierres, perles fines et coques de nacre, marquant les points d'intersection des barreaux, et autant de pendeloques décorées de saphirs sont suspendues dans les mailles et au cercle inférieur.

La cinquième couronne se rapproche complètement des deux précédentes. Les mailles sont plus petites et au nombre de vingt, et les points d'intersection des pièces du treillis sont rehaussés de pierreries et de coques de nacre.

La sixième couronne présente, ainsi que les deux suivantes, une plus grande analogie dans la forme, et surtout dans la disposition générale, avec celles de Reccesvinthus et de Sonnica. Elle se compose d'un bandeau en or, enrichi d'un rang de pierres précieuses et orné de dessins en repoussé, d'un travail qui rappelle celui des bijoux mérovingiens. Le diamètre est de treize centimètres, la hauteur de quatre centimètres.

La septième couronne consiste en un simple bandeau d'or repoussé à dessins courants, avec rosaces et bordure de feuillage. La hauteur du bandeau est de trente-deux millimètres et le diamètre de onze centimètres et demi.

La huitième couronne se compose également d'un simple bandeau d'or ; mais ce bandeau est découpé à jour et orné de dessins en repoussé dans le même style. La hauteur est de trente-huit millimètres, le diamètre de onze centimètres.

Quant à la neuvième couronne, elle n'a été retrouvée que plus récemment. La disposition présente une grande analogie avec plusieurs de celles qui viennent d'être décrites ; seulement elle est plus grande, les chaînes de suspension sont d'un travail plus recherché, et la croix qui s'y rattache est plus belle et plus richement ornée. Cette couronne était purement votive. Le nombre des pierres fines, saphirs, perles, coques de nacre, est de cent dix-neuf.

Même après la découverte de cette neuvième couronne, on fit de nouvelles recherches à la même localité, dite les *Huertas y fuente de Guarrazar*. On trouva une couronne, malheureusement incomplète et mutilée, mais sur laquelle on lut le nom du roi goth Svinthila, l'un des prédécesseurs de Reccesvinthus. Parmi d'autres fragments précieux, trouvés en même temps, on signale une émeraude de grande dimension, sur laquelle est gravée la scène de l'Annonciation.

L'auteur de cette découverte, un laboureur de Guarrazar, en a fait hommage à Sa Majesté la reine d'Espagne.

Il est difficile de croire que tout cela ne provenait pas d'une cachette renfermant le trésor d'une église. Tôt ou tard, nous l'espérons, on examinera le terrain des découvertes, non pour y trouver de nouveaux trésors, mais pour obtenir quelques renseignements archéologiques. Comme il est difficile aux visiteurs d'apprécier la valeur réelle des pierres précieuses, aperçues à travers des vitrines, il y aura longtemps chez eux un certain doute sur l'authenticité de cette magnifique collection. Mais on ne peut nier qu'à mesure que les études se développent, nous acquérons continuellement des preuves de la richesse de l'ancien art chez les Goths. La dénomination d'art byzantin, qui a été si longtemps acceptée, ne peut plus nous satisfaire, et les découvertes archéologiques nous apprennent peu à peu à mieux connaître les origines réelles de ce qui est devenu plus tard, dans un sens plus généralement accepté, l'art gothique dans toute sa beauté et dans toute sa richesse.

UN PLATEAU D'ARGENT

DE JULIOBONA

Ce plateau est venu à Paris pour figurer à l'exposition rétrospective, au comité duquel M. Alfred Le Maistre voulut bien le confier pendant quelques mois. Il est retourné à Lillebonne, où il est précieusement conservé ; mais on peut en étudier un fac-simile au Musée National de Saint-Germain. Notre gravure en réduit les dimensions d'un tiers.

Il ne s'agissait pas ici d'un mobilier de sépultures ordinaires, comme celles du cimetière du Mesnil. Les objets ont été recueillis dans un caveau ménagé à une profondeur de 2 m. 50, dans la roche taillée obliquement en catacombe sur la déclivité de la colline dominant la vallée, c'est-à-dire derrière le majestueux donjon du château ducal. Vingt-cinq à trente vases s'y trouvaient renfermés [1], vases en terre, en bronze, en argent ; on y voyait encore un coquillage, une éponge, un poignard. Au milieu de cet ameublement funéraire, se trouvait une urne en verre contenant les os brûlés d'un adulte, et renfermée dans un cylindre en plomb orné de croix de Saint-André.

A côté se trouvaient déposés deux vases en terre, un barillet en verre, trois fioles en verre, dont une en verre noir affectant la forme d'un dauphin ou d'une baleine. Ce verre noir était couvert de dorures imitant des écailles. Un des vases de verre était encore rempli d'une substance grasse que la chimie reconnut pour être de la chair musculaire n'ayant jamais été cuite.

Il y avait aussi deux beaux plateaux en bronze, avec anses, des aiguières à anses ciselées, un vase offrant la forme d'un buste humain et contenant encore le résidu d'une substance grasse, un gobelet d'argent avec gravures, une cuiller à bouche, une sorte de cuiller à encens et deux beaux strigilles en bronze doré.

Une petite stèle a donné la représentation d'une figure radiée qu'on a cru pouvoir rapprocher du culte de Mithra.

M. Fernand Le Maistre conserve précieusement tous ces objets. Au Mesnil, à Folleville, nous constatons le même soin. L'*Herculanum* du nord de la France est, de

---

1. L'abbé Cochet, *Revue des Sociétés savantes*, IVe série, t. II.

ce côté, mieux partagé que beaucoup d'autres localités, où tout est livré au commerce.

Il faut remarquer la profondeur, inusitée à Lillebonne, du noyau de cette découverte. Cela semble indiquer, que pour trouver des objets de valeur, il faut fouiller très bas à cause des précautions spéciales qu'on avait dû prendre contre les violateurs de sépultures.

G. D.

MOSAÏQUE ROMAINE

DE JULIOBONA

M. L. Rolland Banès, ingénieur des mines, qui a dessiné le premier en couleurs la mosaïque de Lillebonne, en juin 1870, c'est-à-dire peu de temps après la découverte, assure que toutes les pierres assemblées pour former les figures proviennent du pays, et sont par conséquent calcaires en majeure partie. Il y a une douzaine de couleurs : le noir, le blanc, le jaune, le brun, le vert, et des gris et des rouges de nuances différentes. Tous ces fragments sont réunis de la manière la plus heureuse. Quant aux feuillages, ceux-ci sont très légèrement indiqués par des lignes gris-violet foncé et clair, de manière à ne pas rompre l'harmonie des groupes. Les demi-chevrons des zigzags sont alternativement rouges et jaunes, et fortement isolés par des traits noirs. Les rosaces ont un centre blanc, duquel part une croix noire entourée d'un fond rouge avec quelques points blancs dans les ouvertures ; leurs cercles entrelacés sont en courbes noires sur le fond blanc.

Partout on remarque une certaine irrégularité. En mesurant attentivement les diverses figures géométriques formées par les lignes droites ou courbes, nous constatons des différences assez sensibles qu'un mosaïste moderne aurait sans doute soigneusement évitées. Mais ces imperfections de détail ne nuisent nullement à l'aspect général. Sauf pour le groupe du milieu, les mutilations sont peu importantes. La surface totale de la mosaïque dépasse cinquante-huit mètres carrés.

Les sujets des quatre côtés sont assez faciles à interpréter. D'abord on voit, au pied d'une petite statue de Diane tenant un arc, un prêtre qui lève la main et semble adresser une prière, tandis qu'un personnage un peu au-dessous brûle de l'encens. Le feu est indiqué par une opposition de noir et de rouge. A droite de la statue de Diane, on voit un jeune homme prêt à monter à cheval, et un serviteur tenant en laisse un chien et portant une lance ; à gauche, un enfant tenant à la main droite une fiole, et, à l'autre, une patère. Auprès on amène un cerf, qui va jouer un rôle important dans les tableaux suivants.

Sur le deuxième tableau, on a représenté le départ. Le cerf maintenu précède la chasse. Il est très bien dessiné. Une brisure empêche de voir autre chose que la partie supérieure de son conducteur. Derrière celui-ci, un individu porte un

MOSAÏQUE DE JULIOBONA

État en juin 1870

Restaurée au Musée de Rouen.

falot allumé d'où partent des lignes rougeâtres figurant la lumière. Les chevaux viennent ensuite, précédés de deux chiens accouplés. Le cavalier n'a ni étriers ni éperons; il porte en guise d'aiguillon un fouet à tige mince et flexible et à queue très longue.

Le tableau opposé laisse voir trois cavaliers lancés. Les chevaux semblent augmenter de vitesse à mesure qu'ils avancent. Deux chiens les accompagnent. Une mutilation de la mosaïque près de l'angle ne permet de reconnaître qu'une position d'animal courant en tête. Une queue et deux pattes semblent indiquer un limier de plus grande taille. Mais est-ce bien un chien ? — Le collier encore visible indique cependant qu'il doit faire partie de la meute.

Le quatrième tableau est séparé en deux parties par un bouquet d'arbres et d'herbes. Un point rouge, qu'on aperçoit parmi les feuillages, semble se réfléter dans les eaux d'un ruisseau. — D'un côté on voit un cerf, une biche et un faon [1], qui sont l'objet du *lancer* au bord de l'étang. — Derrière le bouquet d'arbres, le cerf qui doit attirer les autres est tenu en laisse par un homme qui se baisse en se cachant derrière les herbes. Le dernier personnage est le chasseur qui se recule, une flèche à la main, en bandant son arc pour le lancer aussitôt que le cerf chassé se montrera dans une position favorable.

Tous ces groupes sont parfaitement vivants. Si on les examine de près, on peut trouver à redire aux traits de certains personnages. Mais il faut se placer à une distance convenable pour bien les apprécier, attendu que certains contours ne sont obtenus que par des oppositions de nuances et de lignes très bien réussies comme ensembles de dessins. Les arbres figurés sont impossibles à reproduire autrement que par un calque exact des séries de cubes qui les composent. La torsade du médaillon comprend des rubans noirs, jaunes et rouges, entrelacés sur des rubans semblables, de manière à laisser un point jaune au centre.

D'après le dire des personnes qui ont procédé au déblaiement de la mosaïque, celle-ci aurait servi de pavage à un bâtiment dont les murs étaient isolés de ceux des constructions voisines. Dans les déblais, on a recueilli plusieurs figurines en terre cuite qui offrent les types bien connus de Vénus Anadyomène et de Latone. L'une d'elles pourtant diffère (une Diane ?) et offre un genre dont nous ne connaissons point d'analogue dans nos contrées. Sur la poitrine, on voit un cadre laissant apercevoir une petite effigie. Cette intéressante figurine est malheureusement brisée en plusieurs morceaux, et nous n'avons pu en retrouver la tête.

Quant au sujet du médaillon central, l'exécution en a été très soignée. « Le groupe est relatif à Apollon, frère de Diane et favorable aux chasseurs. Le dieu atteint une nymphe ou une déesse (Vénus, Amphitrite, Daphné, etc.) qu'il avait

1. Le dessin à l'aquarelle, reproduit pl. XI, a exagéré les dimensions de ces deux derniers animaux. Cependant, comme l'effet d'ensemble, tel qu'il était surtout au moment de la découverte, a été très bien obtenu, nous avons cru devoir le laisser subsister sans changement.

poursuivie. Les coupes et les palmes des angles forment des symboles de victoire. L'ensemble de la composition est tout à fait convenable pour un lieu consacré aux deux enfants de Latone, Apollon et Diane. » (Longpérier [1].)

La nymphe, en tombant, porte la main sur un tronc d'arbre coupé, ou plutôt sur une sorte de vase d'où l'eau commence à s'échapper.

Il est impossible de méconnaître ici, comme l'a dit si justement M. Eugène Châtel, « un hommage rendu indirectement à la chaste déesse, dont Daphné voulait se montrer la digne émule en préférant à tout la retraite des bois, les plaisirs de la chasse et l'innocence de la virginité [2]. Le mosaïste a paré coquettement de bracelets les avant-bras de Daphné, comme le sont ceux de l'Amphitrite de la mosaïque dite de Constantine [3]; seulement les bracelets de Daphné sont en perles vertes arrondies. Les bras sont tendus, la main gauche ouverte en dehors; ses genoux fléchissent et comme attachés désormais au sol. Elle semble en vérité dans l'attitude où Ovide la dépeint implorant le secours de Tellus et de son père, le dieu-fleuve Pénée, qui la changèrent en laurier. — Le mosaïste n'a-t-il pas comme traduit la pensée et les vers d'Ovide ? Qu'on en juge en contemplant l'œuvre de l'artiste, les vers du poète à la main. »

L'inscription est double et porte deux signatures. En haut, on lit :

T. SEN. FILIX C PV

TEOLANVS FEC

(T[ITVS] SEN[IVS] FILIX C[IVIS] PVTEOLANVS FEC[IT].)

Au-dessous du groupe :

ET AMOR CI⸢.

DISCIPVLVS

(ET AMOR C[AII] F[ILIVS] DISCIPVLVS.)

Les mutilations des groupes sont aujourd'hui réparées. Lorsque la mosaïque fut enlevée de Lillebonne et portée à Paris, on y fit les restaurations qui ne laissent plus soupçonner aujourd'hui où se trouvaient les brisures. Cependant, on enleva les rosaces placées sous les tableaux principaux. Le conservateur du Musée de Rouen fut assez heureux pour voir son initiative approuvée, lorsqu'il acquit aux enchères cette mosaïque quand elle fut encore remise en vente. C'est donc aujourd'hui, comme le théâtre romain, une propriété départementale. Au musée de Rouen, on remarque quantité d'antiquités recueillies à Juliobona, et c'est là qu'il faut aller aujourd'hui pour étudier la physionomie romaine de l'art dans cette ancienne ville des Calètes.

<hr>

1. *Recueil des publications de la Société havraise d'Études diverses*, 1870-71.
2. *Mémoires de la Société des Antiquaires de Normandie*, 1871, p. 587.
3 *Musée Pittoresque*, t. XI, p. 149.

INSCRIPTIONS ANTIQUES

DE NARBONNE

Sidoine Apollinaire, en s'adressant à Consentius, citoyen illustre de Narbonne (carm. XXIII), fait l'énumération des anciens monuments que possédait la ville, dans les vers dont voici la traduction :

« Salut Narbonne, puissante en santé par la bonté de l'air, agréable par la beauté de ses édifices et de sa campagne, fortifiée de bonnes murailles, anoblie par ses citoyens, considérable par sa vaste enceinte, renommée par ses tavernes, commode par la disposition de ses portes, superbe par ses portiques, estimée par sa place publique, ornée d'un théâtre, magnifique en ses temples, distinguée par un capitole, délicieuse par ses bains, pompeuse en ses arcs de triomphe, abondante en greniers, garnie de marchés aux vivres, charmante par ses prairies, abondante en belles fontaines, jouissant de plusieurs îles, possédant des salines, presque environnée d'étangs, arrosée de son fleuve, enrichie par le commerce, célèbre par son pont, située sur la mer, etc. »

En suivant le même ordre que le poète du ve siècle, nous dirons quelques mots des monuments qu'il indique, d'après les manuscrits de M. Lafont, dont nous reproduisons aussi les traductions, quoique depuis lui les savantes recherches de M. Léon Renier et de bien d'autres aient jeté de nouvelles lumières sur l'épigraphie romaine.

Tavernes.

Les étrangers et les voyageurs n'avaient pas partout le droit d'hospitalité, et, arrivant dans des pays inconnus, ils manquaient souvent d'asile et de secours ; c'est ce qui donna lieu à l'établissement de logis publics où chacun était très favorablement reçu pour son argent ; et l'on donna à ces logis des enseignes pour les distinguer.

Nous avons la certitude qu'il existait à Narbonne une taverne à l'enseigne du *Coq gaulois* ; le précieux monument qui le prouve fut tiré des fondements de la tour mauresque, d'où il fut placé dans la cour du palais de l'archevêché. En voici la copie et la traduction :

L · AFRANIVS · CERIALIS · L ·

EROS · IIIII · AVG · DOMO · TA

RACONE · OSPITALIS · A · GALLO

GALLINACIO · AFRANIA · CERIA

LIS . L . PROCILLA . VXOR . AFRANIA

L · L · VRANIE · F · ANNORVM · XI · HIC · SITA · EST.

Lucius Afranius Eros, affranchi de Cérialis Sévir augustal, originaire de Tarragone, hôte du logis du Coq Gaulois, Afrania Procilla, affranchie de Cérialis, son épouse (ont fait ce tombeau), Afrania Luranie, issue d'affranchis, leur fille, âgée de onze ans, y est ensevelie.

Portes.

Une ancienne inscription de Narbonne, recueillie par Gruter, p. 167, était ainsi conçue :

AD · PORTAM · ROMANAM

A la courtine du bastion Saint-Félix et de la tour de la citadelle, on voit l'inscription suivante :

EN · ROMA.

Portiques.

Les portiques étaient des galeries ou des vestibules joints aux bâtiments des particuliers ou aux édifices publics.

Ils servaient à l'ornement des temples, des palais, des basiliques, des théâtres, des bains, etc.

Ils étaient généralement couverts.

Les portiques couverts étaient de longues galeries soutenues par un ou plusieurs rangs de colonnes de marbre, enrichies de statues, de tableaux et d'autres ornements.

L'existence de ces portiques à Narbonne peut être prouvée par un monument dont on nous a conservé le souvenir.

L'inscription sur marbre dont il s'agit fut tirée des vieilles murailles de la ville,

lorsqu'on bâtit la porte Connétable ou de Perpignan, et elle fut rompue pour en
faire les armes du roi, en 1606 ; nous la reproduisons :

NVMINI · AVG

ET · NVMINI

AVGVSTORVM

SACRVM

ADIECTO · TeTRASTI

Ɔ · ET · AERAMENTIS

OMNIBVS

IVLIA · NATALIS

D · S · P · F · C · IDEMQVE

DEDIC · T · T · L · D · D · D

En voici la traduction :

*(Autel consacré) à la divinité d'Auguste et des Augustes, avec son vestibule ou por-
tique à quatre colonnes (ou à quatre rangs de colonnes) et avec tous leurs ornements de
cuivre.* JULIA NATALIS *a eu soin de le faire bâtir de son propre argent, et après en avoir
obtenu par édit la sauvegarde. Le lieu lui a été donné par décret des décurions.*

Par ce premier exemple, nous voyons qu'un portique plus ou moins important
avait été fondé par un particulier.

Dans l'inscription qui nous reste des bains, que l'empereur Antonin fit réparer
après qu'ils eurent été consumés par un incendie, il est fait mention des portiques
par ces mots :

CVM · PORTICIBVS

Cette inscription était dans l'église abbatiale de Saint-Paul, au-dessus des
marches du maître-autel ; pendant plusieurs siècles, elle a été foulée aux pieds. En
1715, l'abbé de Saint-Paul la fit placer dans la cour de sa maison (au musée aujour-
d'hui). Elle est brisée ; la moitié seule de l'inscription subsiste. Mgr de Marca l'a
complétée, puis le chanoine Lafont l'a rectifiée en ces termes, mais c'est presque
une composition :

IMP · CAES · DIVI · HADRIANI · FILIVS · DIVI

TRAIANI · PARTHICI · NEPOS · DIVI · NERVAE

PRONEPOS · T · AELIVS · HADRIANVS · ANTONIN

AVG · PIVS · PONT · MAXIMVS · TRIB · POT · VIII

IMP · II · COS · IIII · P · P · THERMAS · NARBON · IGNE

CONSVMPTAS · CVM · PORTICIBVS · DIÆTIS · ATRIIS

ET · BASILICIS · ET · OMNIBVS · ORNAM · PECVNIA

SVA RESTITVIT

*L'empereur César, fils du divin Adrien, neveu du divin Trajan, le parthique, et
arrière-neveu du divin Nerva, Titus Ælius, Adrien, Antonin, Auguste, pieux, grand
pontife, ayant pour la 8ᵉ fois la puissance tribunitienne, empereur pour la seconde, consul
pour la quatrième, père de la patrie, a réparé à ses dépens les bains de Narbonne que le feu
avait consumés, avec leurs portiques, leurs salles, leurs entrées et leurs basiliques, et tous
leurs ornements.*

Place publique.

Puisque Sidoine Apollinaire parle d'un seul *forum*, nous devons en conjecturer
qu'il était vaste et orné de portiques.

Mais ce qui fit son plus grand embellissement fut l'autel que le peuple y érigea
en l'honneur du divin Auguste, de son vivant, et l'inscription qui fut trouvée l'an
1566 ne nous laisse aucun doute.

Voici les mots de cette inscription, qui confirment ce qui précède :

PLEBS ˙ NARBONENSIVM ˙ ARAM ˙ NARBONE ˙ IN ˙ FORO ˙
POSVIT

Cet autel a donné lieu à trop de dissertations pour que nous en fassions une
nous-même.

Théâtre.

Sidoine Apollinaire mentionne le théâtre, dont l'existence n'est prouvée par
aucun reste certain ; mais il passe sous silence l'amphithéâtre.

En 1839, dans les champs à l'est de Narbonne, à environ 450 mètres de distance de la porte de Béziers, on découvrit les fondations de ce monument.

Il avait dans œuvre sur son grand axe 75 mètres de longueur, et 46 mètres
60 centimètres de largeur sur son petit axe.

Il était précédé au nord d'une vaste construction ayant 127 mètres de longueur
et 60 mètres environ de largeur.

Les Romains donnaient souvent, comme tout le monde le sait, dans l'arène de
l'amphithéâtre, des spectacles, des combats de gladiateurs avec des bêtes féroces.

Nous possédons quelques monuments qui les représentent.

A la courtine, entre les bastions Saint-Cosme et Saint-François, on voit un gladiateur se battant contre un lion. Au bastion Saint-François, on voit un lutteur
tombant un taureau.

Temples.

Nous avons tout lieu de croire que des temples avaient été bâtis à Narbonne en
l'honneur de tous les dieux dont le culte était alors répandu.

D'après Sénèque, liv. V, *De natur. quæst.*, ch. xviii, Auguste fit bâtir un temple au vent *cirrius*, dans la Gaule.

Il est probable qu'ayant résidé dans la capitale de la province, qui était très exposée aux violences de ce vent, il le fit édifier à Narbonne ; et ce qui le prouve, ce sont les monuments qui nous restent et qui, plus particulièrement que les frises, chapiteaux, colonnes, etc., peuvent s'appliquer à un édifice de cette nature.

Ce sont des têtes qui représentent le vent.

On peut en citer sept différentes qui sont disséminées autour des remparts.

Le même empereur fit bâtir le temple à Jupiter tonnant et conservateur, lorsqu'il revint victorieux des Cantabres, pour avoir été garanti de la foudre alors qu'il se rendait à cette expédition.

Sans mentionner les restes nombreux en marbre blanc qui ont été depuis employés à différents usages, nous citerons seulement la magnifique frise aujourd'hui posée dans la salle des inscriptions du musée, et qui représente, par une sculpture des plus remarquables, deux aigles qui se regardent et tiennent avec leurs becs une très belle draperie chargée de fruits, qui est surmontée de la dépouille d'une victime, de laquelle s'échappent des flammes et la foudre de Jupiter.

Enfin Auguste, après sa mort, dès qu'il eut été mis au rang des dieux par le Sénat, eut lui-même un temple qui fut bâti vers l'an XVII de l'ère chrétienne ; des prêtres et des sacrifices furent institués, et c'est ce qui a donné lieu à un grand nombre d'inscriptions qui mentionnent des *sévirs* augustaux, c'est-à-dire des prêtres du temple d'Auguste.

La première de ces inscriptions, qui nous a été conservée par MM. Renouard et Guarrigues, était gravée sur un gros piédestal de marbre blanc, qui, en l'année 1606, fut taillé pour servir à la croix qui fut élevée dans le ravelin de la porte Roi ou de Béziers.

En voici la copie :

DEC · IⅢⅡI · VIR

AVGVSTAL

P · OLITIO

APOLLONIO

IⅢⅡI · VIR · AVG · ET

NAVIC · C · I · P^c · C · N · M

OB · MERITA · ET · LIBERALI

TATES · EIVS · QVI

HONORE · DECRETI

VSVS · IMPENDIVM

REMISIT · ET

STATVAM · DE · SVO

POSVIT

Par décret des sévirs augustaux. A Publius Olitius Apollonius sévir augustal et commandant de vaisseau de la colonie Jules Paterne Claude de Narbonne martiale, à cause de son mérite et de ses libéralités : lequel usant de l'honneur de ce décret, s'est chargé de la dépense et a fait ériger la statue à ses frais.

La seconde se trouve aujourd'hui chez M. Poulhariés.

En voici la copie et la traduction :

Q · IVLIO

SERVANDO

IĪĪĪĪI · VIR · AVG

C · I · P · C · N · M

LICINIA · PALLAS

MARITO · OPTIMO

IN · LATIS · ARCAE

IĪĪĪĪI · VIR · OB · TVITIONEM

STATVAE · IIS · N̄ · X

L · D · D · IĪĪĪĪI · VIR

A Quintus Julius Servandus sévir augustal de la colonie Jules Paterne Claude de Narbonne martiale. Licinia Pallas (a fait ériger ce monument) à son très-bon époux dans l'enceinte des sévirs et a payé pour la sauvegarde de la statue dix gros sesterces. Le lieu lui a été donné par le décret des sévirs.

Troisièmement à la courtine, entre les bastions Saint-Cosme et Saint-François, on voyait l'inscription suivante qui est aujourd'hui au musée :

D · M

TIB · IVNI · EVDOXI

NAVICVL · MAR

C · I · P · C · N · M

TI · IVN · FADIANVS

IĪĪĪĪI · VIR · AVG

C · I · P · C · N · M · ET

COND · FERRAR

RIPAE · DEXTRAE

C'est-à-dire :

FRATRI · PIIS

Aux Dieux Manes

De Tiberius Junius Eudoxus, commandant de vaisseau de la mer de la colonie Jules Paterne Claude de Narbonne martiale. Titius Junius Fadianus sévir augustal de la colo-

nie Jules Paterne Claude de Narbonne martiale (a fait bâtir ce tombeau) à son très pieux frère (et il a été placé) du côté droit du rivage aux fers.

Nous pourrions ajouter encore l'autorité de seize autres inscriptions.

Capitole.

Le capitole, principale forteresse de Narbonne, fut bâti dans l'endroit de la ville le plus élevé. Il occupait tout ce vaste terrain qui est du côté de la porte de Béziers, à l'angle nord-ouest, dans les murs de la ville où sont les moulins à vent, tout le jardin des religieuses de Saint-Bernard et les maisons qui aboutissent à la rue qui débouche sur la place de Bistan.

Dans quelques-unes de ces maisons et vis-à-vis de l'ancien cimetière Saint-Sébastien, qui était situé dans le centre du capitole où était la grosse tour, il existait des souterrains.

Dans les actes anciens, et en vieux langage du pays, il était appelé Capduel.

Après avoir servi de résidence aux empereurs, pro-consuls et préteurs romains, les rois Wisigoths s'y logèrent.

Après la prise de Narbonne par les Francs, il fut donné aux archevêques, qui, étant logés dans un autre palais plus commode et plus rapproché de leur église, négligèrent de l'entretenir.

Enfin, en l'an 1450, l'archevêque Jean d'Harcourt le fit abattre, et les débris de ce vaste et superbe édifice romain, qui avait été le dernier conservé, furent employés à la construction de l'église Saint-Sébastien, aujourd'hui église paroissiale ; à la réparation de la tour du clocher de Saint-Just, où se trouve l'horloge ; enfin aux nouvelles fortifications de la ville, qui furent commencées quelque temps après.

Thermes.

Nous nous dispensons de reproduire l'inscription que nous avons donnée dans le paragraphe des portiques, et qui constate que l'empereur Antonin rebâtit les bains publics, qui avaient été détruits par un grand incendie ; mais nous devons ajouter qu'il existait encore à Narbonne des bains fondés par des particuliers.

On voit au musée, provenant du jardin des Minimes, un fragment d'inscription qui fut tiré des fondements de la muraille de la vieille enceinte de la ville, vis-à-vis de l'église des Pères Minimes en 1606 ; elle a été complétée et traduite par le chanoine Lafont ainsi qu'il suit :

SEX · CORNELIVS · SEX · F · CHRYSANTHVS
IIIIII · VIR · AVG · C · I · P · C · N · M · ET · CLODIA · AGATHE · VXOR
P · S · CVRAVERVNT · FIERI · DATO · EX · DECRETO · IIIIII · VIRORVM · AVG
LOCO · HOC · BALNEVM · ET · MARMORIBVS · EXSTRVCTVM · ET · DVCTV
AQVARVM · INSTRVCT · ET · SPORTVLIS · DATIS · DEDICAVERVNT

Sextus Cornelius Chrysanthus fils de Sextus, sévir augustal de la colonie Jules Paterne Claude de Narbonne martiale, et Claudia Agatha son épouse, ayant obtenu la place par le décret des sévirs augustaux, ont pris soin de faire à leurs dépens ce bain bâti de marbre et garni d'un aqueduc pour y porter les eaux et en ont fait la dédicace après avoir donné les sportules.

A la porte de Béziers, du côté droit, on voit un bas-relief qui représente trois demi-corps nus dans un bain.

On pourrait encore citer cinq dessins de demi-corps nus qui sont dispersés autour des remparts.

Arcs de triomphe.

Nous ne savons pas combien d'arcs de triomphe ont été érigés dans Narbonne ; mais nous sommes certains qu'il y en a eu plusieurs, non seulement parce que Sidoine Apollinaire l'a dit dans ses vers, mais encore parce que Cicéron en a fait mention avant lui.

En effet, dans le discours qu'il a fait pour la défense de Fontéius, gouverneur de la ville et de la province, il dit : qu'il commandait à des peuples que les généraux romains avaient autrefois subjugués et parmi lesquels ils avaient fait ériger des arcs de triomphe et laissé de pompeux monuments de leurs victoires.

Nous possédons de très nombreux débris de ces arcs de triomphe ; ce sont de beaux trophées d'armes chargés de toutes les dépouilles qu'on fait sur l'ennemi vaincu, après une sanglante bataille : habits militaires, casques, cuirasses, boucliers, haches, flèches, trompettes ; il semble même qu'on y voit sur certains des figures de captifs.

Enfin, on peut ajouter à tous ces trophées d'armes le soldat victorieux couronné de lauriers, dont la figure se voit à la porte de Béziers.

Greniers publics.

Cicéron rapporte que lorsque Fontéius était gouverneur, il tira de la ville une grande quantité de blé, qu'il envoya en Espagne pour fournir à l'armée romaine, commandée par Metellus et par le grand Pompée, qui, sans ce secours, auraient eu peine à soutenir et à continuer la guerre contre Sertorius.

Marchés (Macelli).

Il est très certain qu'il y avait dans Narbonne plusieurs de ces places publiques ou marchés destinés à la vente de toutes les choses dont les hommes se nourrissent, et l'on doit considérer que, depuis tant de siècles, le nom même en est resté aux boucheries, qu'on appelle encore aujourd'hui en langage du pays *mazels*.

Fontaines.

Il reste un monument antique recueilli par MM. Renouard et Garrigues, qui n'ont point marqué l'endroit où il était de leur temps ; il mentionne une édile des eaux Jules, c'est-à-dire d'un intendant pour l'entretien et pour les réparations de l'aqueduc et des fontaines qu'avait faits Jules César pour donner de l'eau à Narbonne ; en voici la copie :

```
        GALLO  ·  AED  ·  F  ·  C
         ARIS  ·  PRAEF  ·  FABRVM
    AED  ·  AQVIS  ·  IVLIS  ·  PATRI
     FRATRI  ·  MAESSIAE  ·  M  ·  F
      QVARTAE  ·  L  ·  T  ========
   L  ·  T  ·  SENICIONI  ·  AED  ·  F  ·  C
   FRATRI
```

La traduction de cette épitaphe est assez difficile ; elle peut s'expliquer ainsi :

Lucius Tatius..... a fait ce tombeau à Gallus son père, édile pour les autels, préfet des ouvriers, édile pour les eaux Jules, frère de Maessia quarta (ou quatrième), fille de Marcus, à Lucius Tatius Senicionus, fils de Lucius son frère aussi édile.

Pont.

Les Romains ont fait bâtir à Narbonne un pont à sept arches qui existe encore.

Une arche se trouve au-dessus du canal de la Robine et les autres sont enfoncées dans les caves des maisons voisines ; les premiers actes connus le nomment le Pont-Vieux, *pons vetus* ; dans les actes plus modernes, il est appelé *pons mercatorum*, le Pont-des-Marchands, à cause des maisons et des boutiques que les marchands ont bâties dessus, depuis qu'on a rétréci le lit que les Romains avaient fait aux fleuves.

Telle est l'indication succincte des anciens édifices qui existaient à Narbonne : elle est basée sur les auteurs anciens et sur les restes antiques que nous possédons ou dont on nous a conservé le souvenir.

TOURNAL.

(Congrès archéologique de Narbonne.)

MUSÉES, CHRONIQUE, BIBLIOGRAPHIE

Répertoire de la statuaire grecque et romaine, par Salomon Reinach. Tome 1er : **Clarac de poche** (Paris, Ernest Leroux). — Ce volume in-8° carré, de plus de mille pages, inaugure la publication du « Répertoire de la statuaire antique ». En cherchant à le rendre complet pour la statuaire monumentale, dans la mesure où le permet l'état des communications entre musées, l'auteur s'est montré un peu plus sévère dans le choix des petits monuments de bronze. Les objets publiés sont en marbre, en pierre, en bronze, en ivoire, etc. Les terres cuites ont été laissées de côté.

Cet ouvrage est un répertoire de types : ce n'est pas un *Corpus Statuarum*. Pour mériter ce nom, un recueil devrait se composer exclusivement de phototypies ou d'héliogravures ; mais à défaut l'auteur en fournit ici une sorte d'index. Une fois les deux premiers volumes publiés, il sera facile à tous les conservateurs de musées, à tous les possesseurs de collections particulières, de signaler à l'auteur les types plastiques qui manquent à son recueil. En tête du troisième volume, il y aura donc un supplément qui sera sans doute considérable.

« Pour la première fois depuis qu'on fait de l'archéologie, dit l'auteur, j'offre au voyageur archéologue, à l'étudiant le plus humble, à l'instituteur, au curé de campagne, le moyen de reconnaître si une sculpture est connue et quelles sont celles dont les motifs sont similaires. Il est inutile d'insister sur l'importance que présente une pareille réunion de types pour celui qui veut restituer par la pensée un fragment antique ou poursuivre l'histoire d'un motif plastique dans la statuaire. J'ose dire que la publication de ces deux volumes, qui se suivront à très bref intervalle, marquera une date dans nos études ; au cours d'une vie passionnément consacrée aux travaux utiles, je n'aurai rien fait de plus utile que cela. »

On voit que son enthousiasme pour cette œuvre fait oublier à l'auteur bien de ses propres travaux, si justement appréciés par le public et par les connaisseurs. Mais l'importance d'un recueil complet de statues antiques n'échappera à personne. Il ne s'agit pas ici de travaux difficiles à comprendre dans leur intention, et n'ayant de rapports qu'avec les études particulières d'un auteur ou d'un groupe restreint. Aussi M. Reinach a-t-il eu à lutter plus d'une fois contre la tendance à l'exclusivisme qui semble encore indispensable à quelques savants pour accorder à leurs documents une certaine valeur de particularité, qui ne crée souvent que des classes d'écoles fermées à la vie intellectuelle. L'esprit de recherche et d'investigation de notre temps ne mérite pas un tel reproche en général, mais il y a encore des exceptions, comme les lecteurs seront forcés d'en convenir. Par bonheur l'exception ne suffit pas pour entraver l'ensemble.

Le premier volume, intitulé *Clarac de poche*, reproduit les planches d'antiques de la grande collection de gravures où plusieurs milliers de dessins nous montrent les sujets du *Musée royal du Louvre* et les *Statues antiques de l'Europe*. Les dimensions restreintes des gravures au trait, réduites par la photographie, permettent des comparaisons rapides et faciles, quoique les petites vignettes des recueils de Rich et de Smith, par exemple, luttent encore avec avantage contre les réductions phototypiques. On peut donc dire avec justesse que, « pour la première fois, cette collection paraît sous la forme et dans les dimensions qui conviennent le mieux au genre de reproduction adopté par Clarac. »

Lors de la mort subite de Clarac, survenue le 20 janvier 1847, douze livraisons sur

quinze du *Musée de sculpture* avaient paru ;
il corrigea la dernière épreuve de la treizième la veille de sa mort. L'ouvrage fut
achevé, d'après les papiers de Clarac, par
Texier et Alfred Maury, de 1847 à 1853.
Le *Manuel de l'histoire de l'Art* était inédit,
mais complètement imprimé. Ce fut Texier
qui le publia : « Acquéreur, écrit-il, de tous
les papiers de M. de Clarac, seul dépositaire
du plan, des notes et des indications qui se
rattachent à sa grande œuvre, nous avons
dû à la mémoire de cet homme distingué, à
l'amitié qu'il nous a constamment témoi-
gnée, de ne point laisser périr cet autre
ouvrage, et nous nous hâtons d'en faire
jouir dès à présent le public. »

Clarac mourait tout à fait ruiné, insol-
vable ; mais il n'avait pas encore lassé la
mauvaise fortune. Ses obsèques eurent lieu
à Paris, le 23 janvier 1847. Raoul Rochette
était secrétaire perpétuel de l'Académie des
Beaux-Arts : il refusa de prendre la parole
sur la tombe d'un homme dont il avait eu à
se plaindre. Ce fut un membre de l'Académie des Sciences, vieil ami du défunt,
Héricart de Thury, qui prononça l'oraison
funèbre de Clarac, avec plus d'émotion que
de compétence. Il fallut attendre jusqu'en
1887 pour qu'un hommage public fût rendu
à Clarac au sein de la Société qu'il avait
tant honorée par ses travaux. Le 13 novembre 1867, Lefuel avait fait voter par
l'Académie des Beaux-Arts une résolution,
aux termes de laquelle chaque nouveau
venu devait prononcer l'éloge de son prédécesseur. Or, Clarac avait eu pour successeur Taylor, qui vécut jusqu'en 1887. Le
marquis de Chennevières, qui remplaça
Taylor, crut devoir joindre l'éloge de
Clarac à celui de son devancier. « Tant que
cet éloge n'aura pas été prononcé devant
vous, dit-il à ses confrères, il me semblera
que, mauvais héritier, je laisse sans sépulture les ossements blanchis d'un aïeul. »
Parlant incidemment des portraits de Clarac,
Chennevières fit remarquer que, par une
fatalité singulière, le buste de cet « amoureux passionné de la sculpture », que possède l'Institut, « est certainement l'un des
plus déplorables morceaux de marbre que
nous devions à la générosité de l'administration des Beaux-Arts. » Un autre buste se
trouve au Louvre, où il occupe le milieu de
la petite salle à laquelle on a donné le nom

de Clarac. C'est l'œuvre du sculpteur
A. Arnaud, auquel il fut commandé, en
1854, par Nieuwerkerke, qui assistait aux
obsèques de Clarac. Il existe aussi un
médiocre médaillon de Clarac, dont on
peut se procurer des exemplaires à l'atelier
de moulage du Louvre.

Texier ne se contenta pas de publier le
Manuel de Clarac, consommant ainsi sa
propre ruine. « Ce pauvre petit homme que
nous avons tous connu, dit M. de
Chennevières, était resté le chien fidèle, le
gardien religieux de l'honneur de son
maître. Type du dévouement héroïque,
celui-là, d'une fidélité si touchante qu'elle
en était quasi sublime, car, après avoir, de
son argent, fait construire le tombeau de
M. de Clarac, il a voulu être inhumé à côté
de celui auquel il s'était consacré tout
entier. »

« Tous les archéologues, conclut M. Reinach dans sa notice historique servant de
préface, sont familiers avec l'œuvre de
Clarac ; mais on lui fait tort quand on ne
connaît pas sa vie. Sans avoir été ni un
pionnier ni un martyr de la science, Clarac
a été quelque chose de l'un et de l'autre : il
a fourni à l'étude de la statuaire antique le
plus vaste répertoire de monuments dont
elle ait disposé jusqu'à ce jour ; il a composé et publié ce recueil au prix de son
repos et de sa modeste aisance. Ce sont là
des titres qu'on n'oubliera pas. Au XXe siècle,
qui va commencer, quels sont les archéologues français du XIXe siècle dont on continuera à citer à la fois le nom et les œuvres ?
Abstraction faite de nos grands orientalistes,
j'en vois trois ou quatre : Clarac sera du
nombre. »

Le nouvel ouvrage de M. Reinach sera
lu et consulté avec fruit par les milliers d'artistes et de dessinateurs qui recherchent
aujourd'hui les documents bien présentés.
C'est une noble pensée que d'avoir voulu
associer le souvenir de Clarac à cette belle
entreprise, à laquelle un grand succès est
assuré.   C. R.

Le Temple de Méron. — Notre collaborateur, M. C. Ballu, de Vannes, venait
à peine de terminer, pour cette revue,
son article relatif à Méron, où il signalait
l'existence sur cette commune de nombreux débris *gallo-romains*, que la pioche

d'un vigneron, mettait à nu dans le champ *dit les Fourneaux*, situé près de la gare de la Motte-Bourbon, des substructions dont l'importance attira immédiatement l'attention du propriétaire et de ceux des champs voisins frappés de la résistance qu'offrait cette masse compacte à la démolition.

Bientôt la découverte d'un cercueil en pierre de faluns de Doué-la-Fontaine et des ossements qu'il contenait, la présence de monnaies de petit et de moyen bronze, de briques à rebord, etc., écartèrent l'idée accréditée dans le pays qu'on était en face des assises d'un ancien fourneau à briques qui avait donné son nom à ce champ. — D'autre part, M. Sausseau, instituteur à Montreuil, mais résidant à Antoigné, commune voisine qu'habite le propriétaire et que celui ci avait entretenu de la singularité de ces trouvailles, se rendit sur les lieux et n'eut pas de peine à se convaincre qu'il s'agissait là de constructions *gallo-romaines* et non modernes.

Il engagea donc celui-ci à poursuivre ses fouilles que continuèrent, de leur côté, les voisins attirés par l'appât d'un gain facile et l'espoir toujours cher aux imaginations populaires de rencontrer un trésor.

Ces efforts ne furent pas stériles et l'on ne tarda pas à voir apparaître les bases d'un mur d'enceinte semi-circulaire, en petit appareil régulier de 80 cent. de hauteur; il n'était plus dès lors téméraire d'affirmer que l'on avait devant soi les restes d'un monument *gallo-romain*. L'attention et la curiosité publiques furent mises en éveil par les articles de la presse locale et de la presse parisienne [1]. Les visiteurs affluèrent et les savants, parmi lesquels le P. de la Croix, encore sous l'impression de la merveilleuse révélation du temple d'Yzeures (Indre-et-Loire), s'y donnèrent rendez-vous, afin de juger en personne de l'état des lieux et du résultat des fouilles.

M. P. Sausseau s'empressa de le constater dans une excellente petite notice [1] et de prendre rang établissant les motifs qui le portaient à croire qu'il s'agissait d'un temple périptère circulaire dont la *cella*

occupait le centre et présentant dans la courbure des remparts de fondation une solution de continuité qui marquait l'entrée du temple dirigée vers l'orient, auquel on accédait par des degrés dont les murs de soutènement et deux marches étaient encore apparents.

Il promettait en finissant de donner au fur et à mesure des découvertes une nouvelle étude mais qui ne semble pas avoir paru.

Depuis (22-24 avril), des fouilles opérées près du segment nord du périmètre du mur d'enceinte ont permis de reconnaître l'existence de quatre autres cercueils disposés symétriquement presque à la surface du sol, dont le plus grand mesure 1ᵐ 89 à l'intérieur et renfermait un squelette de vieillard.

Parmi les objets trouvés figurent, en outre des monnaies et des ossements, une chevalière à l'inscription PIA, les débris d'une statue en pierre de tuffeau, des fibules, un faucillon, des clous en fer.

Les témoignages numismatiques (impériales et consulaires) se rapportent pour la plupart au 1ᵉʳ siècle de notre ère : Vespasien, Titus, Domitien, Trajan et surtout Néron ; dès lors, il est permis de supposer que la construction de ce temple remonte à cette époque et coïncide avec la période pacifique qu'inaugure pour la Gaule le règne de Néron, qui marque le terme de ses luttes intérieures et des invasions barbares, durant laquelle elle recommence à recueillir, suivant l'historien Josèphe [2], les bienfaits de la civilisation romaine.

Le rapprochement des murs de soutènement de l'entrée du temple paraît indiquer qu'il supportait plutôt l'autel votif que les degrés qui servaient d'introduction et qui avraient été placés en avant de celle-ci pour en faciliter l'accès.

Une commission départementale a été nommée sous la présidence de M. C. Fort, archiviste du département; le Conseil général, à la demande de M. Camille Lionnet, a voté une subvention de 300 francs, afin d'aider à la continuation des fouilles que

---

1. *Figaro*, du 16 avril; *l'Echo de Paris*, *le Journal de Maine-et-Loire*, article signé A. B. ; *Courrier de Saumur* du 17 avril 1897, etc.

1. *Découverte d'un monument gallo-romain dans la commune de Mérou* (Thouars, imprimerie nouvelle, mars 1897, 22 pp.).
2. *Histoire de la guerre des Juifs contre les Romains*. t. II, ch. XVI. Voir notre numéro 4, p.-106.

doit diriger M. P. Sausseau dans l'intérêt de la science et non afin d'encourager l'avidité cupide de propriétaires plus soucieux de rechercher quelques médailles vendues à grand prix que d'étendre le champ des investigations et de déblayer les substructions en vue de se rendre compte de leur importance réelle.

D'autre part, la société archéologique d'Angers a délégué 13 de ses membres pour aller visiter les lieux, le 18 mai dernier. On peut donc être sûr que lorsque les fouilles recommenceront toutes les précautions seront prises et les intérêts sauvegardés.

Triens mérovingien trouvé en Vendée. — Un de nos plus distingués numismatistes, en même temps qu'un collectionneur érudit et passionné, le vicomte Ponton d'Amécourt, a dit avec raison que « la terre offre sans cesse à nos investigations des sujets de fécondes observations, et des documents que ni l'invasion des Barbares, ni la guerre, ni l'incendie n'ont su anéantir, et qu'une monnaie, tirée des cendres ou des ruines, est souvent une date, une page d'histoire inédite ». Pour la période mérovingienne, on admet que les délégués à la fabrication frappaient les monnaies dans les lieux où ils se trouvaient en inscrivant, d'un côté, le nom, et de l'autre côté, le nom du lieu, avec un buste ou une tête barbare. Le *tiers de sou d'or*, que M. Charles Farcinet nous signale dans la *Revue du Bas-Poitou*, a été trouvé à la Boissière-des-Landes (Vendée), et porte les deux mentions :

BA☽NIACO ✠ DOMNOLENO.

M. Farcinet propose comme localisation de *Basniaco*, Besné, dans la Loire-Inférieure. Quant au nom du revers, il est assez fréquent sur des pièces de diverses régions.

Les identifications proposées pour les noms de lieux figurant sur les monnaies mérovingiennes sont le plus souvent problématiques, ajoute M. Farcinet, et pour la plupart fondées sur les analogies que présentent les pièces, par leur style et leur type, avec d'autres plus sûrement déterminées. Le meilleur travail qui ait été fait sur

cette matière difficile est celui de M. Maurice Prou, bibliothécaire à la Bibliothèque Nationale, dans son *Catalogue des monnaies mérovingiennes* de la Bibliothèque, précédé d'une introduction très étendue et pleine d'érudition. M. Prou décrit près de *trois mille* triens, classés par ateliers, dans les seize anciennes provinces Romaines de la Gaule. Ces travaux et les résultats qui s'ensuivent sont très importants pour la géographie et la linguistique de l'ancienne France[1] qui nous sont peu connues, et qui l'étaient bien moins encore avant les savantes recherches de M. Auguste Longnon sur la géographie de la Gaule au VIᵉ siècle.

« Il y aurait donc intérêt à chercher de nouveau si, en dehors de *Besné*, il n'y aurait pas eu quelque autre localité ou atelier (*vicus, villa* ou *castrum*) répondant plus sûrement au nom de *Basniacum* ? Ce lieu a peut-être disparu, comme *Quentovic* en Artois[2] et bien d'autres qu'on ne retrouve plus. Il est possible aussi que ce tiers de sou, trouvé par un laboureur dans la Vendée vienne d'une autre région ? C'est actuellement une question difficile à résoudre. »

Médailles gauloises celto-ibériennes. — Nous devons à l'ancien conservateur du Musée de Carcassonne, l'intéressante notice suivante :

Une quarantaine de médailles ibériennes, conservées au musée local, sont antérieures à notre ère. Quelques-unes, en effet, dans la suite des temps, se sont si profondément oxydées qu'elles ont passé à l'état poudreux, sans perdre sensiblement leur forme, et ont été postérieurement cimentées par l'acide carbonique ou la silice, en sorte qu'aujourd'hui, quelquefois, la médaille est moins un bronze qu'une pierre. Sur cent cinquante variétés en ce moment connues des numismates, notre département en a fourni une douzaine. Nous possédons huit Médhéna, pièces attribuées à l'antique Narbonne, l'une d'elles avec l'hippocampe; sept Emporia,

1. On a remarqué que les textes écrits font presque complètement défaut aux VIIᵉ et VIIIᵉ siècles, et que les noms de lieux inscrits sur les monnaies Mérovingiennes constituent la plus grande partie de nos connaissances géographiques sur la France de cette époque.

2. L'atelier de *Quentovic* que l'on place à l'embouchure de la Canche, près d'Étaples, existait dès l'époque Mérovingienne. On en a ensuite des deniers depuis Pépin jusqu'à Charles le Simple.

six Jessos ou Ilerda, trois Calman ou Sal-
mantica, deux Cosa, une Lobetum, une
Celsa, une Abisoci, une Nemy, c'est-à-dire
Nîmes ; trois Longostalètes, c'est-à-dire
Perpignan, une Abdéra, avec légende phénicienne. Ces légendes ibériennes ont été
longtemps muettes comme les pierres polies.
Aujourd'hui que, grâce à de constants travaux, nous possédons la clef de l'alphabet
ibérien, nous épelons sans difficulté des
syllabes et des mots ; mais les attributions
pourraient être quelquefois contestées, les
noms des lieux s'étant modifiés dans la succession des siècles et des peuples.

Nous possédons de plus, et en double
exemplaire, une monnaie ibérienne encore
inédite et par conséquent non attribuée. Elle
est d'un style relativement barbare : elle
porte, au droit, une tête à chevelure plissée,
et, au revers, un cheval en course ; au-
dessus, une couronne. La légende est difficile. M. de Saulcy a lu : *Livia*. Cette pièce,
en double exemplaire au Musée de Carcassonne et entièrement inconnue dans la péninsule ibérique, doit avoir été frappée en deçà
des Pyrénées, dans quelque localité voisine
de notre ville. Par le style et le type, elle a
une grande analogie avec quelques ibériennes de Narbonne.

En effet, un lieu portant tantôt le nom
de Livia, tantôt celui de Liviana, est mentionné dans les itinéraires romains ; il est
situé, d'après la Table Théodosienne, à
douze milles de Carcassonne et à vingt-sept
milles de Narbonne, sur la route qui joint
ces deux villes, c'est-à-dire à peu près à
Douzens, mais un peu en deçà par rapport
à Carcassonne, si l'on suit la rive droite de
l'Aude, et à peu près à Marseillette, si l'on
suit la rive gauche.

Le bourg de Livia existait encore au
ve siècle. Euric, roi des Wisigoths, fit enfer-
mer dans son château Sidoine Apollinaire,
évêque de Clermont. Le bourg de Livia
existait encore au ixe siècle : les reliques de
saint Vincent, dans leur translation de
Saragosse à l'abbaye de Castres, y furent
déposées quelques jours dans une de ces
églises, dédiée à ce saint lui-même. Or,
l'église de Douzens est précisément encore
aujourd'hui sous le vocable de saint Vincent.

Il existe en Roussillon un autre château
de Livia. Nous ne savons si le Livia roussil-
lonnais pourrait faire valoir en sa faveur

autant de droits que celui de l'Aude, pour
l'attribution de cette nouvelle monnaie.

Avec les pièces ibériennes, nous trouvons
assez souvent des médailles des Volkes-Tectosages, rarement des Volkes-Arécomiques
et des Élusates.

Les pièces gauloises du centre et du nord
de la France ne se sont pas encore présentées chez nous ; celles de Massalie ou
Marseille, si communes dans d'autres localités, ne se trouvent pas non plus : nous
n'avons ni phocéennes, ni phéniciennes du
littoral méditerranéen gaulois, pas même
celles de Betarra (Béziers). Ces circonstances réunies nous portent à penser que,
dans une longue période avant l'invasion
romaine, toutes les relations de notre contrée étaient dirigées vers l'Hispanie ; déjà,
à cette époque, on aurait pu dire qu'il n'y
avait plus de Pyrénées, en sorte que la race
ibère nous semble avoir constamment maintenu, en deçà comme en delà des Pyrénées,
du moins sur leurs versants, sa prépondé-
rance sur la tribu des Volkes-Tectosages,
l'une des familles celtiques.

Les Celtes qui, néanmoins, ont refoulé
les Ibères vers les Pyrénées au xvie siècle
avant notre ère, étaient, dit-on, les fils aînés
de l'Asie ; mais les Ibères, plus anciens chez
nous que les Celtes, n'étaient-ils pas eux-
mêmes des fils de l'Asie ? On pourrait,
croyons-nous, à la simple inspection de leurs
monnaies, présumer par quelle route ils
parvinrent dans nos contrées. D'ordinaire,
ces monnaies portent une tête nue, virile :
chevelure épaisse, crépue, presque laineuse ;
figure imberbe ou légèrement barbue ; au
revers, un cheval libre en course ou un
cavalier la lance en arrêt ou une palme à la
main. Ces divers attributs nous semblent
bien indiquer un peuple déjà acclimaté en
Afrique. Ainsi, les données de la numismatique ibérienne viennent corroborer celles de
la linguistique. Les descendants des Ibères,
resserrés peu à peu au sein des monts
Cantabres, ont survécu jusqu'ici, purs de
tout mélange, aux cent peuples qui les y ont
refoulés de toutes parts. La langue des
Basques de nos jours est la langue même des
Ibères, et l'étude approfondie qu'en a faite
un de nos savants lui a permis d'expliquer
des vers carthaginois restés jusqu'à lui lettre
close dans une comédie de Térence. D'un
autre côté, les dénominations géographiques

ou historiques que nous lisons dans la Bible se décomposent presque toutes dans la langue des Basques et y prennent un sens déterminé : par ce moyen, la linguistique établit l'origine asiatique des Ibères et nous montre à son tour la route africaine qui les amena dans les contrées occidentales de l'Europe.

Aussitôt que la conquête romaine fut consommée, les deniers et les quinaires de la République romaine se répandirent à profusion dans notre province. Le médaillier de Carcassonne possède de cette époque, sur trois cents pièces trouvées dans nos environs, deux cents variétés appartenant à plus de cent familles; les plus communes chez nous sont : les Rubria, les Porcia, les Furia, les Cornelia; nous possédons une Numonia. Cette abondance d'espèces métalliques romaines se continua jusqu'à la chute de l'empire d'Occident, et elle nous a permis de recueillir dans le département plus de cinq cent impériales romaines.

Un fait doit être remarqué. Concurremment avec les monnaies romaines, sous la République et le Haut-Empire, le monétaire ibérien s'est perpétué, mais en adoptant le type et l'alphabet du peuple conquérant. Nos relations avec la péninsule ibérique se sont également maintenues, surtout avec la colonie latine d'Emporia : rien de commun dans le département comme ces bronzes grands et moyens; nous avons trouvé en même temps des pièces coloniales d'Osca, d'Ilerda, d'Abdère, de Sagonte, de Cæsaraugusta ou Sarragosse, de Tarraco, de Turioso, même de Cyrta, de Septis-Magna en Afrique, de Juba Ier en Numidie. L'atelier de Nîmes nous fournit aussi en grand nombre ces bronzes moyens aux deux têtes d'Auguste et d'Agrippa. Tous les ateliers des colonies ibériennes se faisaient un honneur d'adopter des types romains et la légende latine. Narbonne fit exception, ce qui nous autorise à nous demander à quelles causes il faut attribuer la non-exécution des médailles au type de cette ville pendant la période gallo-romaine.

Narbonne, d'après Avienus, avait été longtemps avant la conquête *maximum ferocis regni caput;* Narbonne sous le nom de Nédhéna, avait frappé et signé sa monnaie ibérienne : elle avait été la capitale du roi des Bébrices, de Bitovius, dont nous trou-

vons aussi les médailles. Elle devint, sous les Romains, *Narbo martius, Colonia Julia, Paterna Decumanorum.* Elle avait donc reçu une colonie, mais elle semble avoir dédaigné de graver son nom sur des monnaies simplement coloniales et de se confondre ainsi avec des villes telles que Nîmes, Cabellio ou Emporia. Narbonne, à la naissance de l'Empire, avait le pas sur Lyon, Vienne et Arles, était la métropole des trois Gaules, et ce fut dans son enceinte qu'Auguste (27 ans avant notre ère) rassembla le *Conventus Galliarum,* et le présida en personne. Cette ville, selon les historiens, fut le miroir de Rome, une seconde Rome; nous pensons qu'elle dut frapper des monnaies impériales, mais, à l'exemple de Rome, elle n'y grava point son nom.

Autre fait à remarquer. Tous les ateliers du midi ne semblent pas avoir témoigné du même empressement à adopter le type romain. En 1856, on a découvert, dans le département, un petit trésor de deux cent cinquante à trois cent pièces d'argent, dont l'enfouissement remontait à vingt-cinq ou trente ans avant l'ère vulgaire. Eh bien ! à cette date, postérieure déjà d'un siècle à la conquête romaine chez nous, les deux tiers seulement des deniers étaient de coin romain, et l'autre tiers se composait de pièces tectosages, pour la plupart récemment frappées. On ne remarque sur ces pièces aucune modification qui accuse l'influence romaine. Ce sont, comme auparavant, de petits fragments irréguliers d'argent de toute forme et de divers poids, portant deux barres en croix, cantonnées de symboles bizarres. On s'étonnait déjà que les Tectosages, depuis si longtemps mêlés aux Ibères, n'eussent rien adopté de leur type ni de leur alphabet; mais comment expliquer qu'ils aient résisté à la souveraine domination romaine ? Voulaient-ils, par cet acte d'indépendance, se montrer les dignes descendants des Volkes qui avaient escaladé le Capitole, ou bien de ces autres Volkes qui, après être allés jusqu'en Macédoine, bravant la puissance et la colère d'Alexandre, se mêlèrent plus tard aux guerres de ses successeurs ?

Pourrait-on dire encore que les Romains eux-mêmes, respectant dans les Gaules ces peuples qui les avaient fait trembler en Italie, ont cru devoir user de ménagement et de déférence pour une race qu'ils redoutaient?

Nous ne savons pour quel motif il en fut ainsi. Toutefois, nous trouvons de nos jours des traces encore vivantes des excursions des Volkes-Tectosages en Orient. Des travaux récemment exécutés près de Carcassonne ont mis à découvert, sur des points différents, deux statères d'or de Philippe de Macédoine. Que ce soient des Philippe de Macédoine en réalité ou une imitation de ces pièces exécutées par les Volkes-Tectosages, elles n'en sont pas moins un monument irréfragable de leurs courses lointaines et un vrai trophée de leurs victoires.

Nous ne saurions entrer dans tous les détails historiques que pourrait fournir un médaillier local comme celui de Carcassonne, malgré son peu d'importance. Pour abréger, nous dirons qu'au lieu des monétaires mérovingiens nous trouvons des pièces wisigothiques, qu'au lieu des deniers carlovingiens, si l'on excepte Charles-le-Chauve qui fut roi d'Aquitaine, nous trouvons des pièces cufiques ou arabes, puis des deniers melgoriens en très grande quantité, des deniers de Toulouse assez fréquemment, quelques pièces de Carcassonne; malgré leur rareté, nous en possédons ving et une dont quelques-unes ne sont pas définitivement attribuées. Nous trouvons surtout, et de toutes les époques, des monnaies de Barcelone et des rois d'Aragon; dans une trouvaille faite il y a deux ans et composée des monnaies courantes de la fin du xvie siècle, plus de la moitié des espèces appartient encore à l'Espagne et sont principalement de Ferdinand le Catholique, d'Isabelle et de Charles-Quint.

Dans une autre découverte de vingt-huit pièces d'or faite, cette année même (1868), dans le département, une seule est française : c'est un écu d'or frappé à Toulouse par Charles VI, au commencement du xve siècle; les autres sont venues des diverses possessions espagnoles ou italiennes d'Alphonse V le Magnanime.

Société historique d'Auteuil et de Passy. — Cette laborieuse Société compte ses membres par centaines. Nous voilà bien loin du modeste Comité qui tenait des réunions rares et espacées, en 1885 et en 1889, à Passy. Le président, M. Eugène Manuel,

et le secrétaire général, M. Émile Potin, s'occupent avec une grande application à tout ce qui peut rehausser le mérite de leur Société. La grande pratique du secrétaire, qui est rédacteur à la Chambre, lui a permis d'amener des perfectionnements encore inconnus dans beaucoup d'académies. Peu de jours après les séances, les membres reçoivent l'épreuve du procès-verbal et font leurs observations par écrit avant la séance suivante, ce qui permet d'économiser le temps des membres. Or, qui de nous ne se rappelle ces ennuyeuses discussions à propos d'un procès-verbal, où tant d'hommes, estimables à plus d'un titre d'ailleurs, trouvent moyen de se rendre insupportables ? Le seizième arrondissement fait l'objet de communications nombreuses et continuelles qui remplissent, chaque trimestre, une livraison in-quarto. La partie artistique est très soignée. Articles de la livraison du 1er juillet 1897 :

Discours de M. le marquis de l'Église, vice-président, sur la tombe de M. de Méric trésorier (18 mai 1897).

Émile Potin. — M. de Méric.

Auguste Doniol. — La Seine entre le pont d'Iéna et le viaduc d'Auteuil.

Mme la baronne de Pages. — Extrait du catalogue des tableaux de la marquise de Plessis-Bellière.

Mme Chochod-Lavergne. — Le marquis du Chastellet.

Commandant E. Dubois. — La maison de Bouffé.

Léopold Mar. — Bibliographie et monographie du Bois de Boulogne et du mont Valérien.

La Revue de Saintonge et d'Aunis, xviie vol., 4e liv., juillet 1897, Saintes (Mme Mortreuil), publiée par la Société des Archives historiques, contient d'intéressantes notices sur des découvertes de tombeaux à Saintes, et une épitaphe de l'an 374. M. Louis Audiat propose la lecture :

D[omino] N[ostro] Gratiano avg[vsto] ter et cqvit o v[iro] c[larissimo] cons[vlibvs] redditio mvstelae s[vb]

d[ie] III nonas maias depo[sitio].....

« Nous avons là une des plus anciennes épitaphes datées de la Gaule chrétienne; c'est la troisième par ordre d'antiquité; les deux autres sont des années 334 et 347. M. Edmond Le Blant dit, *Épigraphie chrétienne en Gaule*, p. 27, que le ive siècle ne lui a fourni que quatre monuments chrétiens à date certaine. Il dit aussi que, « après « 377, le mot *consul* ne s'écrit plus par « l'abréviation cos, mais par cons. » Plus loin il ajoute que le titre *vir clarissimus* ne figure point dans les textes avant 447. Notre marbre permet de reculer — considérablement pour l'une d'elles — les deux dates données par M. Le Blant.

« Mustela est un nom d'homme ; on le trouve déjà dans Cicéron :

Quid habes, quid mihi opponas, homo diserte, ut Mustellae Tamisio et Tironi Numisio videris ? (*Philippiques*, II, 5.)

« Il se peut toutefois qu'au ive siècle ce mot soit devenu nom féminin. »

La pile gallo-romaine de Chagnon a été l'objet de fouilles, l'hiver dernier. On a d'abord mis à jour un soubassement carré de plus de dix mètres de côté, encore cimenté au pourtour, mais présentant à l'intérieur un mélange de sable et de moellons, le tout reposant à peu de profondeur sur le roc naturel. C'est ce qui restait des fondations de la pile, sous la terre végétale, et ce blocage déjà trié n'a fourni aucun débris intéressant. Tout près de là, dans la terre végétale, on a recueilli :

Une grande quantité de débris sculptés, lambeaux de corniches, de montants, oves, balustres, feuillages, moulures diverses, etc.

Des petites et anciennes excavations renfermant des terres noirâtres, des débris de poteries grossières et quelques os d'animaux.

Une tête colossale ayant soixante-quinze centimètres de hauteur, qui se trouvait enfouie intentionnellement dans un trou creusé dans le roc naturel, le long et vers le milieu du mur nord de l'enceinte.

Quelques monnaies impériales, une cueillerette inscrite en bronze, un petit triangle du même métal avec une feuille de lierre frappée sur une face, une bague de cuivre avec chaton inscrit, et enfin les deux tablettes de plomb couvertes des caractères cursifs qui ont fait l'objet d'une étude de M. Camille Jullian. Ces tablettes sont reproduites, dans le bulletin, en phototypie. Il

s'agissait de tablettes « de maléfice ou d'envoûtement ». C'étaient comme des lettres de plomb adressées aux divinités d'en bas; celle-ci était envoyée à Pluton et à Proserpine, les destinataires habituels de ces tablettes magiques, les gardiens attitrés du monde souterrain. Comme toute lettre, celle-ci était cachetée; le trou que présente le diptyque est la trace du clou qui a servi à fixer les deux feuilles. Ce clou semble avoir une valeur symbolique.

On connaît bien aujourd'hui le mode d'emploi et la destination de ces tablettes magiques. On en possède un grand nombre : plus de 200 gravées en langue grecque, beaucoup moins en langue latine, une trentaine au plus.

Cette inscription est une exécration prononcée entre deux adversaires en justice, Lentinus et Tasgillus.

L'auteur fait remarquer que les deux seules inscriptions magiques propres qu'ait livrées la Gaule propre sont des inscriptions de l'Aquitaine, et que l'une et l'autre sont grecques en partie ou en totalité.

L'envoûteur ne souhaite pas ici la mort de ses deux victimes; il ne désire que leur impuissance devant le tribunal. Cela rappelle Curion s'arrêtant un jour court en plaidant contre Cicéron en faveur de Titinia, et attribuant ce résultat aux maléfices de ce dernier.

Les Enseignes, le commerce et l'industrie en Saintonge ont fourni à M. Jules Pellisson de fort intéressantes notices.

Les bibliographies sont particulièrement soignées. Celle de *La tradition en Poitou et en Charente* est très importante et constate le succès obtenu à Niort par la Société d'ethnographie nationale. Le prochain congrès de cette Société aura lieu à Saint-Jean-de-Luz, en août prochain.

Société archéologique d'Agram (U Zagrebu. J. Wittasek). — Le Dr Josip Brunšmid publie un important volume, où les sceaux, l'iconographie et les antiquités du moyen âge trouvent une large place. Les planches, les gravures et les phototypies sont particulièrement bien soignées. Beaucoup d'articles méritent une traduction. Les antiquités, les fibules surtout, les inscriptions de la Dalmatie et de la Pannonie sont nombreuses :

[?Piissimae ac clementissimae dominae nostrae Helenae Augu[stae. Fl(avius) Iul(ius) Rufinus Sarmentius v(ir) [c(larissimus)] p(raeses) p(ro-[vinciae) Dalmati[ae], clementiae ei[us] semper dicatiss[i]-mus.

Une borne milliaire porte l'inscription : Imp(erator) Caes(ar) M(arcus) Annius Florianus p(ius) f(elix) Aug(ustus). Des cippes funéraires rappellent des légionnaires ou des chevaliers.

Silv(ano) sacr(um). Ulp(ius) Taurus, mil(es) leg(ionis) I. ad(iutricis) ex voto.

Silvano sac(rum) Pap(irius) Terminalis et Iul(ius) Atlius, mil(ites) leg(ionis) XIIII g(eminae), [v(otum) s(olve-runt) l(ibentes) l(acti) m(erito).

[Silvano sacrum.......], mil(es) leg(ionis) X g(e-[minae) v(otum) s(olvit) l(ibens) m(erito).

Silvano sacr(um). Cepasius Secundus, mil(es) [leg(ionis) XIIII [geminae)], v(otum) s(olvit) l(ibens) l(aetus) [m(erito).

Silvano sacrum. Aurelius Doncius v(otum) s(olvit) l(ibens) l(actus) m(erito), mil(es) leg(ionis) X g(eminae).

Silvano sacrum. G(aius) Iul(ius) Fortis, m(iles) leg(ionis) I. ad(iutricis) p(iae) f(idelis), v(otum) l(ibens) s(olvit) m(erito).

Silvano Fla(vius) Albinus, mil(es) leg(ionis) XIIII g(eminae) v(otum) s(olvit) l(ibens) l(aetus) m(erito).

Le monument portant l'inscription sui-vante est d'un bon style. Les personnages en relief sont bien groupés :

D(is) M(anibus). M(arcus) Val(erius) Speratus vet(eranus)leg(ionis) VII. Cl(audiae), ex b(ene)f(i ciario) co(n)s(ularis), dec(urio) m(unicipii) A(elii) V(iminacii), praef(ectus) coh(ortis) I. Aq(uitanorum) vet(eranae), v(ixit) a(nnos) LV. o(biit) in Britt(annia). Lucia Afrodisia coniugi b(ene) m(erenti) et sibi vivae posuit.

La Slavonie et les deux Croatie sont spé-cialement étudiées par le Dr Ivan Bojničic-Kninski et M. Klaić Vjekoslav. De nom-breux spécimens de numismatique com-mençant au IVe siècle av. J.-C. sont analy-sés par M. Ferdo Miler.

On voit avec plaisir l'activité archéolo-gique se manifester en même temps que le réveil de la prospérité dans ces anciens royaumes européens, si durement éprouvés depuis les invasions du quatorzième et du quinzième siècles.

M. Spiro Brusino s'occupe d'une inscrip-tion étrusque révélée par une momie trans-portée à Agram. Mais l'article est très concis et renvoie à des mémoires publiés en Italie : Il testo etrusco della mummia di Agram ; appunti ermeneutici (*Atti della R. Accademia delle Scienze di Torino*. Vol. XXVII, 1891-1892, p. 630-650); La parola *vinum* nell' inscrizione etrusca della Mum-mia (l. c., vol. XXVIII, Torino, 1892/93, p. 871-880); L'ultimo colonna del testo etrusco della Mummia (l. c., vol. XXIX, Torino, 1893/94, p. 590-591); Rendiconti del R. Istituto Lombardo jesu : Il nuovo testo etrusco scritto sopra le fascie di una Mummia egiziana del museo di Agram (vol. XXV, p. 508-510, Milano, 1892); Metro e ritmo nell' iscrizione etrusca della Mummia e in altre epigraphi (l. c., vol. XXVII, p. 1-10, Milano, 1896); l' iscrizio-ne etrusca della Mummia e il nuovo libro del Pauli intorno alle iscrizioni Tirrene di Lenno (l. c., vol. XXVII, p. 613-662, Milano, 1894); Saggi ed appunti intorno all' iscrizione etrusca della Mummia (*Mem. dell' Istituto Lombardo di Scienze e lettere*, vol. XIX, p. 133-389, Milano, 1893); Studi metrici intorno all' iscrizione etrusca della Mummia (l. c., vol. XX, p. 1-102, Milano, 1895); l'italianità nella lingua etrusca (*Nuova Antologia*, vol. LVI, p. 2-36, Roma, 1895).

Nous multiplions ces citations dans l'es-poir que celles-ci permettront à nos colla-borateurs de nous favoriser de quelques détails sur ce très intéressant sujet.

Les fouilles de Birrens. — Dans l'An-nendale, la Société des antiquaires d'Écosse a reconnu en détail la station romaine de Birrens.

Cette station est située à deux grandes lieues de l'extrémité ouest du mur d'Ha-drien, à Boweness. Elle est entourée par des tranchées parallèles entre lesquelles on ne trouve pas de remparts proprement dits, comme à Ardoch et dans les *Limes* des Germains. Un rempart principal de 40 à 50 pieds de largeur s'élève de 4 à 7 pieds du côté extérieur et de 3 à 4 vers l'intérieur.

Les entrées principales sont encore visibles au nord, à l'ouest et à l'est.

L'intérieur montre les ruines des rues et des bâtiments. Au centre se trouve un bâtiment en murs de 85 centimètres, soutenu par des contreforts, au centre duquel se trouve une cour pavée avec un puits de 5 m. et demi de profondeur et 1 m. 30 de largeur. De nombreuses constructions rasées ont été recouvertes avec une grande symétrie. Les dimensions de 500 et de 300 pieds sont divisées en dix et en six parties. Les ruelles sont formées de graviers maintenus par deux lignes de pierres, larges de 45 centimètres et longues de 60 à 120 centimètres. Le drainage et les constructions sont très soignés. Il est juste de retenir les noms de Amandus et de Gamidiahus, les architectes.

On a transporté au Musée d'Édimbourg les sculptures nouvellement découvertes. Plusieurs portent des inscriptions :

LEG·VI·VI

(Leg(io) Sexta Vic(tric)

IMP . CAES . T . AEL . HADR
ANTONINO . AVG . P . P . PONT
MAX . TR . POT . XVI . COS . IIII
COH . II . TVNGR . MIL . EQ . C . L .
SVB . IVL . . . . . LEG . AVG . PR . PR .

M. James Macdonald rétablit le texte de cette manière :

(Imp(eratore Caes(are) T(ito) Aelio Hadr(iano)
Antonino Aug(usto) [Pio] P(atre) P(atriae),
[Pont(ifice)
Max(imo), tr(ibuniciae pot(estatis) XVI, consule IV,
Coh(ors) secunda Tungr(orum) mil(iaria), eq(ui-
tata) c(ivium) L(atinorum)
sub Jul..... Leg(ato) Aug(usti) P(ro) P(raetore)
(posuit)

Ce serait donc la seconde cohorte de Tungriens, forte de mille hommes, soldats et cavalerie, en possession du droit de citoyens romains, qui aurait fait l'érection sous Jul....., légat de l'empereur, comme gouverneur.

Un autel, haut de 1 mètre, porte la dédicace :

DISCIP.
AVG.
COH. II.
TVNGR
MIL . EQ · C . L

Discip(linae)
Aug(usti) coh(ors) secunda
Tungr(orum) mil(iaria),
eq(uitata) c(vium)
L(atinorum) [posuit]

La dédicace est donc à la sévérité de discipline impériale, qu'on adore comme un attribut divin. Hadrien avait été honoré le premier de cette manière, par suite de la perfection qu'il amena à la discipline romaine Dans le Cumberland, à Castlesteads, un autel a été trouvé avec la mention :

DISCIPVLINÆ AVGVST

mais sans nom d'empereur.

L'inscription d'Amandus, architecte, se voit aussi au Musée d'Édimbourg :

BRIGANTIÆ . S . AMANDVS
ARCITECTVS . EX . IMPERIO IMP

Brigantia est sculptée en relief et représentée ailée, la tête coiffée d'une sorte de bandeau casqué, tenant une lance de la main droite et un globe de la main gauche. Derrière se trouve un bouclier.

DEO · MERCV
RIO IVL CRES
CENS SIGILL
COLLIGN . CVLT
EINS . D . S . D
V . S . L . M

Deo Mercurio. Julius Crescens sigill(um), col(um-
nam)
lign(eam), cult(oribus) ejus d(e)s(uo) d(edit). V(otum)
s(olvit) l(ibens) m(erito).

A York, on a déjà rencontré une dédicace par un C. Julius Crescens.

Une autre inscription est relative à un Mercure dont on avait autrefois recueilli des fragments. Stuart, qui en parle dans *Caledonia Roma*, prétend que cette statue avait 26 pieds de hauteur.

Une dédicace à la déesse Harimella et une autre à la déesse Viradecthis se rapportent à des souvenirs du pays des Tongres :

Deae Harimellae sacrum Gamidiahus
arc(itectus) v(otum) s(olvit) l(ibens) l(ubens)
m(erito).
Deae Viradecthis Pagus cundructis
militans in cohorte secundæ
Tungrorum sub (Silv[i]o Auspice, praefecto
[fecit]

Une dédicace à Ricagambeda, comme celles du château de Hoddam, peut-être Ricamega Bedae, donne le nom Vellau, si commun parmi les noms celtiques :

*Deae Ricag(a)mbedae. Pagus Vellaus
milit(ans) coh(orte) secunda Tung(rorum) [f(ecit).
V(otum) s(olvit) l(ibens), m(eriti).*

On lit aussi les dédicaces suivantes :

Fortunae pro salute P. Campa(ni) Italici,
praefe(cti) coh(ortis) secundae Tun(grorum)
Celer Libertus l(ibens) l(ubens) m(erito)
[dedicavit]
*D(is M(anibus). Afutiano Bassi ordinato
coh(ortis) secundae Tung(rorum), Flavia
Baetica, cunjunx, fac(iendum) curavit*

Fortunae coh(ors) prima Nervana Germanor(um)
milaria eq(uitata) [dedicavit]

FORTUNAE
COH. Ī.
NERVANA
GERMANOR
∞·EQ·

DEAE
MINERVAE
COH·ĪĪ·TVN
GRORUM
MIL·EQ·C·L·
CVI PRÆEST·SIL
AVSPEX·PRÆF·

*Deae Minervae. Coh(ors) secunda Tungrorum
mil(iaria) eq(uitata) c(ivium) L(atinorum),
cui praest C. Sil(vius) Auspex, Praefectus
[fecit]*

En résumé, on trouve vingt et une dédicaces : neuf relatives à la cohorte II des Tungriens, une à la légion VI, une à la cohorte I des Germains nommée Nervana, quatre à des particuliers, une à Mercure, une sans nom de donateur.

La poterie dite samienne a donné dix-huit noms de potiers.

Société des Antiquaires d'Écosse. — Les fortifications anciennes ont fourni à M. Adam Millar, à M. John Bruce, à M. J. H. Cunningham et à M. Fred. R. Coles l'objet de plusieurs notices. Celles de Kaimes hill comprennent des remparts isolant le promontoire et enceignant des aires de huttes circulaires. Un cadre se trouve à la partie la plus élevée.

Le fort circulaire de Dumbrie hill n'a présenté aucune trace de métal mais des pointes de flèche ou de lance en ardoise ornementée de lignes croisées. Des pierres et des os sont incisés de cercles et d'autres figures géométriques. Rien n'indique ici la présence des Romains.

RÉPONSES

Généalogies. — *Léonard*, avec variantes d'orthographe dès le XIVᵉ siècle, Lyenart, Leonnart, Linard, Leonard.

1340. — Regnault de Lyenart, mandé à Rouen le 6 décembre 1340 par le Dauphin.

1425. — Sevestre Leonnart, capitaine-général sous le comte de Foix. — Deux ordonnances de Charles VII en sa faveur.

1426. — Trois quittances du même.

17 aoust 1426. — La Reueue de Siluestre Linard escuier de 24 autres escuiers de sa Retenue et compaignie Reueue au lieu de Jargiuau le XXVII jour daoust lan mil CCCC vingt et six.

1436. — Arnaud Leonard, escuier, sieur de Thoriac, fait Etat des Aides au fisc de Montauban.

1438, 1440. — Reçus du même.

1614. — Jehan Leonard, conseiller du roy et lieutenant de robe longue de lelection du bas Limosin.

1617. — Le même.

1704. — Frédéric Pierre Leonard, imprimeur du roy, rue Saint Jacques ; avait épousé Elizabeth Bernard. Enfants : Pierre Leonard, imprimeur du roy, épousa : ..... des Essars ; N... Leonard, épousa : Charles Herbin, reçu maître des comptes en 1676.

Pinceloup.

1574. — Françoys de Pinceloup, mareschal des logis à la compaignie de monsieur de Rostaing, chevalier de l'ordre du Roy, cappitaine de cinquante hommes darmes. Quittance au payeur de la compagnie.

    1575.   le même, d°,
    1578.   le même, d°,

Villemet.

1692. — Marie Thérèse et Angélique de Villemet, expédition des greffiers, prévôté de Paris.

    (Pièces Originales. Cabinet des Titres.)

Généalogies. — Pour répondre à une demande de renseignements qu'on nous adresse, nous devons dire que, en effet, les généalogies d'anciennes familles sont souvent très intéressantes.

Malet (Guillaume). — Comme pour ce qui précède, nous ne nous référons qu'à des pièces originales recueillies anciennement en France par les Bénédictins, ou, s'il s'agit de l'Angleterre, restées en possession de la chancellerie royale. Mais il est rare de trouver une descendance aussi longue et aussi illustre que celle-ci.

Les Malet sur lesquels on nous interroge ont été l'objet d'études très sérieuses du P. Anselme, de Borel d'Hauterive et de Arthur Malet. Toutefois, des recherches particulières nous permettent de sortir de notre réserve habituelle, en ajoutant quelques données peu connues, que nous résumerons aussi succinctement que possible.

Le Guillaume, époux de Alicie Basset, qui n'eut que deux filles, ne fut jamais *signataire* de la Magna Charta, ainsi qu'on l'a répété si longtemps, sans jamais consulter les textes originaux de cette grande charte. Il n'y est même pas mentionné. Mais il fut l'un des vingt-cinq témoins qui furent désignés pour assurer l'observance de cet important document, ainsi qu'on le voit dans un acte additionnel. Cette confusion a été causée par des armoiries magnifiquement enluminées qui ont été rajoutées sur l'enca-

drement de la copie de la collection Cotton.

Il n'y a pas certitude au sujet de l'homonyme qui fit des donations au modeste prieuré normand ; nous supposons que c'était un neveu du puissant baron, probablement un fils de Robert qui dut mourir à Jersey, au commencement du règne de Henri III Beauclerc.

Une petite charte, dont nous avons fait un calque en 1880 pour les archives de l'abbaye, cite les églises de Lylie et de Welia.

Ces mêmes localités sont citées dans le rôle de 1204 (Rôles du Roi Jean, Record Office), à propos de terres qui avaient appartenu à Willelmus Malet de Girardivilla, et qui valaient XXX livres annuelles, somme pour laquelle elles furent affermées à Matthieu de Lilley. En 1216, Pagan de Chauvorth reçoit du roi les terres qui avaient appartenu à Willelmus Malet de Normandie, à Linlegh et à Wylie.

En 1204, les rôles du roi Jean mentionnent une rente de XV livres en terres sises à Coleby, ayant appartenu à Willelmus Malet de Girardivilla.

Plus anciennement, le 3 avril 1203, le roi Jean est à Rouen, au moment de l'enlèvement, et probablement de la mort de son jeune neveu Arthur. Le 7, aux Moulineaux, le roi ordonne à Richard de Villequier une remise de 100 marcs d'argent sur 300 réclamés par Abraham, de Lillebonne, et Affaite, de Montivilliers, juifs, à Willelmus Malet de Gerarville, sans doute pour se concilier l'homme d'armes à la veille de nombreuses défections. Mais la prise du château Gaillard acheva sans doute de détacher de la cause de Jean les seigneurs normands qui le détestaient déjà.

La septième année de son règne (Rôles du Record Office), Henri III ordonne une enquête auprès des prêtres et des hommes de loi de l'île de Jersey à propos des terres de Robert Malet :

Si Robtus Malet saisit fuit die quo obiit in Dñico suo ut de feodo de trã sua que tenũit in Gefes dũ Wills Malet filius suus fuit p̃ eo obses in Angl, & si idē Wills Malet ppinqor heres ej inde sit.

Guillaume aurait donc été en Angleterre comme ôtage de Robert son père, ou son oncle si nous supposons une erreur du roi ou du scribe. Ce serait donc à Jersey qu'il conviendrait de rechercher les détails de cette enquête. On y remonterait même utilement jusqu'au temps de la mort de Canut II, dans le but de retrouver les traces du compagnon d'Édouard le Confesseur. C'est le point de départ que laisse deviner dom Bouquet, et qui ne paraît pas avoir été inconnu à Bulwer Lytton dans son roman de Harold.

On voit donc par les Rôles du Record Office un Guillaume dépouillé de ses biens en Angleterre, en 1204, et un Guillaume qui, en 1203/4, est en procès contre Guillaume de Evermue, et qui reçoit, en 1205, du roi « XX damas vivas i foresta de Selewūd q^{as} ei dedim^9 ». En 1207, en 1208, il est encore cité honorablement; en 1210/11, il est shérif de Somerset et Dorset; en 1212, le roi le cite avec ses hommes d'armes de ces deux comtés; en 1213, nouveaux dons. Tout cela paraît concerner un homonyme, le futur témoin cité dans l'acte additionnel, sans doute. Mais il y a incertitude.

Quant aux armoiries de l'église de Saint-Michel-le-Vieux, à Ingouville, les attributs maritimes qui sont sculptés au-dessus de la porte latérale, indiquent qu'il s'agit du grand amiral Louis Malet. Ce modeste temple, antérieur à la fondation de la ville du Havre de Grâce par François premier, est donc en fait l'ancienne métropole. Une très intéressante biographie de l'amiral a été écrite, il y a peu d'années par M. Perret, qui en a fait le sujet d'une thèse des plus intéressantes. Les historiens verraient avec plaisir écrire aussi une bonne biographie du Jean Malet, qui se distingua si vaillamment comme grand maître des arbal-triers, pendant la guerre de Cent ans. Il reste encore de fort bonnes choses à dire à propos de l'histoire du moyen âge. C. R.

Camps vitrifiés. — *Tom-na-croiche* — A environ 300 mètres sud-est du village de Balvicar, se trouvent des murailles vitrifiées. Les constructions ne sont pas très étendues.

Auchentorlie. — Au sommet de Ardconnel hill, paroisse de West Kilpatrick, il y a des parties de fort vitrifié. Sur une grande pierre blanche sableuse de 54 pieds de longueur, située à 450 pieds au-dessus du niveau de la mer, on voit des gravures montrant des cercles et des coupes.

Européens originaires de l'Atlantide. — Historiquement, nous aurons difficilement une réponse satisfaisante à cette question. La méthode à suivre ne serait-elle pas d'étudier la corrélation qui existe entre le sol d'une contrée et ses habitants, les traits ethnographiques relatifs aux climats, et les transformations subies par les continents ?

Il nous semble qu'on raisonne toujours comme si l'homme avait toujours vécu dans les mêmes limites géographiques et sous les mêmes climats qu'aujourd'hui. Nos plus anciennes traditions, celles des Écritures, sans citer les autres qui sont très nombreuses, nous montrent qu'il y a eu certainement des déplacements considérables. Il n'y a pas assez longtemps que la science de l'anthropologie existe pour qu'elle nous ait tout révélé. Pour le moment, nous croyons que de bonnes cartes topographiques des époques géologiques et des cartes ethnographiques permettraient d'entrevoir la solution de cet intéressant problème. G.

Arabesques sculptées avant 1500. — Ce que j'ai vu de plus ancien, ce sont les deux montants arabesques sur le portrait de Mahomet, conquérant de Constantinople (Année 1480, École vénitienne).

Les véritables arabesques ne doivent jamais comprendre de figures d'hommes ou d'animaux. Sous François Ier, l'arabesque française offre un cachet d'élégance tout particulier. A la fin du xvie siècle, elle s'alourdit considérablement. Passy.

Ancienne horlogerie. — Consultez l'intéressante étude « Les coqs de montre », par MM. Imbert et Fr. de Villenoisy, dans la *Revue des Arts décoratifs* de 1890. Pages 3 et 4, il y a un résumé de l'histoire de l'ancienne horlogerie. Des gravures très soignées des *coqs*, à partir de la Renaissance, permettent de suivre les développements principaux des anciennes factures de montres.

Administration et Gérance,

GRAVILLE, 13, rue Spontini, Paris.

MACON, PROTAT FRÈRES, IMPRIMEURS

GAULOIS INHUMÉ SUR SON CHAR

ET OBJETS ÉTRUSQUES

(Collection Morel, de Reims.)

GAULOIS SUR SON CHAR

Dans les premiers jours du mois de décembre 1873, des ouvriers, étant occupés à fouiller le cimetière gaulois de Somme-Bionne, situé sur une éminence, à une égale distance des sources des rivières de la Bionne et de la Tourbe, ont découvert, à trois cents mètres au sud de la route, en un lieu appelé l'Homme-Mort ou la Tomelle, une large fosse remplie de terre noire et renfermant les restes d'un guerrier inhumé avec son char (Pl. XII).

Le guerrier avait à son côté droit une longue épée, tranchante des deux côtés, reposant dans un fourreau en bronze du côté extérieur et en fer de l'autre, avec terminaison en trèfle.

A son côté gauche se trouvaient un long poignard en fer à dos droit, ainsi que trois traits carrés, longs de près d'un mètre, portant encore des traces d'emmanchure.

Cinq gros anneaux de bronze, avec agrafe de même métal, étaient placés autour du corps. Cette agrafe représente deux chevaux affrontés, à têtes de chimères. Une partie d'une autre attache en fer, ornée de deux boutons de bronze, avec terminaison en corail, a aussi été retrouvée vers la même région. Le squelette avait à la main droite un anneau en or, aux pieds une œnochoé en bronze, un bandeau d'or, un vase en terre rouge brisé, et une coupe italo-grecque peinte.

Au-dessus des pieds du squelette se trouvait une petite galerie qui avait été creusée pour recevoir le timon du char, et, à la suite, une cavité beaucoup plus large, dans laquelle on avait déposé tous les harnais des chevaux. C'est là que nous avons nous-même recueilli six terminaisons demi-circulaires en bronze et en fer, destinées, sans doute, à consolider le bout du timon ; deux mors de chevaux en fer, avec anneaux en bronze, une dizaine de boutons avec deux attaches en bronze ; une dizaine d'anneaux de différentes grosseurs ; six phalères, dont quatre finement gravées et découpées à jour comme de la dentelle, et enfin des fragments d'ornements en bronze, aussi découpés à jour et revêtus de petits clous de bronze indiquant qu'ils avaient été attachés sur des lanières de cuir.

LA FOSSE

Elle était taillée dans la craie et mesurait 2^m,85 de long sur 1^m,80 de large et 1^m,15 de profondeur. Les deux cavités parallèles qui avaient été creusées pour recevoir les roues du char mesuraient 1ᵐ,3o de profondeur. La petite galerie, ménagée à l'extrémité de la fosse pour placer le timon du char, n'avait que 0ᵐ,70 de longueur sur 0ᵐ,10 de largeur. La cavité dans laquelle étaient déposés les harnais des chevaux venait ensuite et mesurait 1ᵐ,40 de long sur 0ᵐ,3o de large et 0ᵐ,35 seulement de profondeur.

Un fossé circulaire d'un mètre de large et de 16 mètres de diamètre entourait la fosse. Ce fossé, naturellement rempli par le temps, mesurait un mètre de profondeur, et les bords étaient taillés à 45 degrés. Nous avons déjà eu occasion de rencontrer ces sortes de fossés dans les sépultures gauloises de Pleurs, de Connantre, de Marson, et dans celle de l'âge du bronze de Courtavant (Aube). Le même fait a été constaté dans une sépulture de Saint-Jean-sur-Tourbe par un autre fouilleur.

M. de Barthélemy a trouvé le même cercle à l'entour de la sépulture de Berru, qui renfermait un casque de bronze. (*Mémoires de la Société des Antiquaires de France*, 1874.)

A Sillery, pareil fossé a été rencontré en 1832 : à l'entour de la tombe d'un chef, on a signalé une tranchée circulaire de 3o mètres de diamètre, marquée dans la craie par une couche de terre noire en indiquant le pourtour.

On ne les trouve généralement qu'autour des sépultures de personnages importants. Nous ne voyons pas l'usage de ces fossés ; serait-ce la fondation d'une haie ou clôture servant à protéger la sépulture, ou plutôt un symbolisme ?

Le cimetière de Somme-Bionne contenait trois ou quatre de ces fossés ; mais malheureusement les fosses qui étaient au centre avaient été l'objet de violation de sépulture.

LE CHAR

Nous ne pouvons indiquer de quelle forme était le char enfoui dans la fosse et sur lequel était le guerrier. Cette découverte n'est pas un fait isolé : le cimetière de Somme-Bionne avait dû contenir trois ou quatre autres chars.

Le territoire de Saint-Jean-sur-Tourbe en a montré un, découvert le 14 mars 1868, aujourd'hui au musée de Saint-Germain ; d'autres fouilleurs en ont trouvé trois, plus ou moins complets, sur le territoire de Somme-Tourbe.

On en a trouvé un à Bussy, à la Nau-du-Roi, et les débris d'un autre à Saint-Mard-sur-Auve.

Trois autres ont été trouvés à Bussy : l'un deux est au musée de Saint-Germain et les deux autres dans la collection de M. Edouard de Barthélemy. C'est à l'Ahan-des-Diables, territoire de Suippes, qu'il a été trouvé quatre sépultures renfermant des débris de ces chars.

Parmi les nombreuses fouilles que l'on a fait opérer dans les environs du camp de Châlons, la sépulture du Piémont est celle qui présente le plus d'analogie avec la nôtre. On y a trouvé un guerrier sur son char, ayant une épée gauloise en fer, un umbo de bouclier en fer, deux lances, un javelot, une chaîne de suspension en fer et une dizaine de vases, dont trois seulement étaient intacts. Cette fosse était entourée d'un large fossé ; les chevaux avaient été enterrés en place, ayant encore à la bouche les mors en fer.

Cette riche sépulture renfermait, avec le corps d'une femme, un splendide vase étrusque, en bronze, de forme ovoïde, à large pied et surmonté d'un coq. C'est en voyant ce vase que l'empereur Napoléon III n'a pu s'empêcher de dire à ceux qui le lui apportaient : « Ce vase est splendide ; il n'a pu appartenir qu'à un roi. »

Les *Mémoires* de la Société d'Agriculture, Sciences et Arts de la Marne, année 1859, contiennent un rapport de M. Savy, faisant connaître qu'on a trouvé à Sillery, une fosse carrée, profonde de 2 mètres, dans laquelle gisaient pêle-mêle, avec de grands vases de terre, une lame d'épée de 0^m,60, non compris la soie et les débris des roues d'un char.

Ces débris consistaient dans les cercles en fer des roues et dans des rondelles également en fer, mais doublées en cuivre travaillé au repoussé et avec clavettes également en cuivre, destinées à tenir les roues sur l'essieu.

Les Gaulois se servaient avec un grand succès de chars de guerre dont l'usage se perdit plus tard, et qu'au temps de César on ne retrouve plus que chez les Bretons (1).

Nous lisons dans les comptes rendus de la Société de numismatique et d'archéologie, t. IV, année 1873, que la Société historique et archéologique de Château-Thierry avait acquis la maison de Jean La Fontaine, notre grand fabuliste, pour en faire un musée où étaient réunis les souvenirs du poète ; malheureusement, pendant la guerre de 1870-1871, l'établissement d'une caserne allemande fut cause que tout fut pillé et dispersé. Or, ce que l'on doit le plus regretter au point de vue archéologique, ce sont les débris *d'un char gaulois* en bronze, plus complet que ce que possède en ce genre le musée de Saint-Germain.

Dans le compte rendu de la sépulture antique découverte à Berru, laquelle a beaucoup d'analogie avec celle dont nous donnons la description, M. E. de Barthélemy affirme avoir trouvé, dans l'angle à droite de la tête du squelette, un fragment de cercle de *roue* en fer qui n'a pu être conservé. (*Société des Antiquaires de France*, t. XXXV).

(1) Voyez LES GAULOIS, Extrait de la *Revue archéologique* par M. Alexandre Bertrand.

Si nous portons nos regards en dehors du département, nous voyons que le tertre de Sainte-Colombe, près Magny-Lamber (Côte-d'Or), a livré, en 1862, avec des *débris de chars*, des boucles d'oreilles et des bracelets en or, qui sont au nombre des plus précieux joyaux du musée de Saint-Germain. (Alexandre Bertrand).

Les *Mémoires* de l'Académie des Inscriptions, t. XXV, pages 109 et 116, parlent d'une découverte d'épée en bronze trouvée avec une *roue* et d'autres pièces de harnais.

Les tombelles d'Anet (canton de Berne) ont montré un homme enterré sur son *char*, dont de nombreux débris purent être conservés par M. le baron de Bonstetten.

Le tumulus de Graucholtz, fouillé par le même, et qui a fourni un sceau à côtés en bronze, renfermait en outre des cercles et des débris *de roues de chars*. (*Tumulus gaulois*, par Alexandre Bertrand.)

Le compte rendu du Congrès international d'anthropologie et d'archéologie antéhistorique de la ville de Paris (1867, p. 291), parle d'une découverte faite en Angleterre, consistant en boucles, casque émaillé, des épées en fer avec fourreaux de bronze, des mors et pièces de harnachement avec *des roues de chars*. Le musée de Berlin possède la garniture d'un char provenant du tumulus de Gallscheid (Prusse rhénane).

Dans les tombes celtiques de l'Alsace, publiées par M. Maximilien de Ring, nous voyons que l'un des tumuli de la forêt de Haten, fouillé par M. Zaepffell, a fait voir les restes de *deux chars* de guerre dans la sépulture d'un riche guerrier. L'auteur constate que cette apparition de chars dans les tumuli celtiques de l'Alsace se présente ici pour la première fois; mais il ajoute que M. de Bonstetten en a trouvé dans les fouilles d'Anet et de Tiéfenau, en Suisse; que, dans le Doubs, M. Castan en a trouvé dans les fouilles du massif d'Alaise, et M. Jahn, dans les tumuli ouverts à Græchwyl, entre Berne et Aarberg, tumuli qu'il regarde comme appartenant à l'époque étrusque (1).

Le char, dont nous allons essayer de donner la description des débris qui nous restent, ne devait pas être gaulois, attendu que l'écartement entre les roues était de 1ᵐ,35, ainsi que nous l'avons constaté par la présence de l'oxyde de fer des roues marquées sur la craie, tandis que le char gaulois n'avait que 1ᵐ,05 et n'était traîné que par un seul cheval, ainsi que l'a si judicieusement remarqué notre collègue, M. Peigné-Delacour.

Les débris du char que nous avons trouvé ne nous permettent pas d'en indiquer la forme, attendu que le bois et le cuir ont disparu et que nous n'avons pu recueillir que les parties métalliques. Nous ne savons si c'était

(1) M. Moreau a trouvé aussi, dans la sablonnière de Fère-en-Tardenois, un Gaulois inhumé sur son char.

le char de guerre (*currus*) ou le carpentum, voiture à deux roues recouverte d'une capote.

Le char de guerre était une voiture à deux roues, où l'on entrait par derrière, mais qui était fermée sur le devant et découverte, ne débordant pas en hauteur la croupe des chevaux. On ne pouvait guère que s'y tenir debout ; mais il y avait place pour deux personnes. L'usage constant était que l'un conduisait les chevaux pendant que l'autre combattait. Aucun monument ne nous montre nettement les parties détaillées de ces sortes de chars.

Notre guerrier ayant été trouvé inhumé non assis, mais étendu naturellement, nous en concluons qu'une fois descendu dans la fosse, la banquette de devant du char aura été enlevée pour plus de facilité.

Les roues étaient en bois, recouvertes chacune d'un cercle de fer d'une seule pièce de 0^m,03 de largeur sur 0^m,01 d'épaisseur et 0^m,92 de diamètre.

Les cercles qui étaient encore debout, brisés chacun en quatre morceaux inégaux, étaient rattachés au bois par six clous également espacés, dont les têtes oblongues faisaient saillie au dehors ; un seul est encore adhérent et mesure 0^m,05 de long, bien qu'il paraisse avoir été brisé vers son milieu. Ces cercles de roues ont longtemps servi, car ils ne sont plus plats, mais bombés par l'usure, ce que les carrossiers appellent tuilés. L'un deux a conservé sa forme ronde, mais l'autre s'est affaissé et se trouve déprimé aux deux tiers de sa hauteur.

Au milieu de chaque cercle, et à la place des moyeux, on a constaté la présence de deux frettes parallèles en fer, de 1 centimètre 1/2 de largeur sur 0^m,15 de diamètre ; à l'extrémité de ces frettes se trouvait la plaquette de fer recourbé qui maintenait le bout de l'essieu, et dans laquelle était engagée la fiche de fer destinée à maintenir la roue.

Les deux tiges parallèles de la plaquette de fer recourbé dont nous venons de parler mesuraient 7 centimètres, et leur écartement n'est que de 4 centimètres. La clavette n'est qu'une tige de fer ronde et droite, longue de 12 centimètres.

Les autres débris du char consistent :

1° En deux fiches rondes de 17 centimètres de longueur sur 2 d'épaisseur. Ces fiches étaient sans doute destinées à maintenir le char sur l'essieu, car on voit que la moitié inférieure a été engagée dans le bois et qu'elle y était maintenue par un bourrelet qui l'empêchait de descendre. La partie supérieure de ces fiches est ornée, en son milieu, d'une boule de bronze ciselée, avec filets, comme motif de décoration ;

2° En deux pitons d'attelage, dans lesquels sont passés deux anneaux accolés, reliés entre eux par une boule de bronze ; c'est après ces anneaux mobiles que devaient être attachés les traits :

3º En deux autres pitons qui ont dû être fixés et rivés au timon :

4º En cinq petites tiges de fer rondes, ornées aussi de boules de bronze, et dont nous ne pouvons déterminer l'usage.

L'extrémité du timon, placée à 3ᵐ,80 du fond de la fosse, était ornée de six demi-rondelles de bronze très rapprochées, consolidées elles-mêmes par un mince bourrelet de fer.

L'ÉPÉE

La magnifique épée en fer, qui reposait à droite du guerrier, est longue de 90 centimètres, y compris la soie, qui en a 12.

Elle est essentiellement gauloise et représente le type des épées de la Marne. Nous en avons trouvé une tout à fait semblable pour la forme dans notre cimetière gaulois de Marson. Mais ce qui distingue celle de Somme-Bionne, c'est que la partie extérieure de son fourreau est en bronze et que l'autre côté est simplement en fer, aujourd'hui presque complètement rongé par l'oxyde. On peut voir que la lame est tranchante des deux côtés, mince et flexible comme celles des palafittes.

La soie est légèrement aplatie, sans ressembler en rien au nouveau type dit soie plate, si bien décrit par M. Alexandre Bertrand : elle va en diminuant légèrement de grosseur de la base à l'extrémité ; elle ne présente pas de trous de rivets, et cependant il en a été trouvé deux en bronze qui ont dû servir à consolider le manche ou la poignée, qui devait être en bois. De plus, cette poignée était ornée, dans le sens longitudinal, de deux filets en bronze perlé.

La partie du fourreau qui est en bronze est parfaitement conservée : son ornementation consiste en trois cordons de bronze reliant les deux parties ; deux de ces cordons de bronze représentent trois cuvettes rondes réunies, celle du milieu étant plus forte que les deux autres. Le premier, qui est placé à 4 centimètres du haut du fourreau, a aussi 4ᶜᵐ,50 de largeur : le second, placé à 15 centimètres du bas, n'a plus que 4 centimètres de largeur, et le troisième, tout à fait au bout, n'a plus qu'un centimètre et demi, et n'est décoré que d'une petite cuvette en son milieu.

L'extrémité du fourreau porte la même décoration que celle des cordons : c'est-à-dire de deux cuvettes accolées à la base, surmontées d'une troisième, placée au-dessus des deux autres, mais un peu plus loin, de manière à représenter un trèfle.

Les deux côtés du fourreau sont réunis par un bourrelet de fer martelé, qui a disparu en grande partie, sauf à l'extrémité inférieure, où ce bourrelet est en bronze orné de stries et de chevrons ciselés.

Deux autres cuvettes en bronze, un peu plus larges, fixées sur des

lamelles de bronze, ont été replacées par nous dans le haut du fourreau, à
la place de la garde, sans que nous puissions affirmer que c'était bien là la
place qu'elles occupaient primitivement.

Les épées à fourreau de bronze sont excessivement rares. Le musée de
Saint-Germain en possède deux, venant déjà des environs de Somme-
Bionne ; mais nous les croyons de dimensions beaucoup plus petites.

LE COUTEAU

Le couteau ou poignard est remarquable par ses dimensions, qui atteignent 39 centimètres de longueur avec la soie, qui en a près de 9. Il est en
fer, à dos droit. La soie s'emmanchait dans une poignée de bois sans rivets.
La lame, qui a 3 centimètres à sa base, va en se rétrécissant graduellement
jusqu'à la pointe.

LES LANCES

Les trois traits carrés qui étaient placés en face de l'épée, à la gauche du
guerrier, ont une longueur de 90 centimètres environ. Ils sont en plusieurs
morceaux ; leurs pointes sont émoussées ; mais les autres extrémités sont
encore revêtues de fragments de bois attestant qu'ils ont été emmanchés.
Ces traits ressemblent à la *hasta pura* dont on gratifiait les guerriers pour
une action d'éclat.

LA CEINTURE

L'épée et le couteau ou poignard devaient être suspendus à la ceinture
du guerrier au moyen d'un baudrier d'étoffe ou de cuir, dont il n'est rien
resté ; l'épée y était attachée au moyen d'un crochet et de cinq gros anneaux
de bronze de 4 centimètres de diamètres, à angles saillants à l'extérieur, et
décorés de chaque côté de deux lignes parallèles concentriques.

Le crochet, qui est aussi en bronze, est remarquable : deux animaux
affrontés, à têtes de chimères et découpés à jour, supportent la tête du
crochet ; leurs corps imitent celui du cheval, dont ils ont la croupe, et leurs
têtes, rejetées en arrière, ressemblent à celles des oiseaux fantastiques. La
base sur laquelle ils reposent est décorée de 13 ronds placés les uns près des
autres, avec un point au centre de chacun. A l'extrémité opposée au crochet, une tige se prolonge, portant à son extrémité un petit bouton à base
plate et de forme conique, orné de petits rangs de perles.

Devait aussi faire partie de la ceinture une petite tringle de fer, à
laquelle est fixée un bouton de bronze très gracieux. Ce bouton a une tige
d'un centimètre de hauteur, dans laquelle la base plate est encastrée. La
tête de ce bouton affecte la forme d'un cône ; elle est ciselée et ornée de trois

filets en relief, entremêlés de deux rangs de perles ; son extrémité est re
couverte d'une calotte de corail retenue par un rivet ciselé en forme de
croix de Saint-André. Un bouton semblable, qui a été retrouvé, était peut-
être fixé à l'autre extrémité de la tige de fer.

L'ANNEAU D'OR

Il n'y a en Gaule, dit César, que deux classes qui comptent et qui aient de
l'influence : les druides et les chevaliers. Anciennement, l'anneau se portait en signe d'autorité. A Rome, l'anneau d'or n'était pas le signe exclusif
des chevaliers : les sénateurs le portaient aussi comme eux. Ceux des chevaliers, à la bataille de Cannes, étaient en or, et c'est en comptant les anneaux qu'on reconnut le nombre des chevaliers morts.

Ces anneaux étaient ordinairement garnis d'une pierre gravée, qui servait de cachet

Celui qui a été retrouvé au doigt du guerrier est tout simple et ressemble
à une alliance de forte dimension. Le travail n'est point parfait, car on y
voit encore des traces de martelage.

L'ŒNOCHOÉ

L'œnochoé, comme son nom l'indique, était un vase de table contenant
le vin destiné à alimenter la coupe. Ce vase est en bronze, à bec tréflé et
relevé ; il imite la cruche actuelle, mais d'une façon plus élégante : son anse
est rivée et porte, à sa partie supérieure, reposant sur les bords, deux animaux fantastiques, sortes de levrettes affrontées et séparées, montrant en
arrière de la tête deux cornes naissantes. La partie inférieure se termine par
une palmette surmontée de doubles spirales entremêlées, disposées symétriquement par paires et opposées les unes aux autres en sens inverse (1).

L'extérieur de cette anse présente trois moulures creuses, celle du milieu moins large que les autres : elles se profilent en quatre côtes sail-
lantes, ayant pour but d'affermir la main qui se sert de l'objet ; en dedans,
cette anse est unie et arrondie.

L'œnochoé de Somme-Bionne, comme celles qui ont été découvertes
jusqu'ici, présente des traces de dorure ; elle est encore assez bien conservée,
sans toutefois être parfaitement intacte.

Le savant conseiller de Liége, M. Schüermans, a prouvé surabondam-
ment, dans ses opuscules sur des objets étrusques découverts en Belgique.

(1) Au Congrès de Paris, Longpérier avait déjà constaté que la spirale, inconnue en Phénicie,
se retrouvait principalement sur les vases à bec relevé, de caractère tout étrusque.

que l'œnochoé est d'origine étrusque, et par conséquent grecque. Nous ne reviendrons pas sur les nombreuses preuves qu'il a si bien exposées. Nous l'admettons d'autant plus volontiers, que la coupe qui accompagnait l'œnochoé de Somme-Bionne est évidemment étrusque, comme il nous sera facile de le prouver.

Cette forme de vase, à bec relevé, considérée aussi par M. de Longpérier comme étrusque, ne s'est retrouvée en France qu'en trois endroits différents :

Celle de Bourges, celle de Pouan, au musée de Troyes, et celle d'Aubernac, actuellement au musée du Louvre.

Nous ne connaissons pas celle de Bourges ; elle doit faire partie de quelque collection particulière, car elle n'existe pas au musée de cette ville, ainsi que nous nous en sommes assuré auprès de M. le Conservateur (1).

Celle du musée du Louvre nous a paru un peu plus petite que la nôtre.

Celle de Pouan a absolument les mêmes dimensions que celle dont nous nous occupons : les dessins de cette dernière, portés sur le deuxième opuscule de M. Schüermans, aussi bien que sur le portefeuille archéologique de Gaussen, sont très inexacts et lui donnent des proportions plus que doubles. Frappé de ces proportions, qui nous paraissaient gigantesques, nous nous sommes adressé au savant Conservateur du musée de Troyes, M. le chanoine Coffinet, qui a bien voulu nous adresser les renseignements suivants :

« La hauteur de l'œnochoé de Pouan, prise à la partie dominante de « l'anse, est de 25 centimètres. Prise à l'extrémité du goulot, cette hauteur « est de 294 millimètres.

« Ces mesures sont très exactes. Je viens de les relever sur le vase même, « dans notre musée.

« Voici tout ce que je sais relativement à cette découverte :

« Au mois d'août 1842, le sieur Jean-Baptiste Buttat était occupé à extraire « de la grève dans la contrée des *Prates*, près le chemin de *Pouan* au « *Martroy*. Son outil ramena d'abord des fragments d'os humains, des « lames de fer oxydées, puis des bijoux et ornements divers en or. Ces « derniers objets figurent dans notre musée. On suppose qu'ils ont fait « partie de l'armure, soit de Théodoric, roi des Wisigoths, qui périt dans « la bataille livrée contre Attila en 451, soit d'un chef militaire qui portait « le nom d'Héva.

« Le 23 juin 1843, un ouvrier travaillant dans le *même endroit où furent*

(1 M. Schüermans, dans son quatrième opuscule sur la découverte d'Eygenbilsen, dit que cette œnochoé, dont l'anse manquait, figurait à côté de celle de Pouan, avec cette mention : « Style étrusque antérieur à l'ère chrétienne. » *(Commission de l'Exposition universelle de 1867, présidée par A. de Longpérier.)*

« *trouvées les armes susdites*, donna un coup de pioche sur notre œnochoé
« et la mit ainsi au jour.

« J'en fis l'acquisition en 1844. A cette époque, je n'étais pas encore
« conservateur du musée de Troyes. En 1860, j'en fis cadeau à cet établis-
« sement.

« De ce que ce vase a été découvert *dans le même lieu que les armes*, il
« ne s'ensuit pas qu'on doive lui attribuer une origine mérovingienne.
« Théodoric ou Héva ont pu se servir d'un ustensile domestique bien anté-
« rieur à l'époque de leur existence. Ces guerriers ne se faisaient pas scru-
« pule de s'emparer, pendant leurs invasions, de tout ce qui leur tombait
« sous la main, et surtout de ce qui leur plaisait.

« En 1867, j'envoyai à l'Exposition universelle cette œnochoé. Elle y
« fut très remarquée ; elle est décrite au livret sous la rubrique suivante :

« *Vase trouvé à Pouan, au même endroit où furent recueillies les armes*
« *dites de Théodoric.*

« *Style étrusque antérieur à l'ère chrétienne.*

« Je n'ai pas ouï dire qu'on ait trouvé un bandeau d'or en même temps
« que les objets sus-indiqués.

« Les renseignements fournis par le portefeuille de Gaussen sont très
« inexacts. Ceux que j'ai l'honneur de vous adresser m'ont été donnés par
« M. le curé de Pouan, qui était un homme érudit, et qui, de plus, avait
« été témoin oculaire de la découverte. Je m'en tiens à son témoignage,
« qui m'inspire une pleine et entière confiance.

Signé : COFFINET.

L'œnochoé de Somme-Bionne a aussi beaucoup de rapport avec celle
d'Eygenbilsen, quant à la forme générale et aux dimensions ; seulement
elle ne possède pas, comme cette dernière, soit sur l'anse ou sur le goulot,
de doubles rangs de perles, ni aucune espèce d'ornement sur le col.

Elle en diffère aussi en ce sens que les levrettes de Somme-Bionne sont
remplacées à Eygenbilsen par des unicornes affrontés.

M. Schüermans, dans sa notice, cite seize œnochoés trouvées au nord
des Alpes, sur les bord du Rhin et spécialement de ses affluents. Le cimetière de Hallstatt a fourni aussi seize œnochoés à bec en forme de proue,
avec anses et palmettes.

Celui de Marzabotto a fourni une œnochoé de bronze à M. Gozzadini.

Le musée de Parme possède une œnochoé de bronze, sans bec, trouvée
à Fraore, avec des débris d'armes en fer, une ciste en bronze et des fibules
d'or et d'argent rappelant celles de Villanova.

Le musée de Berlin possède une œnochoé trouvée par le colonel Van
Cohausen, en 1852, dans les tumulus de Gallscheid, près de Saint-Goar, en

même temps qu'un bandeau d'or et la garniture d'un de ces chariots caractéristiques qu'on appelle étrusques.

Le musée de Mayence possède aussi une œnochoé provenant d'une localité non désignée de la Hesse rhénane.

Le musée de Bois-le-Duc possède une œnochoé à bec relevé, découverte à Mook, près de Nimègue, et provenant d'une trouvaille encore inédite.

Chacun connaît, en Italie, l'œnochoé de Preneste.

On a trouvé à Hradist, en Moravie, dans un tumulus, une œnochoé munie de quatre unicornes.

En 1819, il existait à Wiesbaden une œnochoé à rivets, avec anses.

Deux autres ont été aussi trouvées dans un tumulus de la forêt de Haten, en même temps qu'un bandeau d'or et les débris de deux chars de guerre (1).

Enfin, M. Édouard de Barthélemy a acquis récemment à Châlons-sur-Marne une anse d'œnochoé en bronze, avec palmettes, provenant, paraît-il, d'une vente publique de Bruxelles.

LE BANDEAU D'OR

Ce bandeau est de l'épaisseur d'une feuille de papier : sa longueur est de 18 millimètres, sa largeur, 2^{cm}, 50. L'estampage imite les moulures d'une couronne.

Cet objet ayant été trouvé tout auprès de l'œnochoé, et la partie intérieure présentant encore des traces d'une espèce de colle ou mastic mélangée avec des traces apparentes d'oxyde de cuivre, il nous est venu naturellement à l'esprit la pensée que ce bandeau avait dû être primitivement appliqué sur l'œnochoé. Nous avons, en effet, examiné attentivement cette dernière pièce, et nous avons pu constater la place que le bandeau occupait. A cet endroit, la patine, en effet, était moins bien prononcée.

Il est à remarquer que, dans nos pays du Nord, c'est presque toujours à côté de l'œnochoé que se sont trouvés les bandeaux d'or (2).

(1) Max. de Ring, *Tombes celtiques de l'Alsace*.
(2) A propos de cette découverte, nous avions écrit ceci à M. Schüermans : « A côté de notre « œnochoé de Somme-Bionne, se trouvait, de même qu'à Eygenbilsen, à Dœrt, à Haten, à « Weisskirchen et à Heerapfel, le *traditionnel* bandeau d'or. »
Dans son quatrième article sur la découverte d'Eygenbilsen, le savant archéologue belge, en y transcrivant une partie de notre lettre, l'accompagne d'une note suivante :
« L'expression de « traditionnel » qu'on ne veut pas supprimer ici, démontre que déjà la « conviction de M. Morel est formée, comme celle de l'auteur du présent article, sur le carac-« tère étrusque du bandeau d'or d'Eygenbilsen.
« Néanmoins cette expression n'est produite ici que sous toute réserve, puisque l'avenir doit « encore se charger d'une partie de la démonstration. »

Preuve qu'il y a une relation intime entre ces deux objets, relation dont il vous sera donné la démonstration (1).

La bande d'or d'Eygenbilsen diffère de la nôtre par ses dimensions, qui sont de 6 centimètres de largeur, et en ce qu'elle est découpée à jour comme à l'emporte-pièce.

M. Schüermans dit que ce bandeau affecte une forme courbée, comme s'il était destiné à ceindre un corps plus ou moins hémisphérique, par exemple une tête, un casque, ou à suivre les contours d'un vêtement; et, malgré sa perspicacité, il n'est pas venu à notre savant collègue l'idée de la restitution que nous proposons, et cela parce qu'il n'a pas assisté personnellement à la découverte et n'a pu voir la place qu'il occupait. Aussi M. Weerth, de Bonn, qui est venu voir en Belgique le produit de la découverte d'Eygenbilsen, a remarqué que le revers du bandeau porte traces d'une sorte de mastic analogue à celui que décrit Pline quand il parle du procédé pour appliquer l'or sur le cuivre; après certaines préparations dont ce dernier métal était l'objet, les feuilles d'or y étaient adaptées à l'aide d'un amalgame de pierre ponce, d'alun et de mercure.

Il a proposé la restitution du bandeau d'or de Schwarzembach sur un casque de bronze en forme de calotte hémisphérique, sur laquelle le bandeau aurait été appliqué comme ornement, et dont il aurait fait le tour.

Les dessins de ce projet de restitution, mis sous les yeux des archéologues les plus distingués de la Belgique, tels que MM. Châlon et de Meester de Ravestein, ont obtenu de leur part, sinon une adhésion complète, au moins une suspension provisoire de leur jugement, en attendant les preuves dont M. Aug. Weerth entourera sans doute sa démonstration quand il la livrera à la publicité. Le même professeur, à propos d'ornements du même genre trouvés à Waldtgesheim, ayant proposé une restitution semblable, cette restitution a été vivement critiquée par le savant conservateur du musée de Mayence, le docteur Lindenschmidt; ce qui n'empêche pas celui-ci, à propos des bandeaux d'or de Durckheim et des environs de Heidesheim, de citer ces bandeaux d'or comme ayant pu servir de bordure à des vêtements (2).

M. de Meester de Ravestein qui a, dans un magnifique ouvrage, résumé ce que l'on sait des bandeaux ou couronnes funéraires en or, a pris aussi le bandeau d'or d'Eygenbilsen qui, selon nous, devait avoir la même destination que celui de Somme-Bionne, pour une de ces couronnes funéraires fabriquées à l'avance, à l'aide d'estampages, sur une matrice.

---

(1) Voir la notice intitulée :

L'Œnochoé de Somme-Bionne et sa couronne, par M. E. Morel, curé de Sampigny (Meuse), membre de la Société française d'archéologie, notice lue par lui au Congrès de Châlons, en 1875.

(2) Voir H. Schüermans. Objets étrusques découverts en Belgique (Bruxelles, 1872).

Le savant M. de Witte lui-même a écrit à ce propos que le dessin de ce même d'Eygenbilsen avait beaucoup d'analogie avec le grand diadème de la collection Campana. Parmi les découvertes de la Suisse, du Rhin, du Hanovre, différentes d'âge, mais toutes étrusques, toutes antérieures à l'époque où Rome étendait sa domination sur les contrées où l'on a trouvé les objets, on a signalé et le bandeau d'or, et les seaux cylindriques à côtes, et les œnochoés.

Indépendamment du bandeau d'Eygenbilsen, dont nous proposerions la restitution sur l'œnochoé, il nous reste à citer trois exemples tout aussi frappants :

1º Des fouilles au Gallscheid, près de Dorth, cercle de Saint-Goar (Prusse rhénane), faites par le colonel Von Cohausen, ont montré, près d'une *œnochoé* semblable à la nôtre, *une bordure d'or* de l'épaisseur d'une feuille de papier. On y voit entre autres dessins une fleur trilobée offrant la représentation d'un trèfle. (Musée de Berlin).

2º A Weisskirchen, endroit qui a fourni plusieurs *antiques analogues* à ceux qui font l'objet de la notice de M. Schüermans (toujours une œnochoé), on a trouvé une *plaque d'or* très mince, découpée à jour, contenant également des ornements trilobés.

3º En même temps qu'un *vase étrusque remarquable*, connu sous le nom de vase de Heerapfel ou de Schwarzembach (et dont l'analogue se trouve au musée étrusque Grégorien à Rome), on a découvert dans cette dernière localité (Prusse, centre de la Moselle et de la Saar), un *bandeau d'or* analogue à celui d'Eygenbilsen pour les dimensions, mais d'un dessin différent. Gerhard pense que cet objet a appartenu à un diadème ou ornement de front ; et le docteur Brunn considère ces objets comme remontant tout au plus au iiiᵉ siècle avant Jésus-Christ.

4º Enfin, dans la forêt de Haten, auprès de deux œnochoés dont nous avons déjà parlé, lesquelles étaient renfermées dans une grande bassine de bronze ou espèce de cratère, on a trouvé un cercle d'or fin enroulé, mesurant 16 millimètres de large et 72 centimètres de long, de l'épaisseur d'une feuille de papier. Cette bandelette d'or est, selon nous, la couronne qui décorait soit la grande bassine, soit l'une des deux œnochoés brisées, dont elle aurait deux fois le tour (1).

L. MOREL.

---

(1) M. Schüermans, dans son quatrième opuscule sur la découverte d'Eygenbilsen, cite deux bandeaux d'or, qu'il serait intéressant de comparer avec le nôtre, trouvés dans un tumulus à Allenlüften (canton de Berne . Sépulture analogue à toutes celles où l'on a découvert des objets étrusques de ce côté-ci des Alpes.

LE THÉÂTRE DE DELOS

Dans le bulletin de correspondance hellénique de novembre 1896, M. Chamonard a publié un article exposant le résultat des fouilles effectuées à l'emplacement du théâtre de Délos, article auquel est joint un plan dressé par M. Convert et que M. Dœrpfeld a reproduit dans son récent ouvrage sur le théâtre grec.

Il ressort de ce plan et de l'article de M. Chamonard la constatation d'un fait très probablement nouveau et exceptionnellement intéressant.

On sait que la base normale du plan de la partie du théâtre antique occupée par le public (*koïlon* des Grecs, *cavea* des Romains, c'est-à-dire le creux ou l'excavation) est le cercle parfait.

Dans plusieurs théâtres le koïlon est un hémicycle exact.

Dans quelques autres il occupe un peu plus de la moitié du cercle, et parfois l'hémicycle est prolongé du côté de la scène par deux lignes droites.

Il est aussi arrivé, comme à Cnide, qu'au delà des gradins entourant tout le contour de l'hémicycle il en soit ajouté qui n'épousent qu'une partie de ce contour, mais toujours en suivent le tracé d'un cercle dont le centre est celui de l'orchestre, et est le même pour tous les gradins.

Jusqu'aux fouilles récentes de Délos on n'avait jamais cité de dérogation à cette règle, conforme aux principes exposés par Vitruve et ses commentateurs.

A Délos même, lorsque Blouet publia dans les comptes rendus de l'expédition de Morée le plan du théâtre alors incomplètement déblayé, il procéda du connu à l'inconnu, et ses dessins représentent tous les gradins et le mur d'enceinte du koïlon comme étant tracés suivant un cercle parfait.

Or, si les premiers rangs des gradins ont en effet cette forme, il n'en est pas de même des derniers. et, dans son ensemble, le koïlon du théâtre de Délos affecte une forme ovoïde, se rapprochant de celle donnée généralement aux salles de théâtres modernes, et dont Victor Louis a créé le type le plus parfait dans son admirable salle du théâtre de Bordeaux, chef-d'œuvre hors ligne malheureusement enveloppé par des façades banales et médiocres.

Ce fait mérite d'être signalé d'une façon toute particulière à l'attention des architectes et des archéologues.

Il démontre une fois de plus quelle était la variété et l'admirable souplesse du génie grec.

En effet, en étudiant le théâtre de Délos, on reconnaît que la forme du koïlon n'est due ni à une fantaisie ni à une erreur dans l'application des principes de construction des théâtres.

Ainsi, du reste, que cela s'est rencontré dans une certaine mesure à Cnide, des difficultés inhérentes à la disposition des lieux rendaient difficile l'application du plan normal.

De même que Viollet-le-Duc l'explique si ingénieusement (dans ses *Entretiens sur l'Architecture*) pour la combinaison trouvée par l'architecte de l'Erechtéion, ces difficultés, rencontrées par l'architecte du théâtre de Délos, lui ont fait chercher et trouver une disposition originale et heureuse.

Et l'erreur commise par un architecte archéologue de la haute valeur de Blouet, montre combien dans l'étude et les restitutions des monuments antiques, il faut se tenir en garde contre les déductions tirées de prétendues règles telles que les exposent Vitruve et ses commentateurs.

C'est d'ailleurs aujourd'hui enfoncer une porte ouverte que de faire une pareille remarque, mais ne peut-on pas se permettre de supposer que, si tous les théâtres antiques étaient déblayés et étudiés comme vient de l'être celui de Délos, on reconnaîtrait peut-être qu'il ne constitue pas une exception unique au point de vue du plan du koïlon?

VASNIER.

MUSÉES, CHRONIQUE, BIBLIOGRAPHIE

École du Louvre. — Le programme de la session 1897-1898 est, à peu de chose près, le même que celui de la session précédente. L'ouverture des cours a eu lieu le 6 décembre par la leçon du lundi de M. Eug. Révillout. M. Lafenestre étudie les maîtres du commencement du xvie siècle.

Quant à l'archéologie nationale, le programme de cette année comprend spécialement l'étude de l'époque des établissements des Francs dans la Gaule. Un aperçu bibliographique montre combien nous connaissons peu, par le détail, cette période. L'archéologie nous montre quelques-unes des grandes nécropoles, comme celle de Selzen. Mais quelle langue parlaient les compagnons de Clovis ? Comment différencier les Francs de l'an 450 et ceux de 650 ? Les témoignages précis nous font défaut. Ce qui manque, ce ne sont pas les ouvrages à figures, comme ceux de Lindenschmidt et de Frédéric Moreau, mais des recueils publiés de bons procès-verbaux des découvertes, où chacun puisse étudier l'ensemble de chaque fouille ainsi que le détail des ornements déposés en même temps.

M. Salomon Reinach aura donc à étudier d'abord les causes probables de la dépopulation et de l'appauvrissement de l'Empire après le iie siècle ; puis l'arrivée des peuplades germaniques et la formation de la royauté mérovingienne, telle que les monuments historiques et archéologiques peuvent nous la faire connaître.

Musée du Trocadéro. — M. de Baudot continue son cours du jeudi sur l'architecture en France du moyen âge et de la Renaissance.

Les moulages de la galerie de l'Est nous font connaître des sculptures d'une exécution remarquable. L'*Adoration des Mages*, bas-relief de l'église de Saint-Nicolas à Troyes : les sculptures sur albâtre de Saint-Jean de Troyes : les bas-reliefs du tombeau du cardinal Duprat à Sens méritent un examen attentif. Il faut aussi remarquer les belles effigies du tombeau de bronze du seigneur de Hennenberg et de sa femme Élisabeth de Brandebourg, dans l'église de Romhild, Saxe-Meiningen.

Sauf la ligne supérieure, trop haut placée, on lit autour :

AVF DEN FVNFTE DAG DES MONATS   APRILI
VERSCHIDEN. DER HOCHBORN GRAVE VND HE
HENNENBERG. DEM GOT GENEDIG VND BARMH
SEI AMEN — ANNO D̄N̄I .M.CCCC. VII. TAG
APRILIS. IST FERSCHIDEN DIE DVRCHLEVCTIG
HOCHGEBORN FVRSTIN VND FRAV ELISABET
KVRFVRSTLICH GEBORN FRAV MARGREVIN ZV
BRANDENBVRG. GREVIN VND FRAV ZV HENNEN
ḠN̄D ĀMĒ.

La galerie de l'Ouest reçoit de nombreuses additions, en cours d'exécution.

Au Musée d'ethnographie, on voit les moulages des croix de Kirk Braddan, île de Man, xe siècle, et de Saint-Cirguis, Puy-de-Dôme.

Nous avons déjà parlé (page 70), des moulages de Copan, Honduras, donnés par M. le duc de Loubat. Le même donateur a ajouté à la collection plusieurs bas-reliefs de Santa-Lucia de Cosumalhuapa. Plusieurs figures, vues de face, sont bien supérieures à celles du Mexique. Les antiquités du Honduras commencent à être mieux connues. M. Langlade, consul français, avait fait découvrir les reliefs de Santa-Lucia, il y a déjà quelques années. Maintenant, il faut consulter les intéressants mémoires illustrés que publie aux États-Unis M. Gordon Byron, de retour des grandes fouilles qu'il a suivies sur une très large échelle. Il reconnaît une architecture vraiment monumentale, dont nos fragments moulés ne peuvent donner qu'une faible idée.

Musée de Lyon. — Un de nos correspondants nous signale la découverte,- faite dans le département de l'Ain, d'une grande statue en bronze, ainsi que d'une inscription recueillie en nombreux fragments *en langue gauloise*. M. Dissard, qui a pu assurer au musée archéologique de Lyon le produit de cette importante trouvaille, en fait l'objet d'une étude spéciale. De laquelle des langues parlées en Gaule, au moment de la conquête, s'agit-il ? Nous espérons l'apprendre bientôt. Il y a longtemps qu'on n'avait signalé un document épigraphique de cette valeur.

Anciens orfèvres Gallois. — Le docteur John S. Phené, vice-président de l'Association archéologique de la Grande-Bretagne, revient en détails sur ses observations relatives aux antiques routes commerciales de son pays. Les anciennes mines de métaux précieux en Irlande et en pays de Galles lui semblent avoir été le but d'un grand courant de communications avec le pays de l'ambre et ceux du continent, d'où vinrent de très bonne heure des orfèvres. L'émail ancien s'est rencontré fréquemment dans les musées et les collections, notamment dans celle de Glastonbury. L'or particulièrement flexible des torques semble irlandais d'origine et gallois de facture. M. Phené estime que les marchands venus de loin ont dû être accompagnés d'orfèvres connaissant l'analyse des métaux et l'art de les ouvrager. Les récits sur le cannibalisme des Irlandais lui semblent avoir été inventés pour éloigner les concurrents, de même que César eut à entendre des faux rapports qui avaient pour but d'empêcher son expédition et son séjour en Bretagne.

L'auteur, qui a repris des fouilles à Mycènes, après Schliemann, ne peut s'empêcher de faire plusieurs rapprochements sur les anciennes orfèvreries. Dans plusieurs *forts vitrifiés*, par exemple, il trouve des analogies avec des établissements d'Hissarlik, où l'on pratiquait la fonte des minerais. Quelques autres, semblables aux *Brocks* d'Ecosse et aux *Nuraghi* de Sardaigne, montrent que les procédés de construction pouvaient s'appliquer à l'érection de véritables magasins fortifiés, où les métaux et les grains se trouvaient à l'abri des tentatvies des pirates.

Autrefois l'abondance de l'or était telle en Irlande « que des monolithes sacrés étaient surmontés ou couronnés de ce précieux métal. Les analyses, la tradition, l'histoire et les ouvrages conservés au musée de l'Académie royale irlandaise, démontrent que l'or pur ou fin était un des principaux produits du pays. On doit se rappeler que, même en 1796, les lavages aurifères du comté de Wicklow produisaient encore annuellement 250.000 francs. »

On sait que, tout récemment, on a pu reprendre avec succès la recherche de l'or dans le pays de Galles.

Longtemps avant l'exploitation des sables ou des roches, on a dû ramasser le métal pur. Ceci explique comment, à des époques très reculées, des marchands venus de la Méditerrannée ont dû établir des communications, qui ont amené ensuite l'exploitation d'autres mines, celles de l'étain, par exemple.

M. Phené reconnaît deux routes principales, celle du pays des Icènes et celle du Londres actuel, devenu plus tard la *voie romaine*. Le long de ces deux routes on recueille de magnifiques bijouteries.

A Croes Atti, on a trouvé un torque ornementé de disques d'or alternant avec de l'émail azur, près de la matière à émailler encore en bloc. A Anglesey des quantités d'anneaux de verre et des ouvrages de cuivre, de plomb et d'argent ont été déjà signalés par M. Pennant. A Holyhead on a même reconnu des fournaux préhistoriques.

Il y avait donc là une industrie établie depuis longtemps. A Llys Faen, un magnifique anneau d'or émaillé, auprès d'un autre, préparé pour recevoir l'émail, montre que tout le district de Conway se livrait à ce travail.

On doit se rappeler que, chez les Gallois, les orfèvres possédaient les privilèges de la noblesse.

« Tri Meib Rhydd o Gaeth, Berd, Ysgolhaig, à Gôf. »

« Hynny a phynnag au medro, braint iddo fonedd a Brodoriaeth a Thrwydded Cymro. »

(Il y a trois personnes exemptes de servitude, un barde, un lettré et un orfèvre. Splendeur à quiconque est habile dans ces arts : à lui rang et dignité, et le sceptre des droits sociaux et le libre passage parmi les Cymru ! »

« Tri dyn a gyffaneddant Lys, Bardd, gof, a Thelynor. »

(Trois hommes qui constituent une cour : un barde, un orfèvre et un harpiste).

Les grands officiers pouvaient traverser les armées ennemies revêtus de leurs robes d'azur. L'azur était leur couleur sacrée.

Des découvertes de broches de style grec, à émail bleu avec des découpures triangulaires rouges, sur bronze doré ou argenté, le long des routes pré-romaines, font dire à M. Phené qu'on peut y reconnaître un art importé et non spontanément indigène.

L'*Ovum Anguinum* se fabriquait à Anglesey. A Glastonbury, cent trente objets de bronze étaient accompagnés de trois autres en ambre et quinze de verre. Il y avait cent vingt-huit accessoires de métiers à tisserand d'un bronze semblable à celui des chariots récemment découverts par le chanoine Greenwell dans des tombeaux pré-romains. La localité était fortifiée.

Des recherches anthropologiques font supposer qu'une partie de la population dolichocéphalique présentait une déformation du tibia, un aplatissement, qui semble indiquer une posture particulière, telle que celle que pouvaient prendre des hommes travaillant continuellement les jambes croisées, sous la surveillance des riches orfèvres qui les employaient.

Carthage. La nécropole punique de Douïmès (Paris, imprimerie E. Petithenry). — Dans une intéressante notice, extraite du *Cosmos*, le R. P. Delattre, des Pères Blancs, nous entretient de ses Fouilles de 1893-1894. De nombreuses figures contribuent à éclairer le texte. On y remarque : des vases gréco-puniques avec couvercles ; le croissant lunaire et le disque solaire, emblème religieux de Carthage, sur une pierre blanche et tendre ; un scarabée trouvé dans un tombeau ; des épingles d'ivoire ; un masque carthaginois d'une facture très originale ; des lamelles d'argent travaillées au repoussé. « De semblables masques, dit l'auteur, ont été découverts dans les plus anciennes nécropoles de la Sardaigne. Le musée de Cagliari en renferme plusieurs. L'un d'eux, d'après M. Duhn, ressemble tellement à l'un des nôtres qu'on le dirait l'œuvre du même artiste. » Dans un tombeau double, construit avec de belles dalles, on recueillit un scarabée dont le plat porte trois caractères hiéroglyphiques qui signifient : *Râ est l'ichneumon véritable.* Une tablette rectangulaire montre l'*oudja*

ou œil d'Osiris et, sur une autre face, la déesse Sokhit, couronnée du disque, le sceptre à la main ; son nom est écrit devant elle. Par devant le nom de bannière : *Horou da hiti*, l'Horus magnanime du Pharaon Psammétique de la XXVI⁰ dynastie.

Psammétique régna jusqu'à l'an 617. Il se fit une marine et tenta de conquérir la Phénicie.

D'autres inscriptions sur des scarabées et amulettes ne sont pas moins intéressantes et montrent les rapports qui existaient entre l'Egypte et Carthage, au point de vue des mœurs, de la religion et des relations commerciales. Deux plateaux de balance en bronze et une série de poids en plomb ont donné comme valeurs de ces derniers : 188^{gr},6 ; 96^{gr},7 ; 44^{gr},6 ; 24^{gr},6 ; 11 grammes, 31 grammes et 9^{gr},12.

Le tombeau d'Iadamelek a présenté un petit disque de la grandeur d'une pièce de dix francs, muni d'une bellière. On y voit un texte punique gravé en caractères microscopiques. L'écriture est archaïque et ne présente encore presque aucune trace de la transformation qu'a subie l'alphabet phénicien à l'époque perse. Si l'on s'en rapporte à la classification des alphabets phéniciens établie par M. de Vogüé, il faut la faire remonter au moins au v⁰ ou au vi⁰ siècle avant notre ère. C'est donc, dit M. Berger, non seulement la première inscription archaïque d'Afrique, mais, d'une façon absolue, c'est l'une des plus anciennes inscriptions phéniciennes que nous possédions. La lecture proposée par M. Philippe Berger, est celle-ci :

A Astarté Pygmalion, Iadamelek, fils de Padaï, Pygmalion délivre qui lui plaît.

Dans ce texte, l'orthographe du nom de Pygmalion n'est pas moins surprenante que la mention de ce personnage mythologique dans le Panthéon de Carthage.

La seconde partie de la notice du P. Delattre sera publiée par la Société des Antiquaires de France.

La Champagne souterraine. — M. L. Morel, de Reims, continue la publication de l'importante série des antiquités de cette province, où il a fait de si importantes découvertes. Il a bien voulu nous envoyer une photographie de la coupe italo-grecque peinte citée page 209, et sur laquelle nous reviendrons prochainement.

QUESTIONS

Médaille de Louis XV relative à Saint-Germain-en-Laye. — Je possède dans ma collection la médaille suivante : Lud. XV rex christianiss. Tête du roi, à droite, le buste vêtu d'une cuirasse et d'un manteau fleurdelisé. ℞. Eximit et servat. Vue de la ville et du château de Saint-Germain-en-Laye. A gauche fontaine sur une colline. Exergue : Fontes S. Germani in Laya, MDCCXXXIII.

Quel est exactement le point d'histoire locale auquel cette médaille fait allusion ?

L. N. D.

RÉPONSES

Camps vitrifiés. — Ces camps semblent se retrouver, avec une analogie assez complète, en Écosse, en Norvège, sur les bords du Rhin, en Amérique; en France : dans les départements de l'Orne, de la Mayenne, des Côtes-du-Nord, de la Creuse et peut-être de la Loire.

Dans la Creuse, le plus remarquable de ces forts est celui de Château-Vieux, sur les limites des communes de Jarnages et de Pionnats. La forme est ellipsoïdale. La muraille a 2 mètres de hauteur et 4 d'épaisseur. Elle est formée de pierres granitiques régulièrement disposées, complètement soudées dans toute son épaisseur et dont la fusion a été telle que plusieurs ont coulé et qu'on retrouve partout trace des gaz qui se sont dégagés pendant l'opération. Ces pierres sont de moyenne grosseur, ne paraissent pas avoir été taillées et circonscrivent un sol plat dominant toute la contrée environnante. La muraille est presque perpendiculaire à l'extérieur et présente un léger talus à l'intérieur. J. D.

Camps vitrifiés. — Le *Magasin pittoresque* de 1845 (13ᵉ année) a publié deux articles sur ce sujet, l'un page 10, l'autre page 83, sous ce titre : « les Châteaux de verre ». Le premier a surtout rapport aux camps de l'Écosse, le second à celui de Sainte-Suzanne (Mayenne). L. N. D.

Coffret de saint Louis. — La cassette de saint Louis, roi de France, donnée par Philippe le Bel à l'abbaye du Lis, reproduction en or et en couleurs... accompagnée d'une notice historique et archéologique, etc., par Edouard Ganneron, a été publiée à Paris, en 1855, chez J. Claye. L. N. D.

Gargantua. — Nous avons aux environs de Rouen une légende relative à Gargantua (commune de Saint-Pierre-de-Varengeville). L. N. D.

Ancienne horlogerie. — J'indiquerai l'ouvrage suivant : *Histoire de l'horlogerie depuis son origine jusqu'à nos jours*, par P. Dubois, Paris, administration du « Moyen âge et de la Renaissance », 1849. L. N. D.

TABLE DES MATIÈRES

PLANCHES

MUSÉES, CHRONIQUE, BIBLIOGRAPHIE

QUESTIONS ET RÉPONSES

Pages.

10-2-8. — Tours, Imp. E. Arrault et Cie.

Chemins de fer de l'Ouest (lignes de Saint-Germain Versailles)

GARES DE DÉPART	GARES DE DESTINATION	PRIX PAR ABONNEMENT (impôts compris) (1)							
		UN MOIS		TROIS MOIS		SIX MOIS		UN AN	
		1re cl.	2e cl.	1re cl.	2e cl.	1re cl.	2e cl.	1re cl.	2e cl.
		fr. c.	fr. c.	fr. c.	fr. c.	fr. c.	fr. c.	fr. c.	fr. c.
PARIS (St-Lazare, Montparnasse ou Champ-de-Mars) (*) et *vice versa.* Avec arrêts facultatifs à toutes les gares intermédiaires.	SAINT-CLOUD, PONT-DE-SAINT-CLOUD, GARCHES, SÈVRES (Ville d'Avray et rive-gauche)……	42 »	30 »	105 »	75 »	150 »	105 »	210 »	150 »
PARIS (St-Lazare ou Montparnasse) (*) Avec arrêts facultatifs à toutes les gares intermédiaires.	VERSAILLES (R. D. et R. G.) et *vice versa*…………	60 »	42 »	150 »	105 »	225 »	150 »	300 »	210 »
PARIS (Saint-Lazare) (*vià* Le Pecq et *vià* Marly)… Avec arrêts facultatifs aux gares de tout le circuit.	SAINT-GERMAIN et *vice versa*……	60 »	42 »	150 »	105 »	225 »	150 »	300 »	210 »
PARIS (St-Lazare, Montparnasse ou Champ-de-Mars) (*) et *vice versa.* Avec arrêts facultatifs à toutes les gares intermédiaires.	VERSAILLES (R. D. et R. G.) et SAINT-GERMAIN (*vià* Le Pecq et *vià* Marly)…………	80 »	60 »	200 »	150 »	300 »	200 »	400 »	300 »
(*) Ces cartes sont rendues valables sur la Ceinture, d'Ouest-Ceinture à Paris-Saint-Lazare, moyennant les suppléments ci-contre Cette clause n'est pas applicable aux cartes d'abonnement d'un mois.		»	»	25 »	15 »	35 »	25 »	50 »	30 »

(1) Toutefois, le droit de timbre de 0 fr. 10 est à ajouter au prix de ces abonnements.

Chemins de fer de l'Ouest et de Brighton

PARIS A LONDRES

vià ROUEN, DIEPPE & NEWHAVEN
par la **Gare SAINT-LAZARE**

4 TRAVERSÉES PAR JOUR — 2 dans chaque sens

SERVICES RAPIDES DE JOUR ET DE NUIT

TOUS LES JOURS (y compris les dimanches et fêtes) ET TOUTE L'ANNÉE

TRAJET DE JOUR EN 8 HEURES (1re et 2e classes seulement)

GRANDE ÉCONOMIE

BILLETS SIMPLES (valables pendant sept jours) : 1re classe, **43 fr. 25**; 2e classe, **32 fr.**; 3e classe, **23 fr. 25**

BILLETS D'ALLER ET RETOUR (valables pendant un mois) : 1re classe, **72 fr. 75**; 2e classe, **52 fr. 75**; 3e classe, **41 fr. 50**

Service postal entre Paris, le Havre, Rouen, Dieppe et Londres

Départs de *Paris* (St-Lazare) : 10 h. matin, 9 h. soir. — Arrivée à *Londres* : London-Bridge, 7 h. soir, 7 h. 40 matin ; Victoria, 7 h. soir, 7 h. 50 matin. Départs de *Londres* : London-Bridge, 10 h. matin, 9 h. 55 soir ; Victoria, 10 h. matin, 9 h. 45 soir. — Arrivée à *Paris* (St-Lazare) : 6 h. 55 soir, 7 h. 45 matin.

AVIS — Des voitures à couloir (Toilette, W. C., etc.), sont mises en service dans les trains de marée de jour entre **PARIS et DIEPPE**. Les voyageurs de 1re classe peuvent y prendre place moyennant un supplément de 1 franc par personne.

GRANDS ET PUISSANTS PAQUEBOTS AFFECTÉS AU SERVICE

Manche……	Machine 5.000 ch.		Paris……	Machine 3.500 ch.
Sussex……	5.000 —		Rouen……	3.500 —
Tamise……	5.000 —		Normandy……	2.500 —
Seine……	4.000 —		Brittany……	2.500 —

Transport des marchandises en grande et en petite vitesse. — Transit international direct entre la France et l'Angleterre. — Services spéciaux accélérés pour la messagerie et les denrées G. V.

SERVICE EN DOUANE : GRANDE VITESSE, à Paris-Saint-Lazare ; PETITE VITESSE, à Batignolles (Importation et Exportation).

Chemins de fer de l'Ouest et du London and South-Western

PARIS A LONDRES (Par le Havre et Southampton)

1re ET 2e CLASSES SEULEMENT (1)

TOUS LES JOURS (*Dimanches exceptés*)

Départs : de *Paris* (Saint-Lazare), 6 h. 58 soir ; du Havre, 11 h. 45 soir ; de Southampton, 6 h. 50 matin. — Arrivée à Londres (Waterloo) 9 h. 44 matin.

Départs : de *Londres* (Waterloo) 9 h. 45 soir ; de Southampton, *minuit* ; du Havre, 8 h. matin. — Arrivée à Paris (Saint-Lazare) 11 h. 30 matin.

Billets simples valables pendant 7 jours : 1re classe, **42 fr. 25**, 2e cl., **31 fr.** — Billets d'aller et retour valables pendant 1 mois : 1re classe, **70 fr. 75**, 2e cl., **50 fr. 75**.

(1) MM. les voyageurs porteurs de Billets de 2e classe, peuvent effectuer le trajet de Paris au Havre, ou du Havre à Paris, en 1re classe moyennant le paiement d'un supplément de 8 fr. 30 par place.

L'Archéologie

Paraît par feuilles et planches mensuelles réunies en 8 fascicules
pour l'année.

PRIX DU FASCICULE : **3 francs.**

ABONNEMENT ANNUEL : **20 francs.**

On souscrit à Paris chez C. KLINCKSIECK et chez les
principaux libraires.

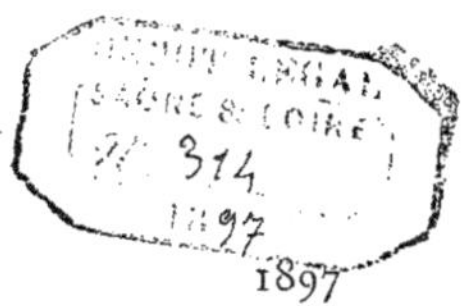

L'ARCHAEOLOGIA

DE PARIS

REVUE MENSUELLE

DES DÉCOUVERTES, DES COLLECTIONS, DES MUSÉES, DES SOCIÉTÉS
ET DES PUBLICATIONS ARCHÉOLOGIQUES

DIRIGÉE PAR

C.-R. GRAVILLE

Lauréat de l'Académie des Inscriptions et Belles-Lettres.

Abonnement annuel : **16** *francs.* — *Avec reliure spéciale livrée en novembre :* **20** *francs.*

PARIS

AUX BUREAUX DE L'ARCHAEOLOGIA

13, rue Spontini et à Saint-Germain-en-Laye, chez C.-R. GRAVILLE.

Tous droits réservés.

CORRESPONDANCE ROSE
ARCHÉOLOGIE, HISTOIRE, ÉPIGRAPHIE, NUMISMATIQUE, TRADITIONS, CURIOSITÉS

MM. les Correspondants peuvent signer comme ils l'entendent, mais en se faisant connaître à l'éditeur. Ceux qui désirent une réponse directe, avec ou sans insertion, sont priés d'ajouter un timbre-poste à leur demande. — Les collaborateurs sont priés, en citant des ouvrages, de toujours les indiquer avec beaucoup de détails.

Amor, mosaïste romain.

Est-on justifié à croire cet Amor citoyen carthaginois ? H. P.

Anciennes dates.

Quelles sont les plus anciennes dates historiquement connues ? Nous ne parlons pas de dates supposées d'après des cycles astronomiques plus ou moins bien rapprochés, mais de mentions certaines et indiscutablement authentiques. OEDIPE.

Ancienne notation musicale.

A-t-on pu éditer quelque chose d'exécutable en fait d'ancienne notation musicale ? Voilà longtemps qu'on nous promet un bon traité sur ce sujet, bien vaguement expliqué à ce qu'il me semble. Je suis persuadé que notre éditeur n'hésiterait pas à reproduire une traduction présentable, mise en regard de la copie d'un original très ancien ? FLAGEOLET.

Arabesques sculptées avant 1500.

Peut-on citer des arabesques sculptées sur des montants avant 1500, et dans quelles localités ? JULIO.

Artémise.

Quelles sont les médailles de cette princesse carienne que l'on considère comme authentiques ? Le bronze, avec le Mausolée au revers, est-il la copie d'une autre pièce. M. N.

Européens originaires de l'Atlantide.

Un docteur du Muséum a cru reconnaître chez les Guanches les descendants de l'homme préhistorique de l'ouest de la France. Cette constatation vient-elle confirmer l'hypothèse d'hommes venus en Europe d'une Atlantide disparue ? OWEN.

Cadrans solaires.

Existe-t-il des cadrans solaires gothiques ou romans ? Marquent-ils des déviations de la méridienne ? CARLO.

Calvaires gothiques.

Existe-t-il d'intéressants calvaires gothiques plus anciens que le XVIIe siècle ? Peut-on en obtenir des dessins et des photographies ? CAREL.

Camps vitrifiés.

Peut-on donner des indications géographiques et archéologiques sur les camps à remparts de pierres vitrifiées ? NICOLAS.

Codex argenteus.

Cette ancienne bible gothique est-elle vraiment l'œuvre de l'évêque Wulfila ? ALTONA.

Coffret de Saint-Louis.

On cherche des renseignements sur cette ancienne boîte émaillée, actuellement dans la galerie d'Apollon au Musée du Louvre.

AYCARD.

Couronnes gothiques du Musée de Cluny.

L'authenticité des couronnes gothiques votives, conservées au Musée de Cluny et provenant de Guarazar, est-elle indiscutable ? MANÉGLISE.

Danses macabres.

Y a-t-il des variantes à ce qui a été publié ?

Églises antérieures au Xe siècle.

Possède-t-on des dessins ou plans d'églises antérieurs au Xe siècle. JULIO.

Gargantua.

Dans quelles localités retrouve-t-on des traditions relatives à Gargantua ? CALOUET.

Généalogies.

Pourrait-on donner des renseignements d'ensemble sur les familles Pinceloup (Perche, XVIIe et XVIIIe siècles) ; Léonard (Nogent-le-Rotrou, 1674) ; Villemay (Nogent-le-Rotrou, 1687) ?

Un de nos collaborateurs désirerait connaître en particulier :

1° Les principales charges occupées, et carrières suivies dans chacune de ces familles ?

2° Leurs armes ;

3° Leurs principales alliances. P.

Gobelins.

Sous ce nom nous connaissons des *lutins* d'une espèce particulière. Peut-on ajouter quelques détails à ce sujet, et surtout localiser les légendes ? CAREL.

Gravures relatives à la campagne de Bonaparte en Italie.

Connaît-on des gravures où le nom des vaincus serait resté en blanc, soit en attendant les événements, soit pour pouvoir circuler plus librement, le sait-on ? J'ai vu deux gravures avec lettre française, où pourtant il s'agissait d'un insuccès à Vérone et du départ des troupes... (françaises !). LÉCOLIER.

Jean Cousin.

Quels sont les tableaux sur verre dont on peut attribuer les cartons à Jean Cousin ? LÉCOLIER.

L'arc d'Orange.

Est-on arrivé à citer une date à peu près certaine pour l'arc d'Orange ? SANCY.

Le nom Paganus.

Peut-on dériver ce nom de *Pagus* ? DE VILLE.

Le Bon Pasteur.

Où trouve-t-on les plus anciennes représentations du *Bon Pasteur* ? EUGENIUS.

Les Romains fumaient-ils ?

Cette question a-t-elle été étudiée sérieusement, et d'après quels documents ? VIATOR.

L'ogive au XIIᵉ siècle.

Connaît-on des églises ogivales remontant avec certitude au XIIᵉ siècle ? On voudrait avoir des dates bien certaines, en dehors des dictionnaires publiés. VIOLET LECOMTE.

Maisons des Templiers.

En quoi différaient-elles des autres édifices ?

Monnaies contemporaines de la mort de César.

Celles qui représentent des épées avec le mot : Libertas, etc. peuvent-elles être considérées comme authentiques ? BARBATOS.

Monnaies de Commius l'Atrébate.

Peut-on citer des monnaies de Commius l'Atrébate et donnent-elles des indications historiques sur ce personnage ? CAMUL.

Monnaies gauloises.

Peut-on me renseigner sur l'alphabet des médailles gauloises qui ont été si différemment interprétées par les mêmes numismatistes, et qui ont été appelées celto-ibériennes ? CAMUL.

Montres à quantièmes.

Quelles sont les plus anciennes montres à quantième ? Je cherche vainement un bon ouvrage sur l'ancienne horlogerie. En existe-t-il un ? FROIDMANTEL.

Numismatique franque.

Quelle est la plus ancienne monnaie mérovingienne citée ?

— Les noms commençant par DOMN ont-ils quelque rapport avec le sens des inscriptions semblables de Constance Chlore et d'Eugène, par exemple ? PERTINAX.

Peinture de la galerie de Fontainebleau.

Existe-t-il une copie de la peinture qui représentait la prise du Havre sous Charles IX ? DE VILLE.

Portrait de Jeanne d'Arc.

Il a été exposé à Paris, il y a peu d'années, un portrait de Jeanne d'Arc, qu'on croyait authentique, ou au moins contemporain. Qu'est-il devenu ? G.

Production du blé dans l'Afrique romaine.

Les provinces romaines de l'Afrique produisaient de fortes quantités de blé. Peut-on nous donner quelques données statistiques à ce sujet ?

Rochers naturels.

Y a-t-il un traité spécial sur les superstitions relatives aux rochers naturels, blocs erratiques ou autres ? Ceux-ci se trouvent-ils dans les mêmes régions que les monuments mégalithiques ? PETRUS.

Runan.

On demande s'il a été publié un ouvrage spécial sur cette localité, voisine de Pontrieux, département des Côtes-du-Nord. DE VILLE.

Sacrifices de coqs rouges.

Les sacrifices de coqs rouges se pratiquaient-ils encore récemment ? Dans quelles localités les préparait-on à cet effet en leur greffant sur la tête un ergot ou quelque chose figurant une corne ? LIGEOIS.

Serpent ailé.

Le serpent ailé se rencontre-t-il sur des sculptures du moyen âge, et dans quelles localités ? Y trouve-t-on aussi le serpent cornu ? MANÉGLISE.

Sibylles du XVᵉ siècle.

Connaît-on des images sur verre semblables à celle qui a été publiée sur votre deuxième planche ? LÉCOLIER.

Statue équestre de Charlemagne.

Cette statuette n'a-t-elle pas figuré au Musée des Souverains ? Où trouverait-on des détails à ce sujet ? JULIUS.

Théâtres et amphithéâtres gallo-romains.

Possède-t-on des données chronologiques sérieuses sur les théâtres et amphithéâtres élevés en Gaule depuis la conquête ? JULIO.

Un d'Houdetot du XIVᵉ siècle.

Y a-t-il eu un capitaine d'hommes d'armes du nom de d'Houdetot au XIVᵉ siècle ? MARTEL.

Un peintre silésien.

Connaît-on de Léopold Carl Roessler, peintre silésien ou autrichien, autre chose que son portrait d'Haydn ? FRANZ.

Utilisation des forces intellectuelles fossiles.

Aux dernières vacances de Pâques, m'assure-t-on, on distribuait des prospectus d'un musée avec cette mention. Était-ce une simple plaisanterie ou une rêverie bizarre ? VIATOR.

Vases anciens en terre avec cloisons fermées en verre.

Peut-on citer des exemples plus anciens que les mérovingiens ? CARLO.

Violons.

Nos violons du XVIᵉ siècle sont-ils les plus anciens ? Je parle du violon tel qu'il existe encore aujourd'hui ? PUGNANI.

Vitres historiées.

Existe-t-il encore des vitres de maisons avec des petites histoires populaires coloriées ; ont-elles fait l'objet d'études particulières ? LÉCOLIER.

ARCHAEOLOGIA

DE PARIS

REVUE MENSUELLE

des Découvertes, des Collections, des Musées, des Sociétés et des Publications archéologiques

PUBLIÉE PAR M. C.-R. GRAVILLE, RUE SPONTINI, PARIS
ET SAINT-GERMAIN-EN-LAYE

Cette Revue publie chaque mois un article séparé avec une ou plusieurs planches sur des sujets les plus importants, de manière à former en peu de temps une riche collection de chefs-d'œuvre de l'antiquité et de la rareté historique.

La Chronique des découvertes et des collections, et la Bibliographie sont particulièrement soignées, et le concours actif des souscripteurs est réclamé dans ce but.

Une colonne spéciale est ouverte pour les Questions et Réponses intéressant nos collaborateurs.

La souscription est pour l'année.

Prix de l'abonnement annuel : SEIZE francs.

Le numéro séparé, comprenant une monographie spéciale, se vend **un franc cinquante.**

ON SOUSCRIT :

A Saint-Germain-en-Laye, chez C.-R. GRAVILLE; à Paris, chez C.-R. GRAVILLE, rue Spontini; C. BORRANI, 9, rue des Saints-Pères; Ernest LEROUX, 28, rue Bonaparte; Alphonse PICARD, 82, rue Bonaparte; H. WELTER, 59, rue Bonaparte; à Londres, chez D. NUTT et chez HACHETTE et Cie; à Londres, Oxford et Édimbourg, chez WILLIAMS et NORGATE.

MACON, PROTAT FRÈRES, IMPRIMEURS.

L'ARCHAEOLOGIA

DE PARIS

REVUE MENSUELLE

DES DÉCOUVERTES, DES COLLECTIONS, DES MUSÉES, DES SOCIÉTÉS
ET DES PUBLICATIONS ARCHÉOLOGIQUES

DIRIGÉE PAR

C.-R. GRAVILLE

Lauréat de l'Académie des Inscriptions et Belles-Lettres.

SOMMAIRE :

PARIS

C.-R. GRAVILLE

13, rue Spontini, 13

—

CORRESPONDANCE ROSE
ARCHÉOLOGIE, HISTOIRE, TRADITIONS, CURIOSITÉS

MM. les Correspondants peuvent signer comme ils l'entendent, mais en se faisant connaître à l'éditeur. Ceux qui désirent une réponse directe, avec ou sans insertion, sont priés d'ajouter un timbre-poste à leur demande. — Les folios destinés à la correspondance seront augmentés à mesure que cela deviendra utile. Les collaborateurs sont priés de se souvenir de l'insuffisance des catalogues de nos bibliothèques, et, en citant des ouvrages, de toujours les indiquer avec beaucoup de détails.

Amor, mosaïste romain.

Est-on justifié à croire cet Amor citoyen carthaginois ?
H. P.

Cadrans solaires.

Existe-t-il des cadrans solaires gothiques ou romans ? Marquent-ils des déviations de la méridienne ?
CARLO.

Calvaires gothiques.

Existe-il d'intéressants calvaires plus anciens que le XVIIe siècle ? Peut-on en obtenir des dessins et des photographies ?
CAREL.

Camps vitrifiés.

Peut-on donner des indications géographiques et archéologiques sur les camps à remparts de pierres vitrifiées ?
NICOLAS.

Danses macabres.

Y a-t-il des variantes à ce qui a été publié ?

Gargantua.

Dans quelles localités retrouve-t-on des traditions relatives à Gargantua ?
CALOUET.

Gravures relatives à la campagne de Bonaparte en Italie.

Connaît-on des gravures où le nom des vaincus serait resté en blanc, soit en attendant les événements, soit pour pouvoir circuler plus librement, le sait-on ? J'ai vu deux gravures avec lettre française, où pourtant il s'agissait d'un insuccès à Vérone et du départ des troupes... françaises !).
LÉCOLIER.

L'arc d'Orange.

Est-on arrivé à citer une date à peu près certaine pour l'arc d'Orange ?
SANCY.

Les Romains fumaient-ils ?

Cette question a-t-elle été étudiée sérieusement, et d'après quels documents ?
VIATOR.

L'ogive au XIIe siècle.

Connaît-on des églises ogivales remontant avec certitude au douzième siècle ? On voudrait avoir des dates bien certaines, en dehors des dictionnaires publiés.
VIOLET LECOMTE.

Maisons des Templiers.

En quoi différaient-elles des autres édifices ?

Monnaies de Commius l'Atrébate.

Peut-on citer des monnaies de Commius l'Atrébate et donnent-elles des indications historiques sur ce personnage ?
CAMUL.

Monnaies gauloises.

Peut-on me renseigner sur l'alphabet des médailles gauloises, qui ont été si différemment interprétées par les mêmes numismatistes, et qui ont été appelées celto-ibériennes ?
CAMUL.

Montres à quantièmes.

Quelles sont les plus anciennes montres à quantième ? Je cherche vainement un bon ouvrage sur l'ancienne horlogerie. En existe-t-il un ?
FROIDMANTEL.

Portrait de Jeanne d'Arc.

Il a été exposé à Paris, il y a peu d'années, un portrait de Jeanne d'Arc, qu'on croyait authentique, ou au moins contemporain. Qu'est-il devenu ?
G.

Rochers naturels.

Y a-t-il un traité spécial sur les superstitions relatives aux rochers naturels, blocs erratiques ou autres ? Ceux-ci se trouvent-ils dans les mêmes régions que les monuments mégalithiques ?
PETRUS.

Runan.

On demande s'il a été publié un ouvrage spécial sur cette localité, voisine de Pontrieux, département des Côtes-du-Nord.
DE VILLE.

Sacrifices de coqs rouges.

Les sacrifices de coqs rouges se pratiquaient-ils encore récemment ? Dans quelles localités les préparait-on à cet effet en leur greffant à la tête un ergot, ou quelque chose figurant une corne ?
LIGEOIS.

Serpent ailé.

Le serpent ailé se rencontre-t-il sur des sculptures du moyen âge, et dans quelles localités ? Y trouve-t-on aussi le serpent cornu ?
MANÉGLISE.

Théâtres et amphithéâtres gallo-romains.

Possède-t-on des données chronologiques sérieuses sur les théâtres et amphithéâtres élevés en Gaule depuis la conquête ?
JULIO.

Production du blé dans l'Afrique romaine.

Les provinces romaines de l'Afrique produisaient de fortes quantités de blé. Peut-on nous donner quelques données statistiques à ce sujet ?

Jean Cousin.

Quels sont les tableaux sur verre dont on peut attribuer les cartons à Jean Cousin ?
LÉCOLIER.

Églises antérieures au Xe siècle.

Possède-t-on des dessins ou plans d'églises antérieurs au dixième siècle ?
JULIO.

Arabesques sculptées avant 1500.

Peut-on citer des arabesques sculptées sur des montants avant 1500, et dans quelles localités ?
JULIO.

Peinture de la galerie de Fontainebleau

Existe-t-il une copie de la peinture qui représentait la prise du Havre sous Charles IX ?
DE VILLE.

DEMANDES D'ÉCHANGE

Transmettre les offres ou estimations au Directeur de l'Archaelogia.

On demande à échanger :

BOSSUET. — Oraisons funèbres. Éditions de Sébastien Mabre, avec vignettes des oraisons de : Turenne. 1676 ; Anne de Gonzague, princesse de Clèves, 1685 ; Michel Le Tellier. 1686; L. de Bourbon, prince de Condé, 1687.

NOUVEL ABRÉGÉ DE L'HISTOIRE DE FRANCE, 3ᵉ édition, Paris, Prault, 1749, avec vignettes et fleurons en taille-douce.

AMADIS DES GAULES, 3 vol. avec planches. Amsterdam, Jolly, 1750.

MONTRE LOUIS XIV avec mouvement ancien en marche, signée Froidmantel et Clarke, avec clés Louis XVI et Directoire.

TABLEAU DE RIBEIRA. — Le reniement de Saint-Pierre. Grand tableau oblong.

UN PLAN DE LONDRES. Estampe ancienne, montrant les fortifications élevées en 1642.

MONTFAUCON (B. de). — L'antiquité expliquée et représentée en figures. 5 tomes en 10 parties, 1719. — Supplément au livre de l'antiquité expliquée et représentée en figures. 5 vol. in-fol. 1724. En tout 10 vol. in-4 rel. pl. v, nombr. pl. et grav., 1719-1724.
Exemplaire en médiocre état.

MONTFAUCON (B. de). — L'antiquité expliquée et représentée en figures. 2ᵉ édit., 5 tomes en 10 parties in-folio, rel., pl. v. Paris, 1719-22.
Le premier volume de la 2ᵉ éd. est un peu plus court de marge que les autres.

MONUMENTS GRECS publiés par l'Association pour l'encouragement des études grecques en France. Numéros 1 à 20. In-4, avec nombreuses planches. Paris, 1872-94.

CAUMONT (A. de). — Abécédaire ou rudiment d'archéologie. — Ère gallo-romaine. — Architecture religieuse 5ᵉ éd. — Architecture civile et militaire, 3ᵉ éd., 3 vol. in-8. Caen, 1862-1870.

COMPTE RENDU DE LA COMMISSION IMPÉRIALE ARCHÉOLOGIQUE DE SAINT-PÉTERSBOURG pour 1865, contenant Erklærung einiger im Jahre 1864 im südl. Russland gefundenen Gegenstænde, von L. Stephani. In-4, avec fig. et un atlas de 6 grandes planches in-fol. en chromolithographie.

L'ABBÉ COCHET. — La Seine-Inférieure historique et archéologique. 1ᵉ éd., 1866.

L'ABBÉ COCHET. — Étretat : son passé, son présent, son avenir. 2ᵉ éd., 1869.

LAYARD (A.-H.). — Niniveh and its remains. 4ᵉ éd. 2 vol. in-8, av. pl. et cartes, toile. London, 1849

LONGPÉRIER. — Musée de Napoléon III. Choix de monuments antiques pour servir à l'histoire de l'art en Orient et en Occident. In-4. 23 pl. en couleur et texte explicatif. En portefeuille.

LUYNES (Duc de). — Voyage d'exploration à la mer Morte, à Petra et sur la rive gauche du Jourdain. 4 tomes en 2 vol. in-4 de texte et atlas in-4, d.-mar. citron, coins, dos orné, fil., tr. v. 1871-76.
Superbe exemplaire.

LUYNES (U. D. de). — Choix de médailles grecques. In-fol., av. 17 pl., d.-mar. brun, coins, 1840.

CH. RŒSSLER. — Notice sur le Majus Chronicon Fontanellae, manuscrit du IXᵉ siècle. 1867.

CH. RŒSSLER. — Tableau archéologique de l'arrondissement du Havre, par classes de monuments et par époques successives, avec 4 pl. 1867.

CH. RŒSSLER. — Le Havre d'autrefois, in-fol., avec 65 pl. d'eaux-fortes, avec chromolitographies et photogravures Goupil et Dujardin. 1882.

CH. RŒSSLER. — Étude sur les travaux de l'abbé Cochet, 1886.

DEVILLE (Achille). — Histoire du château et des sires de Tancarville.

SPITZER. — La collection Spitzer. Catalogue descriptif. 2 vol. in-folio de texte et 1 album renfermant les planches grand in-folio et représentant tous les objets décrits. 1893.

— La collection Spitzer. Catalogue sommaire. 2 vol. in-16. 1893.

SPITZER. — La collection Spitzer. 6 vol. in-fol., avec 360 pl. en chromolith., or et argent, en carton, sur papier vélin. 1889-1892.

SOCIÉTÉ NATIONALE DES ANTIQUAIRES DE FRANCE. Mémoires et bulletins de la Société nationale des antiquaires de France. Tomes I à XLIV inclus. 44 vol. in-8, br., av. pl. Avec l'atlas rare du tome IX.

ULFILAS. — La Bible en langue vulgaire d'après le *Codex Argenteus*. Traduction et commentaires de Massmann. 1857.

BABELON (E.). — Le cabinet des antiques à la Bibliothèque Nationale. Choix des principaux monuments de l'Antiquité, du Moyen âge et de la Renaissance conservés au département de médailles et antiques. Complet en 3 livraisons in-fol., avec 60 pl. en héliog. et en couleurs, cart. d.-toile, 1887-89.

LABORDE (Comte Alex. de). — Les monuments de la France classés chronologiquement et considérés sous le rapport des faits historiques et de l'étude des arts. 2 vol. gr. in-fol., d.-rel. mar. rouge, tête d'or., non rog. Paris (Joubert et Giard), de l'impr. de Didot l'aîné, 1816-1836. Quelques planches sont raccommodées. Du reste très bel exemp.

LABORDE (Comte de). — La Renaissance des arts à la cour de France. Études sur le XVIᵉ siècle. In-8, rel. d.-veau. Paris, 1850-55.

MOREAU (F.). — Album Caranda. Objets des époques préhistoriques, gauloise, romaine et franque, provenant des fouilles dans le département de l'Aisne, faites de 1873 à 1877. In-fol., av. 46 pl. en coul. et or.

HÉRISSON (Le comte). — Relation d'une mission archéologique en Tunisie. 1 vol. in-4, de 288 pages, avec 1 carte et 9 planches en photogravure. 1881.

OUVRAGES D'ART ET D'ARCHÉOLOGIE
EN COURS D'ÉDITION :

Œuvres de A. de Longpérier, réunies par G. Schlumberger, 7 vol. in-8, richement illustrés avec héliogravures. Paris, Ernest Leroux. 125 fr.

Alexandre Bertrand. — Nos origines, 5 volumes in-8, avec nombreuses planches et cartes. Paris, Ernest Leroux. 50 fr.

Introduction : Archéologie Celtique et Gauloise. — Tome I : la Gaule avant les Gaulois. — II : Les Celtes d'après les monuments et les textes. — III : la Religion gauloise (sous presse). — IV : la Gaule Romaine (en préparation).

Salomon Reinach. — Esquisses archéologiques. 1 vol. in-8, avec 8 planches en héliogravure. Paris, Ernest Leroux. 12 fr.

Alexandre Bertrand et Salomon Reinach. — Les Celtes dans les vallées du Pô et du Danube. Paris, Ernest Leroux.

Salomon Reinach. — Antiquités nationales. Description raisonnée du musée de Saint-Germain-en-Laye. Époque des alluvions et des cavernes. Bronzes figurés de la Gaule romaine. Paris, Firmin-Didot.

E. Pottier et S. Reinach. — Terres cuites et autres antiquités trouvées dans la métropole de Myrina, catalogue raisonné, in-8. Paris, imprimeries réunies. — La nécropole de Myrina, deux vol. in-4, avec 50 planches d'héliogravures. Paris, Thorin.

G. Lafenestre et E. Richtenberger. — La peinture en Europe. — Catalogues raisonnés des principales œuvres conservées : I, le Louvre. II, Florence. III, La Belgique et la Hollande. Paris, Imprimeries réunies.

H. de la Tour. — Album des Monnaies gauloises. In-folio. Imprimerie nationale.

Eugène Révillout. — Lettres sur les monnaies égyptiennes. Paris, Maisonneuve, 1895.

Eugène Révillout. — Mélanges sur la métrologie, l'économie politique et l'histoire en ancienne Égypte, avec de nombreux textes démotiques, hiéroglyphiques, hiératiques ou grecs inédits, ou antérieurement mal publiés. Paris, Maisonneuve, 1895.

Eugène Révillout. — La Propriété. Ses démembrements, la possession et les transmissions en Droit Égyptien, comparé aux autres droits de l'Antiquité. Paris. E. Leroux.

Eugène Révillout. — Les obligations en Droit égyptien, comparé aux autres Droits de l'Antiquité. Leçons professées à l'École du Louvre suivies d'un Appendice sur le Droit en Chaldée au XXIIIe et au VIe siècle avant J.-Ch. Paris, Ernest Leroux.

Émile Boudier. — Métrique démotique. Le mètre des vers égyptiens et les règles de la prosodie démotique. Paris, Ernest Leroux.

VIENT DE PARAITRE :

E. Pottier. — Vases antiques du Louvre. Paris, Hachette et Cie.

Salles A et E. Les styles primitifs. Écoles Rhodienne et Corinthienne, Photographies et dessins de Jules Devillard.

ARCHAEOLOGIA DE PARIS

Les numéros à la réimpression sont échangés ou complétés sur la demande des souscripteurs.

Prix de l'abonnement annuel : **seize francs.**

Avec reliure spéciale livrée en décembre : **vingt francs.**

Le numéro mensuel : 1 franc 50.

On souscrit, à Paris, chez C. R. Graville, 13, rue Spontini et Ernest Leroux, 28, rue Bonaparte ; à Londres, chez Hachette et Cie ; à Londres, Oxford et Édimbourg, chez Williams et Norgate.

MACON, PROTAT FRÈRES, IMPRIMEURS.

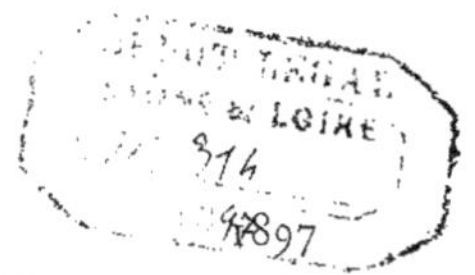

L'ARCHAEOLOGIA

DE PARIS

REVUE MENSUELLE

DES DÉCOUVERTES, DES COLLECTIONS, DES MUSÉES, DES SOCIÉTÉS

ET DES PUBLICATIONS ARCHÉOLOGIQUES

DIRIGÉE PAR

C.-R. GRAVILLE

Lauréat de l'Académie des Inscriptions et Belles-Lettres.

SOMMAIRE :

PARIS

ERNEST LEROUX, ÉDITEUR

28, rue Bonaparte, 28

CORRESPONDANCE ROSE
ARCHÉOLOGIE, HISTOIRE, ÉPIGRAPHIE, NUMISMATIQUE, TRADITIONS, CURIOSITÉS

MM. les Correspondants peuvent signer comme ils l'entendent, mais en se faisant connaître à l'éditeur. Ceux qui désirent une réponse directe, avec ou sans insertion, sont priés d'ajouter un timbre-poste à leur demande. — Les collaborateurs sont priés, en citant des ouvrages, de toujours les indiquer avec beaucoup de détails.

Anciennes dates.

Quelles sont les plus anciennes dates historiquement connues ? Nous ne parlons pas de dates supposées d'après des cycles astronomiques plus ou moins bien rapprochés, mais de mentions certaines et indiscutablement authentiques ? OEDIPE.

Arabesques sculptées avant 1500.

Peut-on citer des arabesques sculptées sur des montants avant 1500, et dans quelles localités ? JULIO.

Artémise.

Quelles sont les médailles de cette princesse carienne que l'on considère comme authentiques ? Le bronze, avec le Mausolée au revers, est-il la copie d'une autre pièce ? M. N.

Camps vitrifiés.

Peut-on donner des indications géographiques et archéologiques sur les camps à remparts de pierres vitrifiées ? NICOLAS.

Danses macabres.

Y a-t-il des variantes à ce qui a été publié ?

Églises antérieures au Xe siècle.

Possède-t-on des dessins ou plans d'églises antérieurs au dixième siècle ? JULIO.

Gargantua.

Dans quelles localités retrouve-t-on des traditions relatives à Gargantua ? CALOUET.

Généalogies.

Pourrait-on donner des renseignements d'ensemble sur les familles Pinceloup (Perche XVIIe et XVIIIe siècles) ; Léonard (Nogent-le-Rotrou, 1674) ; Villemay (Nogent-le-Rotrou, 1687) ?
Un de nos collaborateurs désirerait connaître en particulier :
1° Les principales charges occupées, et carrières suivies dans chacune de ces familles.
2° Leurs armes.
3° Leurs principales alliances. P.

Gobelins.

Sous ce nom, nous connaissons des *lutins* d'une espèce particulière. Peut-on ajouter quelques détails à ce sujet, et surtout localiser les légendes ? CAREL.

Jean Cousin.

Quels sont les tableaux sur verre dont on peut attribuer les cartons à Jean Cousin ? LÉCOLIER.

Les Romains fumaient-ils ?

Cette question a-t-elle été étudiée sérieusement, et d'après quels documents ? VIATOR.

L'ogive au XIIe siècle.

Connaît-on des églises ogivales remontant avec certitude au douzième siècle ? On voudrait avoir des dates bien certaines, en dehors des dictionnaires publiés.
VIOLLET LECOMTE.

Maisons des Templiers.

En quoi différaient-elles des autres édifices ?

Monnaies gauloises.

Peut-on me renseigner sur l'alphabet des médailles gauloises, qui ont été si différemment interprétées par les mêmes numismatistes, et qui ont été appelées celto-ibériennes ? CAMUL.

Montres à quantièmes.

Quelles sont les plus anciennes montres à quantième ? Je cherche vainement un bon ouvrage sur l'ancienne horlogerie. En existe-t-il un ?
FROIDMANTEL.

Peinture de la galerie de Fontainebleau

Existe-t-il une copie de la peinture qui représentait la prise du Havre sous Charles IX ? DE VILLE.

Portrait de Jeanne d'Arc.

Il a été exposé à Paris, il y a peu d'années, un portrait de Jeanne d'Arc, qu'on croyait authentique, ou au moins contemporain. Qu'est-il devenu ? G.

Production du blé dans l'Afrique romaine.

Les provinces romaines de l'Afrique produisaient de fortes quantités de blé. Peut-on nous donner quelques données statistiques à ce sujet ?

Rochers naturels.

Y a-t-il un traité spécial sur les superstitions relatives aux rochers naturels, blocs erratiques ou autres ? Ceux-ci se trouvent-ils dans les mêmes régions que les monuments mégalithiques ? PETRUS.

Runan.

On demande s'il a été publié un ouvrage spécial sur cette localité, voisine de Pontrieux, département des Côtes-du-Nord. DE VILLE.

Sacrifices de coqs rouges.

Les sacrifices de coqs rouges se pratiquaient-ils encore récemment ? Dans quelles localités les préparait-on à cet effet en leur greffant à la tête un ergot, ou quelque chose figurant une corne ? LIGEOIS.

Serpent ailé.

Le serpent ailé se rencontre-t-il sur des sculptures du moyen âge, et dans quelles localités ? Y trouve-t-on aussi le serpent cornu ? MANÉGLISE.

Sibylles du XVe siècle.

Connaît-on des images sur verre semblables à celle qui a été publiée sur votre deuxième planche ?
LÉCOLIER.

Théâtres et amphithéâtres gallo-romains.

Possède-t-on des données chronologiques sérieuses sur les théâtres et amphithéâtres élevés en Gaule depuis la conquête ? JULIO.

Pour ne pas retarder la publication des réponses qui n'ont pu trouver place dans le présent fascicule, nous les donnons une première fois ci-dessous, en attendant la réimpression régulière.

Gargantua. — Non loin de Rouen, sur les bords de la Seine, auprès de Duclair, se trouve une roche très élevée, connue sous le nom de *Chaise de Gargantua*, et qui prête, dans la contrée, à de naïfs commentaires sur les habitudes supposées du géant. Une charte du XI⁰ siècle la désigne sous le nom de *Curia Gigantis*, chaise de géant.

Plus loin, près Tancarville, à l'extrémité d'une enceinte retranchée, que l'on croit gauloise, on observe une roche de craie ayant la forme d'un énorme cul-de-lampe, qui est suspendue à une grande hauteur au-dessus du niveau de la Seine. Beaucoup de traditions fabuleuses et le souvenir de Gargantua se rattachent à cette roche que l'on appelle, dans le pays, la *pierre Gaule*.

D. C.

Gargantua. — Les monuments celtiques sont presque tous l'objet de traditions fabuleuses. Ils sont, dit-on, l'œuvre d'un être colossal appelé Gargantua. Ils doivent recouvrir de grands trésors; des fées toutes puissantes, des esprits mutins et des revenants habitent près d'eux. Ces contes, tout absurdes qu'ils sont, font encore tant d'impression sur les villageois dans quelques contrées, qu'ils n'oseraient aller la nuit près des monuments celtiques; ils racontent même les aventures surprenantes de ceux qui se sont exposés aux dangers d'une pareille visite. (A. de Caumont, *Cours d'antiquités monumentales*, I, p. 205.)

Monnaies de Commius l'Atrébate. — *L'Atlas des monnaies Gauloises* de M. H. de la Tour reproduit deux monnaies d'argent:

N° 8680 : Effigie casquée : légende **CARMANOS**. Revers : Cheval en course; légende **COMIOS**.

N° 8682 : Effigie casquée; légende **GARMANO**. Revers : Cheval en course; légende **COMMIOꟿ**.

E. J.

Il s'agit ici sans doute de Commius, commandant l'armée venant au secours de Vercingétorix assiégé dans Alésia.

Monnaies de Commius l'Atrébate. — Dans ses ouvrages sur la Numismatique des anciens Bretons, Sir J. Evans cite des monnaies où on lit... COMMIVS, VERI-CA, COMMI. F.. ...INC. COMMI. F., COM.F, EPPI. COM. F. Cet auteur ne repousse pas l'interprétation d'après laquelle les fils de Commius auraient fait frapper ces monnaies. Commius aurait donc régné dans le sud de la Grande-Bretagne, et ses fils lui auraient succédé. Depuis plus de trente ans que cette interprétation numismatique a été publiée, rien n'est venu l'infirmer.

CALOUET.

Peinture de la galerie de Fontainebleau. — Je ne connais pas de copie de cette peinture qui représentait le siège du Havre. M. Léon Palustre et les éditeurs de l'ouvrage illustré sur Le Havre l'ont vainement cherchée, il y a quelques années. Depuis cette époque, en lisant les correspondances du temps d'Élisabeth, qui sont conservées Fetter lane (et non à la *Tour de Londres*, comme on continue de le répéter d'après des ouvrages publiés il y a plus de soixante ans, ou d'après des copies d'anciens catalogues, rapidement faits et qu'on a consciencieusement relevés, et assez exactement traduits), en lisant ces correspondances, j'ai trouvé celles de l'ambassadeur Norris, qui a examiné ce tableau, et en a fait l'objet d'une lettre au Conseil privé.

La peinture représentait trois gentilshommes anglais venant offrir, à genoux, à Charles IX et à Catherine, sa mère, les clés de la ville du Havre. Une inscription latine rappelait ce siège mémorable; mais quelques mots y parurent offensants à l'ambassadeur, qui s'en plaignit, tout en déclarant la peinture magnifique. Charles IX fit repeindre trois mots plus acceptables, en place des autres, et tout le monde parut content.

C. R.

Calvaires gothiques. — Il existe au cimetière de Kirk-Braddan (île de Man) une curieuse croix pattée inscrite, posée sur le sommet d'une pyramide taillée en bois; l'inscription est semi-runique et indique le dixième siècle.

CAMUL.

OUVRAGES D'ART ET D'ARCHÉOLOGIE

EN COURS D'ÉDITION :

Œuvres de A. de Longpérier, réunies par G. Schlumberger, 7 vol. in-8, richement illustrés avec héliogravures. Paris, Ernest Leroux.

Alexandre Bertrand. — Nos origines, 5 volumes in-8, avec nombreuses planches et cartes. Paris, Ernest Leroux.

Introduction : Archéologie Celtique et Gauloise. — Tome I : la Gaule avant les Gaulois. — II : Les Celtes d'après les monuments et les textes. — III : la Religion gauloise (sous presse). — IV : la Gaule Romaine (en préparation).

Salomon Reinach. — Esquisses archéologiques. 1 vol. in-8, avec 8 planches en héliogravure. Paris. Ernest Leroux.

Alexandre Bertrand et Salomon Reinach. — Les Celtes dans les vallées du Pô et du Danube. Paris, Ernest Leroux.

Salomon Reinach. — Antiquités nationales. Description raisonnée du musée de Saint-Germain-en-Laye. Époque des alluvions et des cavernes. Bronzes figurés de la Gaule romaine. Paris, Firmin-Didot.

E. Pottier et S. Reinach. — Terres cuites et autres antiquités trouvées dans la métropole de Myrina, catalogue raisonné, in-8. Paris, imprimeries réunies. — La nécropole de Myrina, deux vol. in-4, avec 50 planches d'héliogravures. Paris, Thorin.

G. Lafenestre et E. Richtenberger. — La peinture en Europe. — Catalogues raisonnés des principales œuvres conservées : I, le Louvre. II, Florence. III, La Belgique et la Hollande. Paris, Imprimeries réunies.

H. de la Tour. — Album des Monnaies gauloises. In-folio. Imprimerie nationale.

Eugène Révillout. — Lettres sur les monnaies égyptiennes. Paris, Maisonneuve, 1895.

Eugène Révillout. — Mélanges sur la métrologie, l'économie politique et l'histoire en ancienne Égypte, avec de nombreux textes démotiques, hiéroglyphiques, hiératiques ou grecs inédits, ou antérieurement mal publiés. Paris, Maisonneuve, 1895.

Eugène Révillout. — La Propriété. Ses démembrements, la possession et les transmissions en Droit Égyptien, comparé aux autres droits de l'Antiquité. Paris. E. Leroux.

Eugène Révillout. — Les obligations en Droit égyptien, comparé aux autres Droits de l'Antiquité. Leçons professées à l'École du Louvre suivies d'un Appendice sur le Droit en Chaldée au XXIIIe et au VIe siècle avant J.-Ch. Paris, Ernest Leroux.

Émile Boudier. — Métrique démotique. Le mètre des vers égyptiens et les règles de la prosodie démotique. Paris, Ernest Leroux.

VIENT DE PARAITRE :

E. Pottier. — Vases antiques du Louvre. Paris, Hachette et Cie.

Salles A et E. Les styles primitifs. Écoles Rhodienne et Corinthienne, Photographies et dessins de Jules Devillard.

ARCHAEOLOGIA DE PARIS

Les numéros à la réimpression sont échangés ou complétés sur la demande des souscripteurs.

Prix de l'abonnement annuel : **seize francs.**

Avec reliure spéciale livrée en décembre : **vingt francs.**

Le numéro mensuel : 1 franc 50.

On souscrit, à Paris, chez C.-R. Graville, 13, rue Spontini et Ernest Leroux, 28, rue Bonaparte ; à Londres, chez Hachette et Cie ; à Londres, Oxford et Édimbourg, chez Williams et Norgate.

L'ARCHAEOLOGIA

DE PARIS

REVUE MENSUELLE

DES DÉCOUVERTES, DES COLLECTIONS, DES MUSÉES, DES SOCIÉTÉS
ET DES PUBLICATIONS ARCHÉOLOGIQUES

DIRIGÉE PAR

C.-R. GRAVILLE

Lauréat de l'Académie des Inscriptions et Belles-Lettres.

SOMMAIRE :

PARIS

ERNEST LEROUX, ÉDITEUR

28, rue Bonaparte, 28

—

CORRESPONDANCE ROSE
ARCHÉOLOGIE, HISTOIRE, ÉPIGRAPHIE, NUMISMATIQUE, TRADITIONS, CURIOSITÉS

MM. les Correspondants peuvent signer comme ils l'entendent, mais en se faisant connaître à l'éditeur. Ceux qui désirent une réponse directe, avec ou sans insertion, sont priés d'ajouter un timbre-poste à leur demande. — Les collaborateurs sont priés, en citant des ouvrages, de toujours les indiquer avec beaucoup de détails.

Anciennes dates.

Quelles sont les plus anciennes dates historiquement connues ? Nous ne parlons pas de dates supposées d'après des cycles astronomiques plus ou moins bien rapprochés, mais de mentions certaines et indiscutablement authentiques ? OEDIPE.

Arabesques sculptées avant 1500.

Peut-on citer des arabesques sculptées sur des montants avant 1500, et dans quelles localités ? JULIO.

Artémise.

Quelles sont les médailles de cette princesse carienne que l'on considère comme authentiques ? Le bronze, avec le Mausolée au revers, est-il la copie d'une autre pièce ? M. N.

Camps vitrifiés.

Peut-on donner des indications géographiques et archéologiques sur les camps à remparts de pierres vitrifiées ? NICOLAS.

Codex argenteus.

Cette ancienne bible gothique est-elle vraiment l'œuvre de l'évêque Wulfila ? ALTONA.

Coffret de Saint-Louis.

On cherche des renseignements sur cette ancienne boîte émaillée, actuellement dans la galerie d'Apollon au Musée du Louvre. AYCARD.

Couronnes gothiques du musée de Cluny.

L'authenticité des couronnes gothiques votives, conservées au Musée de Cluny et provenant de Guarazar, est-elle indiscutable ? MANÉGLISE.

Danses macabres.

Y a-t-il des variantes à ce qui a été publié ?

Églises antérieures au Xe siècle.

Possède-t-on des dessins ou plans d'églises antérieurs au dixième siècle ? JULIO.

Gargantua.

Dans quelles localités retrouve-t-on des traditions relatives à Gargantua ? CALOUET.

Généalogies.

Pourrait-on donner des renseignements d'ensemble sur les familles Pinceloup (Perche XVIIe et XVIIIe siècles) ; Léonard (Nogent-le-Rotrou, 1674) ; Villemay (Nogent-le-Rotrou, 1687) ?
Un de nos collaborateurs désirerait connaître en particulier :
1° Les principales charges occupées, et carrières suivies dans chacune de ces familles.
2° Leurs armes.
3° Leurs principales alliances. P.

Gobelins.

Sous ce nom, nous connaissons des *lutins* d'une espèce particulière. Peut-on ajouter quelques détails à ce sujet, et surtout localiser les légendes ? CAREL.

Le nom Paganus.

Peut-on dériver ce nom de *Pagus* ? DE VILLE.

Le Bon Pasteur.

Où trouve-t-on les plus anciennes représentations du *Bon Pasteur* ? EUGENIUS.

Maisons des Templiers.

En quoi différaient-elles des autres édifices ?

Monnaies contemporaines de la mort de César.

Celles qui représentent des épées, avec le mot : Libertas, etc. peuvent-elles être considérées comme authentiques ? BARBATOS.

Monnaies gauloises.

Peut-on me renseigner sur l'alphabet des médailles gauloises, qui ont été si différemment interprétées par les mêmes numismatistes, et qui ont été appelées celto-ibériennes ? CAMUL.

Montres à quantièmes.

Quelles sont les plus anciennes montres à quantième ? Je cherche vainement un bon ouvrage sur l'ancienne horlogerie. En existe-t-il un ? FROIDMANTEL.

Numismatique franque.

Quelle est la plus ancienne monnaie mérovingienne citée ?
— Les noms commençant par DOMN ont-ils quelque rapport avec le sens des inscriptions semblables sur les monnaies de Constance Chlore et d'Eugène par exemple ? PERTINAX.

Production du blé dans l'Afrique romaine.

Les provinces romaines de l'Afrique produisaient de fortes quantités de blé. Peut-on nous donner quelques données statistiques à ce sujet ?

Rochers naturels.

Y a-t-il un traité spécial sur les superstitions relatives aux rochers naturels, blocs erratiques ou autres ? Ceux-ci se trouvent-ils dans les mêmes régions que les monuments mégalithiques ? PETRUS.

Sibylles du XVe siècle.

Connaît-on des images sur verre semblables à celle qui a été publiée sur votre deuxième planche ? LÉCOLIER.

Statue équestre de Charlemagne.

Cette statuette n'a-t-elle pas figuré au musée des Souverains ? Où trouverait-on des détails à ce sujet ? JULIUS.

Théâtres et amphithéâtres gallo-romains.

Possède-t-on des données chronologiques sérieuses sur les théâtres et amphithéâtres élevés en Gaule depuis la conquête ? JULIO.

Vases anciens en terre avec cloisons fermées en verre.

Peut-on citer des exemples plus anciens que les mérovingiens ? CARLO.

DEMANDES D'ÉCHANGE

Transmettre les offres ou estimations au Directeur de l'Archaelogia.

On demande à échanger :

Bossuet. — Oraisons funèbres. Éditions de Sébastien Mabre, avec vignettes des oraisons de : Turenne, 1676 ; Anne de Gonzague, princesse de Clèves, 1685 ; Michel Le Tellier, 1686 ; L. de Bourbon, prince de Condé, 1687.

Nouvel abrégé de l'histoire de France, 3ᵉ édition, Paris, Prault, 1749, avec vignettes et fleurons en taille-douce.

Amadis des Gaules, 3 vol. avec planches. Amsterdam, Jolly, 1750.

Montre Louis XIV avec mouvement ancien en marche, signée Froidmantel et Clarke, avec clés Louis XVI et Directoire.

Tableau de Ribeira. — Le reniement de saint Pierre. Grand tableau oblong.

Un plan de Londres. Estampe ancienne, montrant les fortifications élevées en 1642.

Montfaucon (B. de). — L'antiquité expliquée et représentée en figures. 5 tomes en 10 parties, 1719. — Supplément au livre de l'antiquité expliquée et représentée en figures. 5 vol. in-fol. 1724. En tout 10 vol. in-4 rel. pl. v, nombr. pl. et grav., 1719-1724. Exemplaire en médiocre état.

Montfaucon (B. de). — L'antiquité expliquée et représentée en figures. 2ᵉ édit., 5 tomes en 10 parties in-folio, rel., pl. v. Paris, 1719-22. Le premier volume de la 2ᵉ éd. est un peu plus court de marge que les autres.

Monuments grecs publiés par l'Association pour l'encouragement des études grecques en France. Numéros 1 à 20. In-4, avec nombreuses planches. Paris, 1872-94.

Emmanuel Bocher. — Les gravures du xviiiᵉ siècle, ou catalogue raisonné des estampes, eaux-fortes, pièces en couleur, au bistre et en lavis, de 1700 à 1800. — Paris, Morgand, 1875, 1882, 6 vol. in-4, br. Ex. numéroté sur papier vergé. Lavreince, Baudoin, Lancret, de Saint-Aubin, Moreau-le-Jeune. Avec portraits à l'eau-forte et reproduction héliographique, 60 francs.

Chabouillet (A.). — Description des antiquités et objets d'art composant le cabinet de M. Fould, 1861, in-fᵒ 200 p. br., 25 fr.

Gailhabaud. — Monuments anciens et modernes, vues, plans en cartons, etc. 4 vol. in-4°, 75 fr.

Froehner (W.). — La colonne Trajane, d'après le surmoulage exécuté à Rome en 1861-1862, reproduite en photographie par Gustave Arosa. Paris, 1872, grand in-folio, en carton contenant 220 pl. en couleur, 300 fr. Le même, les planches seules en noir, phototypies montées sur papier fort, 60 fr.

Lejeune (Th.). — Guide théorique et pratique de l'amateur de tableaux. Paris, 1864-65, 3 vol. in-8, 20 fr.

Spitzer. — La collection Spitzer. 6 vol. in-fol., avec 360 pl. en chromolith., or et argent, en carton, sur papier vélin. 1889-1892.

Société nationale des antiquaires de France. Mémoires et bulletins de la Société nationale des antiquaires de France. Tomes I à XLIV inclus. 44 vol. in-8, br., av. pl. Avec l'atlas rare du tome IX.

Ulfilas. — La Bible en langue vulgaire d'après le *Codex Argenteus*. Traduction et commentaires de Massmann. 1857.

Babelon (E.). — Le cabinet des antiques à la Bibliothèque Nationale. Choix des principaux monuments de l'Antiquité, du Moyen âge et de la Renaissance conservés au département de médailles et antiques. Complet en 3 livraisons in-fol., avec 60 pl. en héliog. et en couleurs, cart. d.-toile, 1887-89.

Laborde (Comte Alex. de). — Les monuments de la France classés chronologiquement et considérés sous le rapport des faits historiques et de l'étude des arts. 2 vol. gr. in-fol., d.-rel. mar. rouge, tête dor., non rog. Paris (Joubert et Giard), de l'impr. de Didot l'aîné, 1816-1836. Quelques planches sont raccommodées. Du reste très bel exemp.

Laborde (Comte de). — La Renaissance des arts à la cour de France. Études sur le xviᵉ siècle. In-8, rel. d.-veau. Paris, 1850-55.

Œuvre de A. de Longpérier, réunies par G. Schlumberger, 7 vol. in-8, richement illustrés avec héliogravures. Paris, Ernest Leroux.

La Vie de Jésus, 30 miniatures peintes sur vélin provenant d'une abbaye de Limoges. 16 folios, reliés en maroquin brun, reliure de Lortic, dans un sachet même maroquin. Date : Années 1160-1170.

Heures de Marie, reine d'Aragon, écrites en caractères d'argent sur vélin noir. Initiales, en-tête et bordures dorées. Reliure maroquin. Date : Année 1458.

Heures sur vélin, avec 14 grandes et 24 petites miniatures ; les saints et la litanie indiquent une origine rouennaise ; beau maroquin rouge. Date : environ 1460.

Heures de la Vierge, à l'usage de Tours, 21 grandes miniatures même genre de main que celles de Louis de Laval. Reliure ancienne, cuir rouge, dans un sachet maroquin olive. Date : environ 1485.

Archaeologia britannica. — 55 vol. in-4° (années 1770-1895), exemplaire non coupé.

OUVRAGES D'ART ET D'ARCHÉOLOGIE
EN COURS D'ÉDITION :

Alexandre Bertrand. — Nos origines, 5 volumes in-8, avec nombreuses planches et cartes. Paris, Ernest Leroux.

Introduction : Archéologie Celtique et Gauloise. — Tome I : la Gaule avant les Gaulois. — II : Les Celtes d'après les monuments et les textes. — III : la Religion gauloise (sous presse). — IV : la Gaule Romaine (en préparation).

Salomon Reinach. — Esquisses archéologiques. 1 vol. in-8, avec 8 planches en héliogravure. Paris. Ernest Leroux.

Alexandre Bertrand et Salomon Reinach. — Les Celtes dans les vallées du Pô et du Danube. Paris, Ernest Leroux.

Salomon Reinach. — Antiquités nationales. Description raisonnée du musée de Saint-Germain-en-Laye. Époque des alluvions et des cavernes. Bronzes figurés de la Gaule romaine. Paris, Firmin-Didot.

E. Pottier et S. Reinach. — Terres cuites et autres antiquités trouvées dans la métropole de Myrina, catalogue raisonné, in-8. Paris, imprimeries réunies. — La nécropole de Myrina, deux vol. in-4, avec 50 planches d'héliogravures. Paris, Thorin.

G. Lafenestre et E. Richtenberger. — La peinture en Europe. — Catalogues raisonnés des principales œuvres conservées : I, le Louvre. II, Florence. III, La Belgique et la Hollande. Paris, Imprimeries réunies.

H. de la Tour. — Album des Monnaies gauloises. In-folio. Imprimerie nationale.

Eugène Révillout. — Lettres sur les monnaies égyptiennes. Paris, Maisonneuve, 1895.

Eugène Révillout. — Mélanges sur la métrologie, l'économie politique et l'histoire en ancienne Égypte, avec de nombreux textes démotiques, hiéroglyphiques, hiératiques ou grecs inédits, ou antérieurement mal publiés. Paris, Maisonneuve, 1895.

Eugène Révillout. — La Propriété. Ses démembrements, la possession et les transmissions en Droit Égyptien, comparé aux autres droits de l'Antiquité. Paris. E. Leroux.

Eugène Révillout. — Les obligations en Droit égyptien, comparé aux autres Droits de l'Antiquité. Leçons professées à l'École du Louvre suivies d'un Appendice sur le Droit en Chaldée au XXIIIe et au VIe siècle avant J.-C. Paris, Ernest Leroux.

Émile Boudier. — Métrique démotique. Le mètre des vers égyptiens et les règles de la prosodie démotique. Paris, Ernest Leroux.

VIENT DE PARAITRE :

E. Pottier. — Vases antiques du Louvre. Paris, Hachette et Cie.

Salles A et E. Les styles primitifs. Écoles Rhodienne et Corinthienne, Photographies et dessins de Jules Devillard.

ARCHAEOLOGIA DE PARIS

Les numéros à la réimpression sont échangés ou complétés sur la demande des souscripteurs.

Prix de l'abonnement annuel : **seize francs.**

Avec reliure spéciale livrée en décembre : **vingt francs.**

Le numéro mensuel : 1 franc 50.

On souscrit, à Paris, chez C.-R. Graville, 13, rue Spontini et Ernest Leroux, 28, rue Bonaparte ; à Londres, chez Hachette et Cie ; à Londres, Oxford et Édimbourg, chez Williams et Norgate.

L'INTERMÉDIAIRE DES CHERCHEURS & DES CURIEUX
FONDÉE EN 1864
Paraissant trois fois par mois, 38, avenue Wagram, à PARIS.

ABONNEMENT : **16** FRANCS PAR AN

Dépôts chez Floury, Arnaud, Boulinier, Delaroque et Picard.

L'ARCHAEOLOGIA

DE PARIS

REVUE MENSUELLE

DES DÉCOUVERTES, DES COLLECTIONS, DES MUSÉES, DES SOCIÉTÉS
ET DES PUBLICATIONS ARCHÉOLOGIQUES

DIRIGÉE PAR

C.-R. GRAVILLE

Lauréat de l'Académie des Inscriptions et Belles-Lettres.

SOMMAIRE :

PARIS

ERNEST LEROUX, ÉDITEUR

28, rue Bonaparte, 28

—

CORRESPONDANCE ROSE
ARCHÉOLOGIE, HISTOIRE, ÉPIGRAPHIE, NUMISMATIQUE, TRADITIONS, CURIOSITÉS

MM. les Correspondants peuvent signer comme ils l'entendent, mais en se faisant connaître à l'éditeur. Ceux qui désirent une réponse directe, avec ou sans insertion, sont priés d'ajouter un timbre-poste à leur demande. — Les collaborateurs sont priés, en citant des ouvrages, de toujours les indiquer avec beaucoup de détails.

Anciennes dates.

Quelles sont les plus anciennes dates historiquement connues ? Nous ne parlons pas de dates supposées d'après des cycles astronomiques plus ou moins bien rapprochés, mais de mentions certaines et indiscutablement authentiques ? OEDIPE.

Arabesques sculptées avant 1500.

Peut-on citer des arabesques sculptées sur des montants avant 1500, et dans quelles localités ? JULIO.

Artémise.

Quelles sont les médailles de cette princesse carienne que l'on considère comme authentiques ? Le bronze, avec le Mausolée au revers, est-il la copie d'une autre pièce ? M. N.

Camps vitrifiés.

Peut-on donner des indications géographiques et archéologiques sur les camps à remparts de pierres vitrifiées ? NICOLAS.

Codex argenteus.

Cette ancienne bible gothique est-elle vraiment l'œuvre de l'évêque Wulfila ? ALTONA.

Coffret de Saint-Louis.

On cherche des renseignements sur cette ancienne boîte émaillée, actuellement dans la galerie d'Apollon au Musée du Louvre. AYCARD.

Couronnes gothiques du musée de Cluny.

L'authenticité des couronnes gothiques votives, conservées au Musée de Cluny et provenant de Guarazar, est-elle indiscutable ? MANÉGLISE.

Danses macabres.

Y a-t-il des variantes à ce qui a été publié ?

Églises antérieures au Xe siècle.

Possède-t-on des dessins ou plans d'églises antérieurs au dixième siècle ? JULIO.

Gargantua.

Dans quelles localités retrouve-t-on des traditions relatives à Gargantua ? CALOUET.

Généalogies.

Un de nos collaborateurs désire connaître des renseignements sur les Prévost, émigrés en Angleterre en 1794, et un officier de ce nom revenu sous le Directoire.

Alliance : Buswell du Lincoln. Localité probable : Market Deeping.

Armoiries : trois épées réunies en pointe sur champ de sable (de Fabrizan ?) ; Aigle entre deux besants et un caducée (de Blois ?).

Gobelins.

Sous ce nom, nous connaissons des *lutins* d'une espèce particulière. Peut-on ajouter quelques détails à ce sujet, et surtout localiser les légendes ? CAREL.

Le nom Paganus.

Peut-on dériver ce nom de *Pagus* ? DE VILLE.

Le Bon Pasteur.

Où trouve-t-on les plus anciennes représentations du *Bon Pasteur* ? EUGENIUS.

Maisons des Templiers.

En quoi différaient-elles des autres édifices ?

Monnaies contemporaines de la mort de César.

Celles qui représentent des épées, avec le mot : Libertas, etc. peuvent-elles être considérées comme authentiques ? BARBATOS.

Monnaies gauloises.

Peut-on me renseigner sur l'alphabet des médailles gauloises, qui ont été si différemment interprétées par les mêmes numismatistes, et qui ont été appelées celto-ibériennes ? CAMUL.

Montres à quantièmes.

Quelles sont les plus anciennes montres à quantième ? Je cherche vainement un bon ouvrage sur l'ancienne horlogerie. En existe-t-il un ? FROIDMANTEL.

Numismatique franque.

Quelle est la plus ancienne monnaie mérovingienne citée ?

— Les noms commençant par DOMN ont-ils quelque rapport avec le sens des inscriptions semblables sur les monnaies de Constance Chlore et d'Eugène par exemple ? PERTINAX.

Production du blé dans l'Afrique romaine.

Les provinces romaines de l'Afrique produisaient de fortes quantités de blé. Peut-on nous donner quelques données statistiques à ce sujet ?

Rochers naturels.

Y a-t-il un traité spécial sur les superstitions relatives aux rochers naturels, blocs erratiques ou autres ? Ceux-ci se trouvent-ils dans les mêmes régions que les monuments mégalithiques ? PETRUS.

Sibylles du XVe siècle.

Connaît-on des images sur verre semblables à celle qui a été publiée sur votre deuxième planche ? LÉCOLIER.

Statue équestre de Charlemagne.

Cette statuette n'a-t-elle pas figuré au musée des Souverains ? Où trouverait-on des détails à ce sujet ? JULIUS.

Théâtres et amphithéâtres gallo-romains.

Possède-t-on des données chronologiques sérieuses sur les théâtres et amphithéâtres élevés en Gaule depuis la conquête ? JULIO.

Vases anciens en terre avec cloisons fermées en verre.

Peut-on citer des exemples plus anciens que les mérovingiens ? CARLO.

OUVRAGES D'ART ET D'ARCHÉOLOGIE
EN COURS D'ÉDITION :

Alexandre Bertrand. — Nos origines, 5 volumes in-8, avec nombreuses planches et cartes. Paris, Ernest Leroux.

Introduction : Archéologie Celtique et Gauloise. — Tome I : la Gaule avant les Gaulois. — II : Les Celtes d'après les monuments et les textes. — III : la Religion gauloise (sous presse). — IV : la Gaule Romaine (en préparation).

Salomon Reinach. — Esquisses archéologiques. 1 vol. in-8, avec 8 planches en héliogravure. Paris, Ernest Leroux.

Alexandre Bertrand et Salomon Reinach. — Les Celtes dans les vallées du Pô et du Danube. Paris, Ernest Leroux.

Salomon Reinach. — Antiquités nationales. Description raisonnée du musée de Saint-Germain-en-Laye. Époque des alluvions et des cavernes. Bronzes figurés de la Gaule romaine. Paris, Firmin-Didot.

E. Pottier et S. Reinach. — Terres cuites et autres antiquités trouvées dans la métropole de Myrina, catalogue raisonné, in-8. Paris, imprimeries réunies. — La nécropole de Myrina, deux vol. in-4, avec 50 planches d'héliogravures. Paris, Thorin.

G. Lafenestre et E. Richtenberger. — La peinture en Europe. — Catalogues raisonnés des principales œuvres conservées : I, le Louvre. II, Florence. III, La Belgique et la Hollande. Paris, Imprimeries réunies.

H. de la Tour. — Album des Monnaies gauloises. In-folio. Imprimerie nationale.

Eugène Révillout. — Lettres sur les monnaies égyptiennes. Paris, Maisonneuve, 1895.

Eugène Révillout. — Mélanges sur la métrologie, l'économie politique et l'histoire en ancienne Égypte, avec de nombreux textes démotiques, hiéroglyphiques, hiératiques ou grecs inédits, ou antérieurement mal publiés. Paris, Maisonneuve, 1895.

Eugène Révillout. — La Propriété. Ses démembrements, la possession et les transmissions en Droit Égyptien, comparé aux autres droits de l'Antiquité. Paris. E. Leroux.

Eugène Révillout. — Les obligations en Droit égyptien, comparé aux autres Droits de l'Antiquité. Leçons professées à l'École du Louvre suivies d'un Appendice sur le Droit en Chaldée au xxiiie et au vie siècle avant J.-C. Paris, Ernest Leroux.

Émile Boudier. — Métrique démotique. Le mètre des vers égyptiens et les règles de la prosodie démotique. Paris, Ernest Leroux.

VIENT DE PARAITRE :

E. Pottier. — Vases antiques du Louvre. Paris, Hachette et Cie.

Salles A et E. Les styles primitifs. Écoles Rhodienne et Corinthienne, Photographies et dessins de Jules Devillard.

Salomon Reinach. — **Répertoire de la statuaire grecque et romaine.**

Tome Ier. **Clarac de poche**, contenant les bas-reliefs de l'ancien fonds du Louvre, et les statues antiques du Musée de sculpture de Clarac, avec une introduction, des notices et un index. Paris. Ernest Leroux. — Prix : 5 fr.

ARCHAEOLOGIA DE PARIS

La réimpression des pages 1 à 80 sera adressée aux souscripteurs.

Prix de l'abonnement annuel : **seize francs.**

Avec reliure spéciale livrée en décembre : **vingt francs.**

Le numéro mensuel : 1 franc 50.

On souscrit, à Paris, chez C.-R. Graville, 13, rue Spontini et Ernest Leroux, 28, rue Bonaparte ; chez C. Borrani, quai des Saints-Pères ; H. Welter, 59, rue Bonaparte ; à Londres, chez D. Nutt et chez Hachette et Cie ; à Londres, Oxford et Édimbourg, chez Williams et Norgate.

MACON, PROTAT FRÈRES, IMPRIMEURS.

L'ARCHÉOLOGIE

DE PARIS

REVUE MENSUELLE

DES DÉCOUVERTES, DES COLLECTIONS, DES MUSÉES, DES SOCIÉTÉS
ET DES PUBLICATIONS ARCHÉOLOGIQUES

DIRIGÉE PAR

C.-R. GRAVILLE

Lauréat de l'Académie des Inscriptions et Belles-Lettres.

PARIS

C.-R. GRAVILLE

10, rue du Herran, avenue Henri-Martin

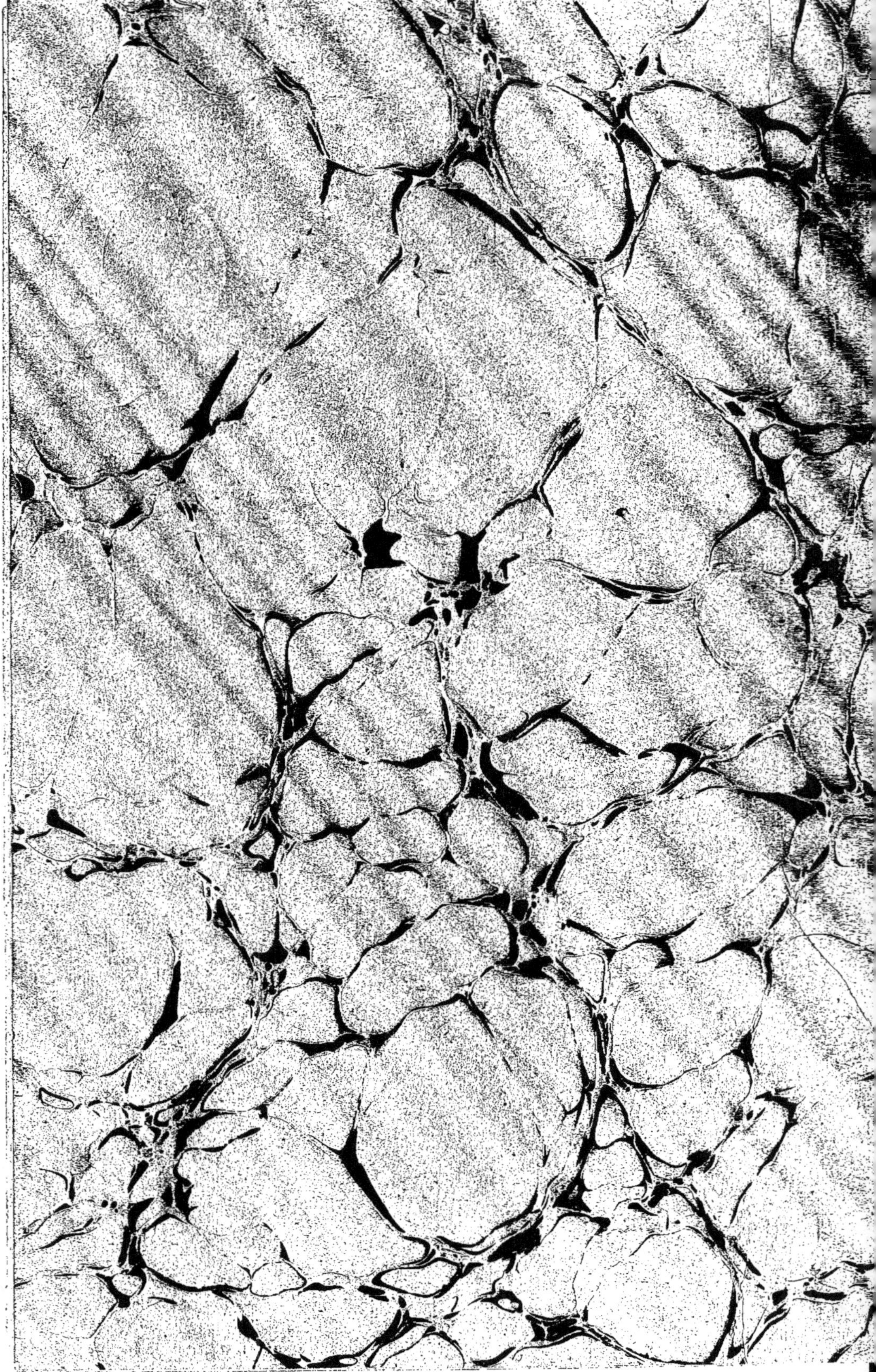

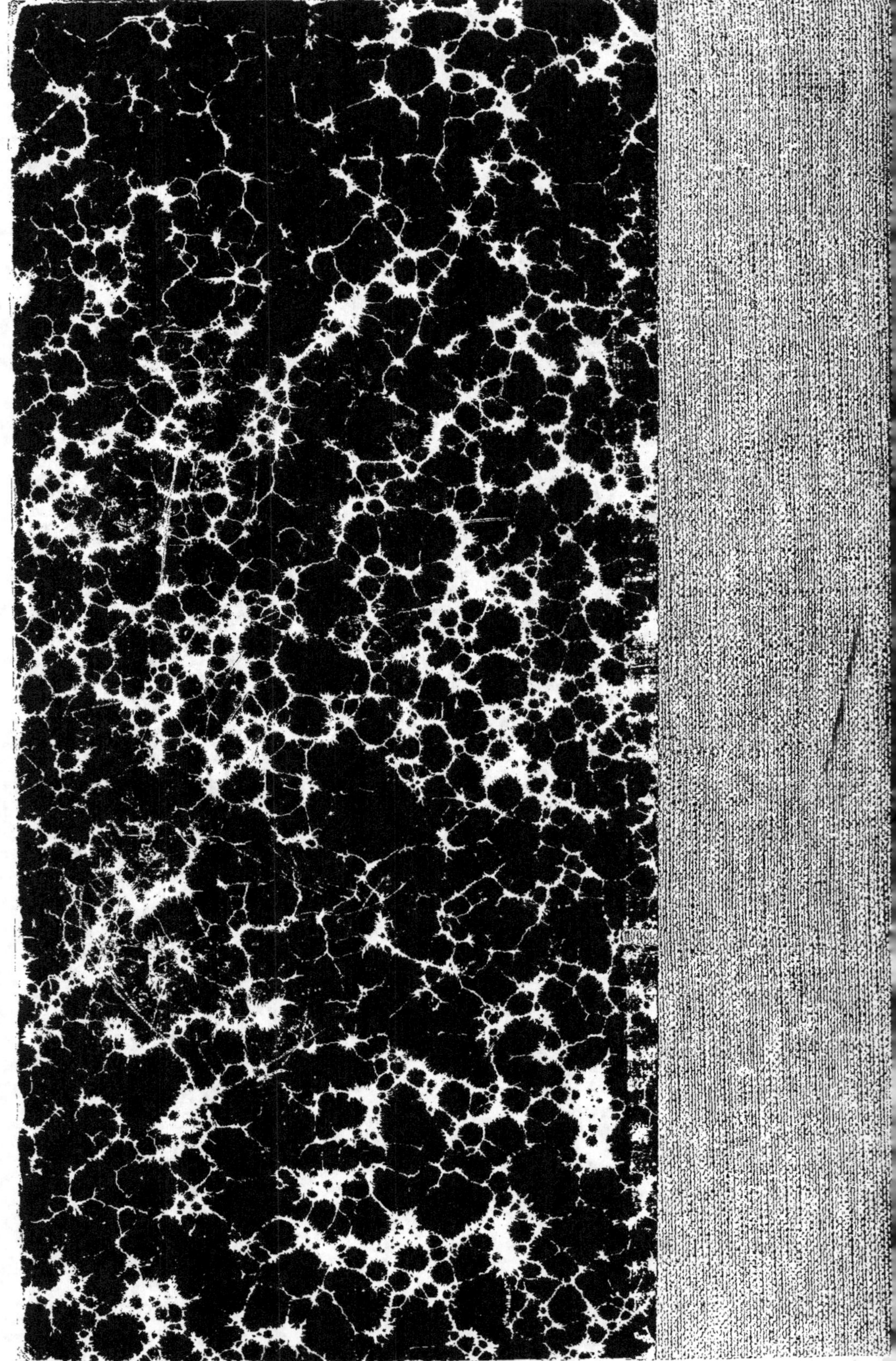